中国环境统计年鉴

CHINA STATISTICAL YEARBOOK ON ENVIRONMENT

2018

国家统计局
生态环境部 编

Compiled by
National Bureau of Statistics
Ministry of Ecology and Environment

中国统计出版社
China Statistics Press

中国环境统计年鉴．2018：汉英对照 ／ 国家统计局，生态环境部编．-- 北京 ：中国统计出版社，2019.2
ISBN 978-7-5037-8780-5

Ⅰ．①中… Ⅱ．①国… ②生… Ⅲ．①环境统计学－统计资料－中国－ 2018 －年鉴－汉、英 Ⅳ．① X508.2-54

中国版本图书馆 CIP 数据核字 (2019) 第 014690 号

中国环境统计年鉴—2018

作　　者 / 国家统计局　生态环境部
责任编辑 / 许立舫
封面设计 / 黄　晨
出版发行 / 中国统计出版社
通信地址 / 北京市丰台区西三环南路甲 6 号　邮政编码 /100073
电　　话 / 邮购（010）63376909　书店（010）68783171
网　　址 / http://www.zgtjcbs.com/
印　　刷 / 河北鑫兆源印刷有限公司
经　　销 / 新华书店
开　　本 / 880×1230 毫米　1/16
字　　数 / 500 千字
印　　张 / 16.5
版　　别 / 2019 年 2 月第 1 版
版　　次 / 2019 年 2 月第 1 次印刷
定　　价 / 260.00 元

如有印装差错，由本社发行部调换。

《中国环境统计年鉴—2018》

编委会和编辑工作人员

CHINA STATISTICAL YEARBOOK ON ENVIRONMENT—2018

EDITORIAL BOARD AND STAFF

编 者 说 明

一、《中国环境统计年鉴-2018》是国家统计局和生态环境部及其他有关部委共同编辑完成的一本反映我国环境各领域基本情况的年度综合统计资料。本书收录了2017年全国各省、自治区、直辖市环境各领域的基本数据和主要年份的全国主要环境统计数据。鉴于第二次全国污染源普查正在进行，本书暂不发布污染物排放数据，待普查工作完成后再统一发布。

二、本书内容共分为十二个部分，即：1. 自然状况；2. 水环境；3. 海洋环境；4. 大气环境；5. 固体废物；6. 自然生态；7. 土地利用；8. 林业；9. 自然灾害及突发事件；10. 环境投资；11. 城市环境；12. 农村环境。同时附录五个部分：人口资源环境主要统计指标、"十三五"时期资源环境指标、东中西部地区主要环境指标、世界主要国家和地区环境统计指标、主要统计指标解释。

三、本书中所涉及的全国性统计指标，除国土面积和森林资源数据外，均未包括香港特别行政区、澳门特别行政区和台湾省数据；取自国家林业和草原局的数据中，大兴安岭由国家林业和草原局直属管理，与各省、自治区、直辖市并列，数据与其他省没有重复。

四、有关符号说明：

"空格"表示该项统计指标数据不详或无该项数据；

"#"表示是其中的主要项。

五、参与本书编辑的单位还有水利部、住房和城乡建设部、自然资源部、农业农村部、国家卫生健康委员会、应急管理部、交通运输部、国家林业和草原局、中国气象局、中国地震局。对上述单位有关人员在本书编辑过程中给予的大力支持与合作，表示衷心的感谢。

EDITOR'S NOTES

I. *China Statistical Yearbook on Environment -2018* is prepared jointly by the National Bureau of Statistics, Ministry of Ecology and Environment and other ministries. It is an annual statistics publication, with comprehensive data in 2017 and selected data series in major years at national level and at provincial level (province, autonomous region, and municipality directly under the central government) and therefore reflecting various aspects of China's environmental development. Since the Second National Census of Pollutants Sources is under way, the pollution emissions statistics of 2017 is missing in this publication and will be released later after the census completed.

II. *China Statistical Yearbook on Environment -2018* contains 12 chapters: l. Natural Conditions; 2. Freshwater Environment; 3. Marine Environment; 4. Atmospheric Environment; 5. Solid Wastes; 6. Natural Ecology; 7. Land Use; 8. Forestry; 9. Natural Disasters & Environmental Accidents; 10. Environmental Investment; 11. Urban Environment; 12. Rural Environment. Five appendixes listed as Main Indicators of Population, Resource and Environment; Main Resources & Environmental Indicators in the 13th Five-year Plan; Main Environmental Indicators by Eastern, Central and Western; Main Environmental Indicators of the World's Major Countries and Regions; Explanatory Notes on Main Statistical Indicators.

III. The national data in this book do not include that of Hong Kong Special Administrative Region, Macao Special Administrative Region and Taiwan Province except for territory and forest resources. The information gathered from National Forestry and Grassland Administration, Daxinganling is affiliated to the National Forestry and Grassland Administration, tied with the provinces, autonomous regions, municipalities under the central government, without duplication of data.

IV. Notations used in this book:

"(blank) " indicates that the data are not available;

" # " indicates the major items of the total.

V. The institutions participating in the compilation of this publication include: Ministry of Water Resource, Ministry of Housing and Urban-Rural Development, Ministry of Natural Resources, Ministry of Agriculture and Rural Affairs, National Health Commission, Ministry of Emergency Management, Ministry of Transport, National Forestry and Grassland Administration, China Meteorological Administration, China Earthquake Administration. We would like to express our gratitude to these institutions for their cooperation and support in preparing this publication.

目　　录
CONTENTS

一、自然状况
Natural Conditions

二、水环境
Freshwater Environment

三、海洋环境
Marine Environment

四、大气环境
Atmospheric Environment

五、固体废物
Solid Wastes

六、自然生态
Natural Ecology

七、土地利用
Land Use

八、林业
Forestry

九、自然灾害及突发事件
Natural Disasters & Environmental Accidents

十、环境投资
Environmental Investment

十一、城市环境
Urban Environment

十二、农村环境
Rural Environment

附录一、人口资源环境主要统计指标
APPENDIX Ⅰ. Main Indicators of Population, Resources & Environment Statistics

附录二、“十三五”时期资源环境指标
APPENDIX Ⅱ. Main Resources & Environmental Indicators in the 13th Five-year Plan

附录三、东中西部地区主要环境指标
APPENDIX Ⅲ. Main Environmental Indicators by Eastern, Central & Western

附录四、世界主要国家和地区环境统计指标
APPENDIX Ⅳ. Main Environmental Indicators of the World's Major Countries and Regions

一、自然状况

Natural Conditions

1-1 自然状况
Natural Conditions

项　　目		Item		2017
国土		**Territory**		
国土面积	（万平方公里）	Area of Territory	(10 000 sq.km)	960
海域面积	（万平方公里）	Area of Sea	(10 000 sq.km)	473
海洋平均深度	（米）	Average Depth of Sea	(m)	961
海洋最大深度	（米）	Maximum Depth of Sea	(m)	5377
岸线总长度	（公里）	Length of Coastline	(km)	32000
大陆岸线长度		Mainland Shore		18000
岛屿岸线长度		Island Shore		14000
岛屿个数	（个）	Number of Islands		5400
岛屿面积	（万平方公里）	Area of Islands	(10 000 sq.km)	3.87
气候		**Climate**		
热量分布	（积温≥0℃）	Distribution of Heat (Accumulated Temperature≥0℃)		
黑龙江北部及青藏高原		Northern Heilongjiang and Tibet Plateau		2000-2500
东北平原		Northeast Plain		3000-4000
华北平原		North China Plain		4000-5000
长江流域及以南地区		Changjiang (Yangtze) River Drainage Area and the Area to the south of it		5800-6000
南岭以南地区		Area to the South of Nanling Mountain		7000-8000
降水量	（毫米）	Precipitation	(mm)	
台湾中部山区		Mid-Taiwan Mountain Area		≥4000
华南沿海		Southern China Coastal Area		1600-2000
长江流域		Changjiang River Valley		1000-1500
华北、东北		Northern and Northeastern Area		400-800
西北内陆		Northwestern Inland		100-200
塔里木盆地、吐鲁番盆地和柴达木盆地		Tarim Basin, Turpan Basin and Qaidam Basin		≤25
气候带面积比例	（国土面积=100）	Percentage of Climatic Zones to Total Area of Territory	(Territory Area=100)	
湿润地区	（干燥度<1.0）	Humid Zone	(aridity<1.0)	32
半湿润地区	（干燥度=1.0−1.5）	Semi-Humid Zone	(aridity 1.0-1.5)	15
半干旱地区	（干燥度=1.5−2.0）	Semi-Arid Zone	(aridity 1.5-2.0)	22
干旱地区	（干燥度>2.0）	Arid Zone	(aridity>2.0)	31

注：1.气候资料为多年平均值。
　　2.岛屿面积未包括香港、澳门特别行政区和台湾省。

Notes: a) The climate data refer to the average figures in many years.
　　b) Island area does not include that of Hong Kong Special Administrative Region, Macao Special Administrative Region and Taiwan Province.

1-2 土地状况(2017年)
Land Characteristics(2017)

项　目	Item	面　积 (万平方公里) Area (10 000 sq.km)
总面积	**Total Land Area**	**960**
#农用地	Land for Agriculture Use	644.86
耕地	Cultivated Land	134.88
园地	Garden Land	14.21
林地	Forests Land	252.80
牧草地	Area of Grassland	219.32
其他农用地	Other Land for Agriculture Use	23.65
#建设用地	Land for Construction	39.57
居民点及独立工矿用地	Land for Inhabitation, Mining and Manufacturing	32.13
交通运输用地	Land for Transport Facilities	3.83
水利设施用地	Land for Water Conservancy Facilities	3.61

资料来源：自然资源部。
Source: Ministry of Natural Resources.

1-3 主要山脉基本情况
Main Mountain Ranges

名　称	Mountain Range	山峰高程(米) Height of Mountain Peak (m)	雪线高程(米) Height of Snow Line (m)	冰川面积 (平方公里) Glacier Area (sq.km)
阿尔泰山	Altay Mountains	4374	3000--3200	287
天山	Tianshan Mountains	7435	3600--4400	9548
祁连山	Qilian Mountains	5826	4300--5240	2063
帕米尔	Pamirs	7579		2258
昆仑山	Kunlun Mountains			11639
喀喇昆仑山	Karakorum Mountain	8611	5100--5400	3265
唐古拉山	Tanggula Mountains	6137		2082
羌塘高原	Qiangtang Plateau	6596		3566
念青塘古拉山	Nyainqentanglha Mountains	7111	4500--5700	7536
横断山	Hengduan Mountains	7556	4600--5500	1456
喜玛拉雅山	The Himalayas	8844	4300--6200	11055
冈底斯山	Gangdisi Mountains	7095	5800--6000	2188

1-4 主要河流基本情况
Major Rivers

名　称	River	流域面积 (平方公里) Drainage Area (sq.km)	河　长 (公里) Length (km)	年径流量 (亿立方米) Annual Flow (100 million cu.m)
长　江	Changjiang River (Yangtze River)	1782715	6300	9857
黄　河	Huanghe River (Yellow River)	752773	5464	592
松花江	Songhuajiang River	561222	2308	818
辽　河	Liaohe River	221097	1390	137
珠　江	Zhujiang River (Pearl River)	442527	2214	3381
海　河	Haihe River	265511	1090	163
淮　河	Huaihe River	268957	1000	595

1-5 主要城市气候情况(2017年)
Climate of Major Cities (2017)

城 市	City	年平均气温(摄氏度) Annual Average Temperature (℃)	年极端最高气温(摄氏度) Annual Maximum Temperature (℃)	年极端最低气温(摄氏度) Annual Minimum Temperature (℃)	年平均相对湿度(%) Annual Average Humidity (%)	全年日照时数(小时) Annual Average Sunshine Hours (hour)	全年降水量(毫米) Annual Average Precipitation (millimeter)
北 京	Beijing	14.1	38.5	-10.1	49	2479.2	576.4
天 津	Tianjin	14.1	38.9	-9.9	54	2317.4	513.0
石家庄	Shijiazhuang	14.9	39.5	-8.6	53	2122.6	558.6
太 原	Taiyuan	11.5	37.9	-15.7	56	2511.8	521.2
呼和浩特	Hohhot	8.5	35.4	-20.5	47	2612.1	354.8
沈 阳	Shenyang	9.3	37.5	-22.3	58	2437.8	463.3
长 春	Changchun	6.9	33.4	-23.8	60	2698.8	694.0
哈尔滨	Harbin	5.1	34.6	-27.7	64	2196.2	480.2
上 海	Shanghai	18.2	40.9	-1.0	69	1774.8	1199.6
南 京	Nanjing	17.0	40.0	-4.6	72	1969.1	1254.5
杭 州	Hangzhou	17.9	41.3	-2.5	71	1771.2	1441.6
合 肥	Hefei	17.1	41.1	-5.1	75	1610.9	940.2
福 州	Fuzhou	21.1	39.3	4.0	73	1588.1	1478.2
南 昌	Nanchang	19.3	38.8	-0.3	73	1805.2	1694.3
济 南	Jinan	15.5	37.4	-8.9	54	2285.5	615.5
郑 州	Zhengzhou	16.8	38.8	-6.0	60	2056.3	597.6
武 汉	Wuhan	17.2	39.7	-5.0	81	1601.2	1107.5
长 沙	Changsha	17.7	39.1	-1.7	78	1454.8	1672.3
广 州	Guangzhou	22.1	38.3	4.5	81	1604.7	2067.1
南 宁	Nanning	21.9	37.9	7.5	80	1575.7	1543.9
海 口	Haikou	24.6	37.9	11.1	82	1925.9	2002.3
重 庆	Chongqing	18.1	42.0	4.7	76	1113.4	1228.7
成 都	Chengdu	16.6	36.5	-2.5	81	1158.6	967.0
贵 阳	Guiyang	15.1	32.7	-0.6	81	1061.7	1121.0
昆 明	Kunming	15.7	29.7	-3.6	73	2077.1	1186.4
拉 萨	Lhasa	9.7	27.0	-9.6	36	2940.9	537.0
西 安	Xi'an	15.6	41.8	-5.4	59		640.3
兰 州	Lanzhou	11.2	38.6	-10.0	51	2132.7	347.9
西 宁	Xining	6.3	34.6	-17.7	58	2463.7	451.3
银 川	Yinchuan	11.0	39.1	-15.2	47	2789.8	211.3
乌鲁木齐	Urumqi	3.5	30.4	-17.6	59	2406.5	475.7

资料来源：中国气象局。
Source: China Meteorological Administration.

二、水环境

Freshwater Environment

2-1 全国水环境情况(2000-2017年)
Freshwater Environment(2000-2017)

年 份 Year	水资源总量 (亿立方米) Total Amount of Water Resources (100 million cu.m)	地表水资源量 Surface Water Resources	地下水资源量 Ground Water Resources	地表水与地下水资源重复量 Duplicated Measurement of Surface Water and Groundwater	降水量 (亿立方米) Precipitation (100 million cu.m)	人均水资源量 (立方米/人) Per Capita Water Resources (cu.m/person)
2000	27701	26562	8502	7363	60092	2193.9
2001	26868	25933	8390	7456	58122	2112.5
2002	28261	27243	8697	7679	62610	2207.2
2003	27460	26251	8299	7090	60416	2131.3
2004	24130	23126	7436	6433	56876	1856.3
2005	28053	26982	8091	7020	61010	2151.8
2006	25330	24358	7643	6671	57840	1932.1
2007	25255	24242	7617	6604	57763	1916.3
2008	27434	26377	8122	7065	62000	2071.1
2009	24180	23125	7267	6212	55959	1816.2
2010	30906	29798	8417	7308	65850	2310.4
2011	23257	22214	7214	6171	55133	1730.2
2012	29529	28373	8296	7141	65150	2186.2
2013	27958	26839	8081	6963	62674	2059.7
2014	27267	26264	7745	6742		1998.6
2015	27963	26901	7797	6735	62569	2039.2
2016	32466	31274	8855	7662	68672	2354.9
2017	28761	27746	8310	7295		2074.5

注：1.2011年原环境保护部对统计制度中的指标体系、调查方法及相关技术规定等进行了修订，统计范围扩展为工业源、农业源、城镇生活源、机动车、集中式污染治理设施5个部分。

2.生态环境补水仅包括人为措施供给的城镇环境用水和部分河湖、湿地补水。

Note: a)In 2011, indicators of statistical system, method of survey, and related technologies were revised by the former Ministry of Environmental Protection,statistical scope expands to 5 parts:industry source,agricultural source,urban living source,vehicle, centralized pollution abatement.

b)Water use of Eco-environment only includes supply of water to some rivers, lakes, wetland and water used for urban environment.

2-1 续表 1 continued 1

年 份 Year	供水总量 (亿立方米) Total Amount of Water Supply (100 million cu.m)	地表水 Surface Water	地下水 Ground-water	其他 Other	用水总量 (亿立方米) Total Amount of Water Use (100 million cu.m)	农业用水 Agriculture	工业用水 Industry
2000	5530.7	4440.4	1069.2	21.1	5497.6	3783.5	1139.1
2001	5567.4	4450.7	1094.9	21.9	5567.4	3825.7	1141.8
2002	5497.3	4404.4	1072.4	20.5	5497.3	3736.2	1142.4
2003	5320.4	4286.0	1018.1	16.3	5320.4	3432.8	1177.2
2004	5547.8	4504.2	1026.4	17.2	5547.8	3585.7	1228.9
2005	5633.0	4572.2	1038.8	22.0	5633.0	3580.0	1285.2
2006	5795.0	4706.7	1065.5	22.7	5795.0	3664.4	1343.8
2007	5818.7	4723.9	1069.1	25.7	5818.7	3599.5	1403.0
2008	5910.0	4796.4	1084.8	28.7	5910.0	3663.5	1397.1
2009	5965.2	4839.5	1094.5	31.2	5965.2	3723.1	1390.9
2010	6022.0	4881.6	1107.3	33.1	6022.0	3689.1	1447.3
2011	6107.2	4953.3	1109.1	44.8	6107.2	3743.6	1461.8
2012	6131.2	4952.8	1133.8	44.6	6131.2	3902.5	1380.7
2013	6183.4	5007.3	1126.2	49.9	6183.4	3921.5	1406.4
2014	6094.9	4920.5	1116.9	57.5	6094.9	3869.0	1356.1
2015	6103.2	4969.5	1069.2	64.5	6103.2	3852.2	1334.8
2016	6040.2	4912.4	1057.0	70.8	6040.2	3768.0	1308.0
2017	6043.4	4945.5	1016.7	81.2	6043.4	3766.4	1277.0

2-1 续表 2 continued 2

年 份 Year	生活用水 Household and Service	生态环境补水 Eco-environment	人均用水量（立方米）Water Use per Capita (cu.m)	废水排放总量（亿吨）Waste Water Discharge (100 million tons)	#工业 Industrial Discharge	#生活 Household Discharge
2000	574.9		435.4	415.2	194.2	220.9
2001	599.9		437.7	432.9	202.6	230.2
2002	618.7		429.3	439.5	207.2	232.3
2003	630.9	79.5	412.9	459.3	212.3	247.0
2004	651.2	82.0	428.0	482.4	221.1	261.3
2005	675.1	92.7	432.1	524.5	243.1	281.4
2006	693.8	93.0	442.0	536.8	240.2	296.6
2007	710.4	105.7	441.5	556.8	246.6	310.2
2008	729.3	120.2	446.2	571.7	241.7	330.0
2009	748.2	103.0	448.0	589.1	234.4	354.7
2010	765.8	119.8	450.2	617.3	237.5	379.8
2011	789.9	111.9	454.4	659.2	230.9	427.9
2012	739.7	108.3	453.9	684.8	221.6	462.7
2013	750.1	105.4	455.5	695.4	209.8	485.1
2014	766.6	103.2	446.7	716.2	205.3	510.3
2015	793.5	122.7	445.1	735.3	199.5	535.2
2016	821.6	142.6	438.1			
2017	838.1	161.9	435.9			

2-1 续表 3 continued 3

年 份 Year	化学需氧量排放总量(万吨) COD Discharge (10 000 tons)	#工业 Industrial Discharge	#生活 Household Discharge	氨 氮 排放量(万吨) Ammonia Nitrogen Discharge (10 000 tons)	#工业 Industrial Discharge	#生活 Household Discharge
2000	1445.0	704.5	740.5			
2001	1404.8	607.5	797.3	125.2	41.3	83.9
2002	1366.9	584.0	782.9	128.8	42.1	86.7
2003	1333.9	511.8	821.1	129.6	40.4	89.2
2004	1339.2	509.7	829.5	133.0	42.2	90.8
2005	1414.2	554.7	859.4	149.8	52.5	97.3
2006	1428.2	541.5	886.7	141.4	42.5	98.9
2007	1381.8	511.1	870.8	132.3	34.1	98.3
2008	1320.7	457.6	863.1	127.0	29.7	97.3
2009	1277.5	439.7	837.9	122.6	27.4	95.3
2010	1238.1	434.8	803.3	120.3	27.3	93.0
2011	2499.9	354.8	938.8	260.4	28.1	147.7
2012	2423.7	338.5	912.8	253.6	26.4	144.6
2013	2352.7	319.5	889.8	245.7	24.6	141.4
2014	2294.6	311.4	864.4	238.5	23.2	138.2
2015	2223.5	293.5	846.9	229.9	21.7	134.1

2-2 各流域水资源情况(2017年)
Water Resources by River Valley (2017)

单位：亿立方米 (100 million cu.m)

流域片	River Valley	水资源总量 Total Amount of Water Resources	地表水资源量 Surface Water Resources	地下水资源量 Ground Water Resources	地表水与地下水资源重复量 Duplicated Measurement of Surface Water and Groundwater	降水量（毫米） Precipitation (millimeter)
全　国	**National Total**	**28761.2**	**27746.3**	**8309.6**	**7294.7**	**664.8**
松花江区	Songhuajiang River	1267.5	1086.0	462.2	280.7	451.0
辽河区	Liaohe River	293.1	220.4	164.8	92.1	459.8
海河区	Haihe River	272.2	128.3	223.3	79.4	500.3
黄河区	Huanghe River	659.3	552.9	376.7	270.3	488.8
淮河区	Huaihe River	958.6	699.8	419.2	160.4	874.7
长江区	Changjiang River	10614.7	10488.7	2606.4	2480.4	1121.8
#太湖	Taihu Lake	206.9	183.7	44.4	21.2	1244.1
东南诸河区	Southeastern Rivers	1808.5	1799.3	450.7	441.5	1546.6
珠江区	Zhujiang River	5265.5	5250.5	1158.2	1143.2	1679.5
西南诸河区	Southwestern Rivers	6025.9	6025.9	1497.6	1497.6	1163.7
西北诸河区	Northwestern Rivers	1596.0	1494.5	950.5	849.0	183.3

资料来源:水利部(以下各表同)。
Source:Ministry of Water Resource (the same as in the following tables).

2-3 各流域节水灌溉面积(2017年)
Water Conservation Irrigated Area by River Valley (2017)

单位：千公顷 (1 000 hectares)

流域片	River Valley	节水灌溉面积合计 Water Conservation Irrigated Area	#喷滴灌 Jetting and Dropping Irrigation	#微　灌 Tiny Irrigation	#低压管灌 Low Pressure Pipe Irrigation
全　国	**National Total**	**34319.0**	**4277.5**	**6283.5**	**9990.1**
松花江区	Songhuajiang River	3305.5	2260.7	285.2	248.6
辽河区	Liaohe River	1806.8	239.2	809.1	553.5
海河区	Haihe River	5364.9	369.1	243.6	3943.3
黄河区	Huanghe River	4102.6	312.7	502.1	1465.7
淮河区	huaihe River	5571.2	389.6	117.0	2177.6
长江区	Changjiang River	5779.2	322.8	273.2	844.6
#太湖	Taihu Lake	517.6	12.1	9.4	135.9
东南诸河区	Southeastern Rivers	1454.9	180.8	95.7	128.2
珠江区	zhujiang River	1747.1	91.2	144.5	259.2
西南诸河区	Southwestern Rivers	407.2	19.2	26.5	83.1
西北诸河区	Northwestern Rivers	4779.7	92.2	3786.6	286.4

2-4 各流域供水和用水情况(2017年)
Water Supply and Use by River Valley (2017)

单位：亿立方米 (100 million cu.m)

流域片	River Valley	供水总量 Total Amount of Water Supply	地表水 Surface Water	地下水 Groundwater	其 他 Other
全　国	**National Total**	**6043.4**	**4945.5**	**1016.7**	**81.2**
松花江区	Songhuajiang River	497.0	283.2	212.1	1.7
辽河区	Liaohe River	189.8	87.3	97.9	4.7
海河区	Haihe River	369.8	161.9	184.9	23.0
黄河区	Huanghe River	395.6	263.6	118.9	13.1
淮河区	Huaihe River	616.2	451.2	152.3	12.7
长江区	Changjiang River	2060.1	1977.8	67.4	15.0
#太湖	Taihu Lake	340.5	334.0	0.3	6.2
东南诸河区	Southeastern Rivers	313.1	305.7	5.7	1.7
珠江区	Zhujiang River	835.8	800.4	29.9	5.5
西南诸河区	Southwestern Rivers	105.0	100.3	4.2	0.4
西北诸河区	Northwestern Rivers	660.9	514.2	143.4	3.3

2-4 续表 continued

单位：亿立方米 (100 million cu.m)

流域片	River Valley	用水总量 Total Amount of Water Use	农业用水 Agriculture	工业用水 Industry	生活用水 Household	生态环境补水 Eco-environment
全　国	**National Total**	**6043.4**	**3766.4**	**1277.0**	**838.1**	**161.9**
松花江区	Songhuajiang River	497.0	417.7	37.5	28.7	13.1
辽河区	Liaohe River	189.8	126.4	24.7	31.3	7.4
海河区	Haihe River	369.8	224.3	46.2	65.7	33.7
黄河区	Huanghe River	395.6	273.2	56.8	48.3	17.3
淮河区	Huaihe River	616.2	414.5	90.2	89.1	22.5
长江区	Changjiang River	2060.1	994.0	723.9	318.3	23.9
#太湖	Taihu Lake	340.5	74.6	207.4	56.2	2.3
东南诸河区	Southeastern Rivers	313.1	142.2	96.5	66.8	7.5
珠江区	Zhujiang River	835.8	492.0	173.3	160.6	9.9
西南诸河区	Southwestern Rivers	105.0	84.0	8.9	10.9	1.1
西北诸河区	Northwestern Rivers	660.9	598.1	18.9	18.4	25.5

2-5 各地区水资源情况(2017年)
Water Resources by Region(2017)

单位：亿立方米 (100 million cu.m)

地 区 Region	水资源总 量 Total Amount of Water Resources	地表水资源量 Surface Water Resources	地下水资源量 Ground Water Resources	地表水与地下水资源重复量 Duplicated Measurement of Surface Water and Groundwater	降水量（毫米）Precipi-tation (millimeter)	人均水资源量（立方米/人）per Capita local Water Resources (cu.m/person)
全 国 National Total	**28761.2**	**27746.3**	**8309.6**	**7294.7**	**664.8**	**2074.5**
北 京 Beijing	29.8	12.0	20.4	2.6	592.0	137.2
天 津 Tianjin	13.0	8.8	5.5	1.3	496.6	83.4
河 北 Hebei	138.3	60.0	116.3	38.0	478.8	184.5
山 西 Shanxi	130.2	87.8	104.1	61.7	579.5	352.7
内蒙古 Inner Mongolia	309.9	194.1	207.3	91.5	208.2	1227.5
辽 宁 Liaoning	186.3	161.0	86.6	61.3	543.6	426.0
吉 林 Jilin	394.4	339.8	133.3	78.7	595.9	1447.3
黑龙江 Heilongjiang	742.5	626.5	273.2	157.2	526.6	1957.1
上 海 Shanghai	34.0	27.8	9.2	3.0	1195.5	140.6
江 苏 Jiangsu	392.9	295.4	114.5	17.0	1006.8	490.3
浙 江 Zhejiang	895.3	881.9	204.3	190.9	1556.2	1592.1
安 徽 Anhui	784.9	717.8	201.0	133.9	1255.0	1260.8
福 建 Fujian	1055.6	1054.2	287.5	286.1	1513.0	2711.9
江 西 Jiangxi	1655.1	1637.2	379.5	361.6	1658.9	3592.5
山 东 Shandong	225.6	139.1	151.1	64.6	635.8	226.1
河 南 Henan	423.1	311.2	206.5	94.6	827.8	443.2
湖 北 Hubei	1248.8	1219.3	319.0	289.5	1309.5	2118.9
湖 南 Hunan	1912.4	1905.7	436.8	430.1	1499.4	2795.5
广 东 Guangdong	1786.6	1777.0	440.7	431.1	1739.2	1611.9
广 西 Guangxi	2388.0	2386.0	446.6	444.6	1805.7	4912.1
海 南 Hainan	383.9	380.5	96.8	93.4	2062.2	4165.7
重 庆 Chongqing	656.1	656.1	116.1	116.1	1275.3	2142.9
四 川 Sichuan	2467.1	2466.0	607.5	606.4	941.4	2978.9
贵 州 Guizhou	1051.5	1051.5	260.8	260.8	1175.3	2947.4
云 南 Yunnan	2202.6	2202.6	762.0	762.0	1351.5	4602.4
西 藏 Tibet	4749.9	4749.9	1086.0	1086.0	631.7	142311.3
陕 西 Shaanxi	449.1	422.6	141.6	115.1	801.2	1174.5
甘 肃 Gansu	238.9	231.8	133.4	126.3	317.7	912.5
青 海 Qinghai	785.7	764.3	355.7	334.3	338.9	13188.9
宁 夏 Ningxia	10.8	8.7	19.3	17.2	331.6	159.2
新 疆 Xinjiang	1018.6	969.5	587.0	537.9	192.4	4206.4

2-6 各地区节水灌溉面积(2017年)
Water Conservation Irrigated Area by Region (2017)

单位：千公顷 (1 000 hectares)

地 区	Region	合 计 Total	#喷滴灌 Jetting and Dropping Irrigation	#微 灌 Tiny Irrigation	#低压管灌 Low Pressure Pipe Irrigation
全 国	**National Total**	**34319.0**	**4277.5**	**6283.5**	**9990.1**
北 京	Beijing	200.7	31.8	20.1	136.2
天 津	Tianjin	235.4	4.5	2.9	170.5
河 北	Hebei	3415.7	244.0	136.7	2689.8
山 西	Shanxi	811.0	77.1	53.4	582.7
内蒙古	Inner Mongolia	2800.4	606.8	837.7	580.8
辽 宁	Liaoning	929.6	157.7	358.7	245.2
吉 林	Jilin	758.8	423.7	138.1	145.4
黑龙江	Heilongjiang	2086.6	1545.2	94.2	11.8
上 海	Shanghai	146.1	3.5	1.2	75.5
江 苏	Jiangsu	2637.5	58.0	47.0	144.6
浙 江	Zhejiang	1099.6	65.7	49.7	77.8
安 徽	Anhui	976.0	123.9	18.7	74.1
福 建	Fujian	657.9	120.5	53.3	97.0
江 西	Jiangxi	544.7	27.2	42.1	41.8
山 东	Shandong	3213.2	144.4	111.6	2211.8
河 南	Henan	1893.3	170.7	41.2	1150.5
湖 北	Hubei	444.0	121.1	69.6	160.2
湖 南	Hunan	395.4	11.6	4.8	35.5
广 东	Guangdong	326.2	18.7	8.1	33.1
广 西	Guangxi	1067.9	39.9	71.1	115.6
海 南	Hainan	89.0	8.9	17.2	26.5
重 庆	Chongqing	233.3	12.1	2.9	54.9
四 川	Sichuan	1702.6	41.1	26.3	108.5
贵 州	Guizhou	332.8	30.1	22.5	86.4
云 南	Yunnan	868.0	38.2	116.5	165.7
西 藏	Tibet	30.3	1.5	0.2	17.5
陕 西	Shaanxi	931.5	34.4	58.7	343.1
甘 肃	Gansu	1020.9	33.0	231.2	206.8
青 海	Qinghai	115.3	1.9	10.2	38.4
宁 夏	Ningxia	359.2	42.5	120.8	40.1
新 疆	Xinjiang	3996.2	38.0	3516.8	122.3

2-7 各地区供水和用水情况(2017年)
Water Supply and Use by Region (2017)

单位：亿立方米 (100 million cu.m)

地区	Region	供水总量 Total Amount of Water Supply	地表水 Surface Water	地下水 Ground-water	其他 Other	用水总量 Total Amount of Water Use	农业用水 Agriculture
全国	**National Total**	**6043.4**	**4945.5**	**1016.7**	**81.2**	**6043.4**	**3766.4**
北京	Beijing	39.5	12.4	16.6	10.5	39.5	5.1
天津	Tianjin	27.5	19.0	4.6	3.9	27.5	10.7
河北	Hebei	181.6	59.4	116.0	6.2	181.6	126.1
山西	Shanxi	74.9	39.6	31.1	4.2	74.9	45.5
内蒙古	Inner Mongolia	188.0	99.2	85.3	3.4	188.0	138.1
辽宁	Liaoning	131.1	72.4	54.5	4.2	131.1	81.6
吉林	Jilin	126.7	81.5	44.7	0.4	126.7	89.8
黑龙江	Heilongjiang	353.1	188.9	163.1	1.0	353.1	316.4
上海	Shanghai	104.8	104.8			104.8	16.7
江苏	Jiangsu	591.3	575.3	8.4	7.7	591.3	280.6
浙江	Zhejiang	179.5	176.2	1.3	2.0	179.5	80.9
安徽	Anhui	290.3	256.5	30.8	3.0	290.3	158.2
福建	Fujian	192.0	186.4	5.0	0.7	192.0	91.2
江西	Jiangxi	248.0	237.6	8.3	2.1	248.0	156.3
山东	Shandong	209.5	121.1	79.7	8.7	209.5	134.0
河南	Henan	233.8	113.1	115.5	5.1	233.8	122.8
湖北	Hubei	290.3	281.4	8.8	0.1	290.3	148.1
湖南	Hunan	326.9	311.7	15.2	0.1	326.9	193.7
广东	Guangdong	433.5	417.3	13.8	2.3	433.5	220.3
广西	Guangxi	284.9	273.1	10.5	1.4	284.9	195.8
海南	Hainan	45.6	42.3	3.1	0.2	45.6	33.3
重庆	Chongqing	77.4	76.1	1.1	0.2	77.4	25.4
四川	Sichuan	268.4	254.3	12.1	1.9	268.4	160.5
贵州	Guizhou	103.5	101.1	1.8	0.6	103.5	58.9
云南	Yunnan	156.6	149.9	3.7	3.1	156.6	108.5
西藏	Tibet	31.4	27.8	3.6		31.4	26.9
陕西	Shaanxi	93.0	58.2	32.6	2.3	93.0	58.2
甘肃	Gansu	116.1	87.1	25.1	3.9	116.1	92.3
青海	Qinghai	25.8	20.7	5.0	0.2	25.8	19.2
宁夏	Ningxia	66.1	60.3	5.5	0.2	66.1	56.7
新疆	Xinjiang	552.3	440.9	109.8	1.6	552.3	514.4

2-7 续表 continued

单位：亿立方米 (100 million cu.m)

地 区	Region	工业用水 Industry	生活用水 Household	生态环境补水 Eco-environment	人均用水量（立方米） Water Use per Capita (cu.m)
全 国	**National Total**	**1277.0**	**838.1**	**161.9**	**435.9**
北 京	Beijing	3.5	18.3	12.7	181.9
天 津	Tianjin	5.5	6.1	5.2	176.3
河 北	Hebei	20.3	27.0	8.2	242.3
山 西	Shanxi	13.5	12.8	3.0	202.9
内蒙古	Inner Mongolia	15.7	11.0	23.1	744.7
辽 宁	Liaoning	18.6	25.4	5.5	299.8
吉 林	Jilin	18.1	14.1	4.7	465.0
黑龙江	Heilongjiang	19.7	15.4	1.5	930.7
上 海	Shanghai	62.7	24.6	0.8	433.3
江 苏	Jiangsu	250.1	58.5	2.1	737.8
浙 江	Zhejiang	46.1	47.0	5.5	319.2
安 徽	Anhui	92.2	33.8	6.2	466.3
福 建	Fujian	64.4	33.2	3.2	493.3
江 西	Jiangxi	60.5	28.9	2.3	538.3
山 东	Shandong	28.8	34.6	12.0	210.0
河 南	Henan	51.0	40.2	19.8	244.9
湖 北	Hubei	87.8	53.2	1.2	492.6
湖 南	Hunan	86.0	44.5	2.8	477.8
广 东	Guangdong	107.0	100.9	5.3	391.1
广 西	Guangxi	46.0	40.2	3.0	586.0
海 南	Hainan	3.0	8.4	0.8	494.8
重 庆	Chongqing	30.4	20.5	1.1	252.8
四 川	Sichuan	51.4	50.7	5.8	324.1
贵 州	Guizhou	24.8	18.8	0.9	290.1
云 南	Yunnan	23.4	21.7	3.1	327.2
西 藏	Tibet	1.5	2.7	0.2	940.8
陕 西	Shaanxi	14.3	17.0	3.5	243.2
甘 肃	Gansu	10.4	8.7	4.7	443.5
青 海	Qinghai	2.5	2.9	1.2	433.1
宁 夏	Ningxia	4.5	2.3	2.5	974.3
新 疆	Xinjiang	13.1	14.7	10.2	2280.8

2-8 流域分区河流水质状况评价结果(按评价河长统计)(2017年)
Evaluation of River Water Quality by River Valley (by River Length) (2017)

流域分区	River	评价河长(千米) Evaluate Length (km)	分类河长占评价河长百分比(%) Classify River length of Evaluate Length (%)					
			Ⅰ类 Grade Ⅰ	Ⅱ类 Grade Ⅱ	Ⅲ类 Grade Ⅲ	Ⅳ类 Grade Ⅳ	Ⅴ类 Grade Ⅴ	劣Ⅴ类 Worse than Grade Ⅴ
全　国	**National Total**	**244512**	**7.8**	**49.6**	**21.1**	**9.5**	**3.7**	**8.3**
松花江区	Songhuajiang River	16780	0.4	15.5	50.9	21.0	3.6	8.6
辽河区	Liaohe River	6067	1.2	34.2	28.3	13.8	11.2	11.3
海河区	Haihe River	15325	1.9	20.7	16.3	9.7	12.1	39.3
黄河区	Huanghe River	22892	9.6	44.3	16.0	7.3	3.7	19.1
淮河区	Huaihe River	24081	0.4	16.0	38.8	24.9	8.1	11.8
长江区	Changjiang River	70897	7.8	55.1	21.0	8.8	3.1	4.2
#太湖	Taihu Lake	6341		8.3	24.8	43.5	14.7	8.7
东南诸河区	Southeastern Rivers	13643	7.5	62.5	21.3	6.5	1.3	0.9
珠江区	Zhujiang River	30475	5.0	66.2	15.2	6.7	1.9	5.0
西南诸河区	Southwestern Rivers	21086	9.4	77.4	9.8	1.8	0.9	0.7
西北诸河区	Northwestern Rivers	23267	27.2	66.4	5.1	0.7	0.1	0.5

2-9 主要水系水质状况评价结果(按监测断面统计)(2017年)
Evaluation of River Water Quality by Water System (by Monitoring Sections) (2017)

主要水系	Main Water System	监测断面个数(个) Number of Monitoring Sections (unit)	分类水质断面占全部断面百分比(%) Proportion of Monitored Section Water Quality (%)					
			Ⅰ类 Grade Ⅰ	Ⅱ类 Grade Ⅱ	Ⅲ类 Grade Ⅲ	Ⅳ类 Grade Ⅳ	Ⅴ类 Grade Ⅴ	劣Ⅴ类 Worse than Grade Ⅴ
长　江	Changjiang River	510	2.2	44.3	38.0	10.2	3.1	2.2
黄　河	Huanghe River	137	1.5	29.2	27.0	16.1	10.2	16.1
珠　江	Zhujiang River	165	3.0	56.4	27.9	6.1	2.4	4.2
松花江	Songhuajiang River	108		14.8	53.7	25.0	0.9	5.6
淮　河	Huanhe River	180		6.7	39.4	36.7	8.9	8.3
海　河	Haihe River	161	1.9	20.5	19.3	13.0	12.4	32.9
辽　河	Liaohe River	106	2.8	23.6	22.6	24.5	7.5	18.9

资料来源：生态环境部。
Source: Ministry of Ecology and Environment.

2-10 重点评价湖泊水质状况(2017年)
Water Quality Status of Lakes in Key Evaluation (2017)

主要水系	Main Water System	所属行政区 Region	总体水质状况 Categories of Overall Water Quality	营养状况 Nutritional Status
白洋淀	Baiyangdian	河北	Grade Ⅴ	轻度富营养/Light Eutropher
查干湖	Chagan Lake	吉林	Worse than Grade Ⅴ	中度富营养/Medium Eutropher
太湖	Taihu Lake	江苏、浙江	Grade Ⅴ	中度富营养/Medium Eutropher
宝应湖	Baoying Lake	江苏	Grade Ⅳ	轻度富营养/Light Eutropher
洪泽湖	Hongze Lake	江苏	Grade Ⅳ	轻度富营养/Light Eutropher
滆湖	Gehu Lake	江苏	Grade Ⅴ	中度富营养/Medium Eutropher
邵伯湖	Shaobo Lake	江苏	Grade Ⅳ	轻度富营养/Light Eutropher
骆马湖	Luoma Lake	江苏	Grade Ⅳ	轻度富营养/Light Eutropher
高邮湖	Gaoyou Lake	江苏	Grade Ⅳ	轻度富营养/Light Eutropher
石臼湖	Shijiu Lake	江苏、安徽	Grade Ⅳ	轻度富营养/Light Eutropher
南漪湖	Nanyi Lake	安徽	Grade Ⅳ	轻度富营养/Light Eutropher
城东湖	Chengdong Lake	安徽	Grade Ⅳ	中营养/Mesotropher
城西湖	Chengxi Lake	安徽	Grade Ⅳ	轻度富营养/Light Eutropher
大官湖黄湖	Daguan Lake & Huanghu Lake	安徽	Grade Ⅳ	轻度富营养/Light Eutropher
女山湖	Nvshan Lake	安徽	Grade Ⅳ	轻度富营养/Light Eutropher
巢湖	Chaohu Lake	安徽	Grade Ⅴ	中度富营养/Medium Eutropher
泊湖	Bohu Lake	安徽	Grade Ⅳ	中营养/Mesotropher
瓦埠湖	Wabu Lake	安徽	Grade Ⅳ	轻度富营养/Light Eutropher
菜子湖	Caizi Lake	安徽	Grade Ⅳ	轻度富营养/Light Eutropher
龙感湖	Longgan Lake	安徽、湖北	Grade Ⅴ	轻度富营养/Light Eutropher
鄱阳湖	Poyang Lake	江西	Grade Ⅳ	中营养/Mesotropher
东平湖	Dongping Lake	山东	Grade Ⅲ	轻度富营养/Light Eutropher
南四湖	Nansi Lake	山东、江苏	Grade Ⅲ	轻度富营养/Light Eutropher
斧头湖	Futou Lake	湖北	Grade Ⅴ	轻度富营养/Light Eutropher
梁子湖	Liangzi Lake	湖北	Grade Ⅳ	轻度富营养/Light Eutropher
洪湖	Honghu Lake	湖北	Grade Ⅳ	轻度富营养/Light Eutropher
长湖	Changhu Lake	湖北	Grade Ⅳ	轻度富营养/Light Eutropher
洞庭湖	Dongting Lake	湖南	Grade Ⅳ	轻度富营养/Light Eutropher
抚仙湖	Fuxian Lake	云南	Grade Ⅰ	中营养/Mesotropher
洱海	Erhai	云南	Grade Ⅲ	中营养/Mesotropher
滇池	Dianchi	云南	Grade Ⅴ	轻度富营养/Light Eutropher
佩枯错	Peikucuo	西藏	Worse than Grade Ⅴ	中营养/Mesotropher
普莫雍错	Pumoyongcuo	西藏	Grade Ⅲ	中营养/Mesotropher
班公错	Bangongcuo	西藏	Grade Ⅲ	中营养/Mesotropher
纳木错	Namucuo	西藏	Worse than Grade Ⅴ	中营养/Mesotropher
羊卓雍错	Yangzhuoyongcuo	西藏	Worse than Grade Ⅴ	中营养/Mesotropher
克鲁克湖	Keluke Lake	青海	Grade Ⅱ	中营养/Mesotropher
青海湖	Qinghai Lake	青海	Grade Ⅱ	中营养/Mesotropher
乌伦古湖	Wulungu Lake	新疆	Worse than Grade Ⅴ	中营养/Mesotropher
博斯腾湖	Bositeng Lake	新疆	Grade Ⅲ	中营养/Mesotropher
赛里木湖	Sailimu Lake	新疆	Grade Ⅰ	中营养/Mesotropher

资料来源：水利部。
Source: Ministry of Water Resource.

三、海洋环境

Marine Environment

3-1 全国海洋环境情况(2000-2017年)
Marine Environment (2000-2017)

年 份 Year	全海域未达到第一类海水水质标准的海域面积(平方公里) Sea Area with Water Quality Not Reaching Standard of Grade I (sq.km)				
	合 计 Total	第二类水质海域面积 Sea Area with Water Quality at Grade II	第三类水质海域面积 Sea Area with Water Quality at Grade III	第四类水质海域面积 Sea Area with Water Quality at Grade IV	劣于第四类水质海域面积 Sea Area with Water Quality below Grade IV
2001	173390	99440	25710	15650	32590
2002	174390	111020	19870	17780	25720
2003	142080	80480	22010	14910	24680
2004	169000	65630	40500	30810	32060
2005	139280	57800	34060	18150	29270
2006	148970	51020	52140	17440	28370
2007	145280	51290	47510	16760	29720
2008	137000	65480	28840	17420	25260
2009	146980	70920	25500	20840	29720
2010	177720	70430	36190	23070	48030
2011	144290	47840	34310	18340	43800
2012	169520	46910	30030	24700	67880
2013	143620	47160	36490	15630	44340
2014	148710	43280	42740	21550	41140
2015	154610	54120	36900	23570	40020
2016	135520	49310	31020	17770	37420
2017	130330	49830	28540	18240	33720

3-1 续表 continued

年 份 Year	主要海洋产业增加值(亿元) Added Value of Major Marine Industries (100 million yuan)	海洋原油产量(万吨) Output of Offshore Crude Oil (10 000 tons)	海洋天然气产量(万立方米) Output of Offshore Natural Gas (10 000 cu.m)
2000	2297	2080.4	460127
2001	3297	2143.0	457212
2002	4042	2405.6	464689
2003	4623	2545.4	436930
2004	5829	2842.2	613416
2005	7185	3174.7	626921
2006	8286	3239.9	748618
2007	10461	3178.4	823455
2008	12243	3421.1	857847
2009	12989	3698.2	859173
2010	15531	4710.0	1108905
2011	18760	4452.0	1214519
2012	20575	4444.8	1228188
2013	22681	4541.1	1176455
2014	25156	4614.0	1308899
2015	26791	5416.4	1472400
2016	28646		
2017	31735		

3-2 全海域未达到第一类海水水质标准的海域面积(2017年)
Sea Area with Water Quality Not Reaching Standard of Grade Ⅰ (2017)

单位：平方公里 (sq.km)

海区	Sea Area	合计 Total	第二类水质海域面积 Sea Area with Water Quality at Grade Ⅱ	第三类水质海域面积 Sea Area with Water Quality at Grade Ⅲ	第四类水质海域面积 Sea Area with Water Quality at Grade Ⅳ	劣于第四类水质海域面积 Sea Area with Water Quality below Grade Ⅳ
全 国	**National Total**	**130330**	**49830**	**28540**	**18240**	**33720**
渤 海	Bohai Sea	18740	8940	3970	2120	3710
黄 海	Yellow Sea	28220	17280	7090	2610	1240
东 海	East China Sea	60480	17610	9260	11400	22210
南 海	South China Sea	22890	6000	8220	2110	6560

资料来源：生态环境部(以下各表同)。
Source: Ministry of Ecology and Environment (the same as in the following tables).

3-3 海区废弃物倾倒及石油勘探开发污染物排放入海情况(2017年)
Sea Area Waste Dumping and Pollutants from Petroleum Exploration Discharged into the Sea (2017)

单位：万立方米 (10 000 cu.m)

海区	Sea Area	疏浚物 Dredged Material	惰性无机地质废料 Inert Inorganic Geological Scrap	生产污水 Sewage from Production	泥浆 Sludge	钻屑 Debris from Drilling	机舱污水 Sewage from Engineroom	食品废弃物(万吨) Food Wastes (10000 tons)	生活污水 Oily Sewage
全 国	**National Total**	**15772**		**18918**	**3.41**	**4.49**	**0.18**	**0.05**	**73**
渤 海	Bohai Sea	1927		760	0.59	2.60		0.00	38
黄 海	Yellow Sea	346							
东 海	East China Sea	10929		103	0.03	0.07	0.00		5
南 海	South China Sea	2569		18055	2.79	1.83	0.18	0.05	30

3-4 全国主要海洋产业增加值(2017年)
Added Value of Major Marine Industries (2017)

海洋产业	Marine Industry	增加值 (亿元) Added Value (100 millionyuan)	增加值比上年增长 (按可比价计算)(%) Percentage of Added Value of Increase Over Last Year (at comparable price) (%)
合　计	**Total**	**31735**	**8.5**
海洋渔业	Marine Fishery Industry	4676	-3.3
海洋油气业	Offshore Oil and Natural Gas	1126	-2.1
海滨矿业	Beach Placer	66	-5.7
海洋盐业	Sea Salt Industry	40	-12.7
海洋化工业	Marine Chemical	1044	-0.8
海洋生物医药业	Marine Biological Pharmaceutical	385	11.1
海洋电力业	Marine Electric Power Industry	138	8.4
海水利用业	Marine Seawater Utilization	14	3.6
海洋船舶工业	Marine Shipbuilding Industry	1455	-4.4
海洋工程建筑业	Marine Engineering Architecture	1841	0.9
海洋交通运输业	Maritime Transportation	6312	9.5
滨海旅游业	Coastal Tourism	14636	16.5

资料来源：自然资源部(以下各表同)。

Source: Ministry of Natural Resources (the same as in the following tables).

3-5 海洋资源利用情况(2015年)
Utilization of Marine Resources (2015)

地　区	Region	海洋原油 (万吨) Marine Oil (10 000 tons)	海洋天然气 (万立方米) Marine NaturalGas (10 000 cu.m)	海洋矿业 (万吨) Beach Placers (10 000 tons)	海洋渔业(万吨) Marine Fishery (10 000 tons) 捕捞 Fishing	海洋渔业(万吨) Marine Fishery (10 000 tons) 养殖 Aquiculture	海盐产量 (万吨) Sea Salt Output (10 000 tons)
全　国	**National Total**	**5416.4**	**1472400**	**4821.3**	**1534.0**	**1875.6**	**3138.9**
天　津	Tianjin	3113.8	289771		6.5	1.1	168.7
河　北	Hebei	219.8	77634		25.4	50.6	344.7
辽　宁	Liaoning	53.0	1991		137.8	294.2	139.5
上　海	Shanghai	32.5	123977		17.0		
江　苏	Jiangsu				58.8	89.4	84.1
浙　江	Zhejiang			2591.1	393.7	93.3	7.6
福　建	Fujian			204.0	232.2	404.1	26.5
山　东	Shandong	309.2	11676	1327.7	275.1	499.6	2345.7
广　东	Guangdong	1688.0	967351		156.0	303.2	12.3
广　西	Guangxi			494.4	65.5	114.2	0.8
海　南	Hainan			204.1	136.1	25.9	9.1

四、大气环境

Atmospheric Environment

4-1 全国废气排放及处理情况(2000-2015年)
Emission and Treatment of Waste Gas (2000-2015)

年 份 Year	工业废气排放总量(亿立方米) Total Volume of Industrial Waste Gas Emission (100 million cu.m)	二氧化硫排放总量(万吨) Sulphur Dioxide Emission (10 000 tons)	#工业 Industry	#生活 Household	氮氧化物排放总量(万吨) Nitrogen Oxides Emission (10 000 tons)	#工业 Industry	#生活 Household
2000	138145	1995.1	1612.5				
2001	160863	1947.2	1566.0				
2002	175257	1926.6	1562.0				
2003	198906	2158.5	1791.6				
2004	237696	2254.9	1891.4				
2005	268988	2549.4	2168.4				
2006	330990	2588.8	2234.8				
2007	388169	2468.1	2140.0				
2008	403866	2321.2	1991.4				
2009	436064	2214.4	1865.9				
2010	519168	2185.1	1864.4				
2011	674509	2217.9	2017.2	200.4	2404.3	1729.7	36.6
2012	635519	2117.6	1911.7	205.7	2337.8	1658.1	39.3
2013	669361	2043.9	1835.2	208.5	2227.4	1545.6	40.7
2014	694190	1974.4	1740.4	233.9	2078.0	1404.8	45.1
2015	685190	1859.1	1556.7	296.9	1851.0	1180.9	65.1

注：2011年原环境保护部对统计制度中的指标体系、调查方法及相关技术规定等进行了修订，统计范围扩展为工业源、农业源、城镇生活源、机动车、集中式污染治理设施5个部分。

Note: In 2011, indicators of statistical system, method of survey, and related technologies were revised by the former Ministry of Envir Protection, statistical scope expands to 5 parts: industry source, agricultural source, urban living source, automotive vehicle, centralized pollution abatement.

4-1 续表 continued

年 份 Year	烟(粉)尘排放总量(万吨) Soot (Dust) Emission (10 000 tons)	#工业 Industry	#生活 Household	工业废气治理设施(套) Industrial Watste Gas Treatment Facilities (set)	工业废气治理设施处理能力(万立方米/时) Capacity of Industrial Waste Gas Treatment Facilities (10 000 cu.m/hour)	本年运行费用(亿元) Annual Expenditure for Operation (100 million yuan)
2000				145534		93.7
2001				134025		111.1
2002				137668		147.1
2003				137204		150.6
2004				144973		213.8
2005				145043		267.1
2006				154557		464.4
2007				162325		555.0
2008				174164		773.4
2009				176489		873.7
2010				187401		1054.5
2011	1278.8	1100.9	114.8	216457	1568592	1579.5
2012	1235.8	1029.3	142.7	225913	1649353	1452.3
2013	1278.1	1094.6	123.9	234316	1435110	1497.8
2014	1740.8	1456.1	227.1	261367	1533917	1731.0
2015	1538.0	1232.6	249.7	290886	1688675	1866.0

五、固体废物

Solid Wastes

5-1 全国工业固体废物产生、排放和综合利用情况(2000-2015年)
Generation, Discharge and Utilization of Industrial Solid Wastes(2000-2015)

年 份 Year	工业固体废物产生量(万吨) Industrial Solid Wastes Generated (10 000 tons)	工业固体废物排放量(万吨) Industrial Solid Wastes Discharged (10 000 tons)	工业固体废物综合利用量(万吨) Industrial Solid Wastes Utilized (10 000 tons)	工业固体废物贮存量(万吨) Stock of Industrial Solid Wastes (10 000 tons)	工业固体废物处置量(万吨) Industrial Solid Wastes Disposed (10 000 tons)	工业固体废物综合利用率(%) Ratio of Industrial Solid Wastes Utilized (%)
2000	81608	3186.2	37451	28921	9152	45.9
2001	88840	2893.8	47290	30183	14491	52.1
2002	94509	2635.2	50061	30040	16618	51.9
2003	100428	1940.9	56040	27667	17751	54.8
2004	120030	1762.0	67796	26012	26635	55.7
2005	134449	1654.7	76993	27876	31259	56.1
2006	151541	1302.1	92601	22399	42883	60.2
2007	175632	1196.7	110311	24119	41350	62.1
2008	190127	781.8	123482	21883	48291	64.3
2009	203943	710.5	138186	20929	47488	67.0
2010	240944	498.2	161772	23918	57264	66.7
2011	326204	433.3	196988	61248	71382	59.8
2012	332509	144.2	204467	60633	71443	60.9
2013	330859	129.3	207616	43445	83671	62.2
2014	329254	59.4	206392	45724	81317	62.1
2015	331055	55.8	200857	59175	74208	60.2

注：2011年原环境保护部对统计制度中的指标体系、调查方法及相关技术规定等进行了修订，故不能与2010年直接比较。

Note: In 2011, indicators of statistical system, method of survey, and related technologies were revised by the former Ministry of Envir Protection, so it can not be directly compared with data of 2010.

六、自然生态

Natural Ecology

6-1 全国自然生态情况(2000-2017年)
Natural Ecology(2000-2017)

年 份 Year	自然保护区数(个) Number of Nature Reserves (unit)	自然保护区面积(万公顷) Area of Nature Reserves (10 000 hectares)	保护区面积占辖区面积比重(%) Percentage of Nature Reserves in the Region (%)	累计除涝面积(万公顷) Area with Flood Prevention Measures (10 000 hectares)	累计水土流失治理面积(万公顷) Area of Soil Erosion under Control (10 000 hectares)
2000	1227	9821	9.9		8096.1
2001	1551	12989	12.9		8153.9
2002	1757	13295	13.2		8541.0
2003	1999	14398	14.4	2113.9	8971.4
2004	2194	14823	14.8	2119.8	9200.5
2005	2349	14995	15.0	2134.0	9465.5
2006	2395	15154	15.2	2137.6	9749.1
2007	2531	15188	15.2	2141.9	9987.1
2008	2538	14894	14.9	2142.5	10158.7
2009	2541	14775	14.7	2158.4	10454.5
2010	2588	14944	14.9	2169.2	10680.0
2011	2640	14971	14.9	2172.2	10966.4
2012	2669	14979	14.9	2185.7	10295.3
2013	2697	14631	14.8	2194.3	10689.2
2014	2729	14699	14.8	2236.9	11160.9
2015	2740	14703	14.8	2271.3	11557.8
2016	2750	14733	14.9	2306.7	12041.2
2017	2750	14717	14.3	2382.4	12583.9

6-2 各地区自然保护基本情况(2017年)
Basic Situation of Natural Protection by Region (2017)

地区 Region	自然保护区数(个) Number of Nature Reserves (unit)	自然保护区面积(万公顷) Area of Nature Reserves (10000 hectares)	保护区面积占辖区面积比重(%) Percentage of Nature Reserves in the Region (%)
全 国 National Total	**2750**	**14716.7**	**14.3**
北 京 Beijing	20	13.5	8.2
天 津 Tianjin	8	9.1	7.6
河 北 Hebei	45	70.9	3.7
山 西 Shanxi	46	110.2	7.0
内蒙古 Inner Mongolia	182	1270.3	10.7
辽 宁 Liaoning	105	267.3	13.4
吉 林 Jilin	51	252.6	13.5
黑龙江 Heilongjiang	250	791.6	16.7
上 海 Shanghai	4	13.7	5.3
江 苏 Jiangsu	31	53.6	3.8
浙 江 Zhejiang	37	21.2	1.7
安 徽 Anhui	106	50.6	3.6
福 建 Fujian	92	44.5	3.2
江 西 Jiangxi	200	122.4	7.3
山 东 Shandong	88	113.6	4.9
河 南 Henan	33	77.8	4.7
湖 北 Hubei	80	106.3	5.7
湖 南 Hunan	128	122.5	5.8
广 东 Guangdong	384	185.0	7.1
广 西 Guangxi	78	135.0	5.5
海 南 Hainan	49	270.7	6.9
重 庆 Chongqing	57	80.2	9.6
四 川 Sichuan	169	830.1	17.1
贵 州 Guizhou	124	89.4	5.1
云 南 Yunnan	160	288.2	7.3
西 藏 Tibet	47	4137.1	33.7
陕 西 Shaanxi	60	113.1	5.5
甘 肃 Gansu	60	887.1	20.8
青 海 Qinghai	11	2177.3	30.1
宁 夏 Ningxia	14	53.3	8.0
新 疆 Xinjiang	31	1958.4	11.8

资料来源：生态环境部。
Source: Ministry of Ecology and Environment.

6-3　海洋类型自然保护区建设情况(2017年)
Construction of Nature Reserves by Sea Type (2017)

海　域　Sea Area	保护区数量(个) Number of Nature Reserves (unit)							保护区面积(平方公里) Area of Nature Reserves (sq.km)
	合　计 Total	按保护级别分 by Level		按保护类型分 by Type				
		国家级 National Level	地方级 Local Level	海洋海岸生态系统 Biogeocoenose of Coast	海洋自然遗迹 Natural Relic	海洋生物多样性 Biology Variety	其他 Others	
总　计　Total	**160**	**35**	**125**	**82**	**7**	**69**	**2**	**50738**
天　津　Tianjin	2	1	1	1	1			708
河　北　Hebei	6	1	5	2	1	3		724
辽　宁　Liaoning	12	5	7	3	2	7		8808
上　海　Shanghai	4	2	2	2		2		1342
江　苏　Jiangsu	4	2	2	1		3		2805
浙　江　Zhejiang	3	2	1	2		1		691
福　建　Fujian	20	4	16	13	1	5	1	949
山　东　Shandong	17	4	13	11		5	1	4777
广　东　Guangdong	69	7	62	31	1	37		4690
广　西　Guangxi	5	3	2	3		2		518
海　南　Hainan	18	4	14	13	1	4		24726

资料来源：国家林业和草原局。
Source: National Forestry and Grassland Administration.

6-4 各地区草原建设利用情况(2017年)
Construction & Utilization of Grassland by Region (2017)

单位：千公顷 (1 000 hectares)

地 区	Region	草原总面积 Area of Grassland	累计种草保留面积 Accumulated Grassland Reserved	当年新增种草面积 Newly Increased Grassland of the Year	当年新增草原改良面积 Newly Increased Improved Grassland of the Year
全 国	**National Total**	**392832.7**	**19036.0**	**6119.1**	**1475.4**
北 京	Beijing	394.8			
天 津	Tianjin	146.6	5.6	2.6	
河 北	Hebei	4712.1	215.5	114.6	25.7
山 西	Shanxi	4552.0	392.7	146.0	47.6
内蒙古	Inner Mongolia	78804.5	3683.5	1788.2	69.5
辽 宁	Liaoning	3388.8	506.3	78.2	
吉 林	Jilin	5842.2	329.7	158.3	26.8
黑龙江	Heilongjiang	7531.8	408.1	181.1	15.9
上 海	Shanghai	73.3			
江 苏	Jiangsu	412.7	18.6	16.4	
浙 江	Zhejiang	3169.9			
安 徽	Anhui	1663.2	76.5	64.8	0.5
福 建	Fujian	2048.0	32.2	20.6	
江 西	Jiangxi	4442.3	179.4	105.9	1.1
山 东	Shandong	1638.0	160.3	147.5	
河 南	Henan	4433.8	86.1	70.3	2.7
湖 北	Hubei	6352.2	199.8	65.7	8.0
湖 南	Hunan	6372.7	230.1	85.1	17.1
广 东	Guangdong	3266.2	39.4	23.7	1.1
广 西	Guangxi	8698.3	103.8	24.5	0.7
海 南	Hainan	949.8	12.2	2.4	
重 庆	Chongqing	2158.4	78.1	39.3	0.8
四 川	Sichuan	20380.4	2875.3	610.6	96.6
贵 州	Guizhou	4287.3	302.6	131.8	22.4
云 南	Yunnan	15308.4	1443.2	326.3	51.9
西 藏	Tibet	82051.9	216.2	28.0	833.3
陕 西	Shaanxi	5206.2	891.6	135.2	21.6
甘 肃	Gansu	17904.2	2559.6	705.9	82.7
青 海	Qinghai	36369.7	1425.6	303.9	72.7
宁 夏	Ningxia	3014.1	718.2	146.4	
新 疆	Xinjiang	57258.8	1845.5	595.8	76.7

资料来源：农业农村部。
Source: Ministry of Agriculture and Rural Affairs.

6-5 各地区地质公园建设情况(2017年)
Construction of Geoparks by Region (2017)

地 区 Region	地质公园(个) Geopark (unit)	#国家级 National Level	地质公园积(公顷) Area of Geopark (hectare)	#国家级 National Level	地质公园类别(个) Categories of Geoparks (unit) 地质构造、剖面和形迹 Geological Structure, Section or Traces	古生物化石 Fossil	地质地貌景观 Geological-geomor Phological Landscape	建设投资(万元) Investment in Construction (10 000 yuan)	#本年投资 Investment in Current Year
全 国 National Total	**544**	**207**	**9938423**	**5776852**	**67**	**45**	**432**	**7266360**	**604104**
北 京 Beijing	6	5	202842	200042	1	1	4	222952	
天 津 Tianjin	1	1	26460	26460	1			10437	
河 北 Hebei	18	10	161272	114715	4	1	13	246255	51601
山 西 Shanxi	19	8	228056	142156	3	1	15	380974	1084
内蒙古 Inner Mongolia	22	8	486946	366845		5	17	37978	350
辽 宁 Liaoning	15	4	94819	25505	3	2	10	60073	49
吉 林 Jilin	9	5	281821			2	7	18044	515
黑龙江 Heilongjiang	31	7	1012227	385423	2	1	28	155102	500
上 海 Shanghai	1	1	14500	14500			1	4510	
江 苏 Jiangsu	11	3	16346	4238	2	1	8	124407	2204
浙 江 Zhejiang	13	4	90302	43783	3	1	9	117588	20257
安 徽 Anhui	18	11	130255	104153	2		16	200434	19940
福 建 Fujian	22	10	252369	157469	2		20	288459	44971
江 西 Jiangxi	12	4	318818	203613			12	392045	101002
山 东 Shandong	65	12	297667	218352	3	6	56	282662	16629
河 南 Henan	29	15	587298	503508	13	1	15	342789	195384
湖 北 Hubei	28	8	597679	177281	5	1	22	130904	16086
湖 南 Hunan	31	10	294125	123492	1		30	34482	340
广 东 Guangdong	17	8	355231	322589		1	16	288634	9401
广 西 Guangxi	22	8	251215	93310	1		21	81130	1425
海 南 Hainan	6	1	45272	10800		2	4	36714	1200
重 庆 Chongqing	9	5	160170	84984		2	7	836120	
四 川 Sichuan	29	14	671306	351719	3	2	24	209952	8220
贵 州 Guizhou	20	9	268505	150702	4	6	10	268249	800
云 南 Yunnan	12	10	310963	274782	2	3	7	1424856	12557
西 藏 Tibet	4	2	473044	463280	2		2	12300	
陕 西 Shaanxi	17	7	258747	139705	3		14	595250	80342
甘 肃 Gansu	32	7	874675	294455	3	4	25	282795	4708
青 海 Qinghai	8	6	571908	355541			8	10068	
宁 夏 Ningxia	4	1	38201	12960	2	1	1	32626	1870
新 疆 Xinjiang	12	5	554121	410490	1	1	10	137570	12670

资料来源：自然资源部(下表同)。
Source:Ministry of Natural Resources (the same as in the following table).

6-6 各地区矿山环境保护情况(2017年)
Protection of Mine Environment by Region (2017)

地 区	Region	矿业开采累计占用损坏土地(公顷) Land Occupied or Destructed by Mining (hectare)	矿山环境恢复治理 Rehabilitation and Inprovement of Mine Environment: 本年投入资金(万元) Investment in Current Year (10 000 yuan)	#地方财政 Local Finance	#企业投入 Enterprise Investment	本年恢复面积(公顷) Area of Rehabilitation in Current Year (hectare)
全 国	**National Total**	**2607489**	**1399182**	**545550**	**831304**	**75778**
北 京	Beijing	21950	6017	6017		142
天 津	Tianjin	1646	1760		1760	139
河 北	Hebei	113220	81469	55621	25847	3179
山 西	Shanxi	151253	128622	14769	101266	10419
内蒙古	Inner Mongolia	200710	125546	44131	81415	15511
辽 宁	Liaoning	131144	9845	390	9455	319
吉 林	Jilin	27158	13535	11592	1943	273
黑龙江	Heilongjiang	924777	2965	2907	58	32
上 海	Shanghai	224				12
江 苏	Jiangsu	24184	55715	48386	6929	1849
浙 江	Zhejiang	15881	73706	41000	32706	670
安 徽	Anhui	90150	62890	24281	38608	3712
福 建	Fujian	9757	50212	9169	40316	876
江 西	Jiangxi	72393	28573	20726	7747	3412
山 东	Shandong	57521	72486	43801	28685	1803
河 南	Henan	99792	65807	3029	62777	2720
湖 北	Hubei	31658	64303	8176	56127	2093
湖 南	Hunan	21124	38417	7733	24839	948
广 东	Guangdong	18011	26219	10105	16114	700
广 西	Guangxi	65051	14290	4365	9925	858
海 南	Hainan	9393	7777	103	7675	228
重 庆	Chongqing	123366	6175	1280	4895	207
四 川	Sichuan	21171	14487	946	13541	1520
贵 州	Guizhou	17637	63174	1069	62105	1663
云 南	Yunnan	52426	22114	13034	9079	1680
西 藏	Tibet	11924				331
陕 西	Shaanxi	68636	99625	30609	69016	4134
甘 肃	Gansu	26870	21017	5698	15319	1593
青 海	Qinghai	117470	14300	14300		733
宁 夏	Ningxia	27482	195069	112645	82425	10170
新 疆	Xinjiang	53512	33065	9667	20729	3853

6-7 各流域除涝和水土流失治理情况(2017年)
Flood Prevention & Soil Erosion under Control by River Valley (2017)

单位：千公顷 (1 000 hectares)

流域片	River Valley	累计除涝面积 Area with Flood Prevention Measures	本年新增除涝面积 Increase Area with Flood Prevention	累计水土流失治理面积 Area of Soil Erosion under Control	#小流域治理面积 Small Drainage Area	本年新增水土流失治理面积 Increase Area of Soil Erosion under Control
全　国	**National Total**	**23824.3**	**285.8**	**125838.9**	**40846.8**	**5898.8**
松花江区	Songhuajiang River	4432.8	4.0	8885.7	1704.0	617.9
辽河区	Liaohe River	1164.4	1.7	8877.1	3445.8	388.1
海河区	Haihe River	3301.8	18.4	10069.1	4651.2	429.7
黄河区	Huanghe River	587.7	5.5	24917.9	7225.6	1310.2
淮河区	Huaihe River	7870.1	92.7	5958.2	2638.1	163.8
长江区	Changjiang River	4955.0	147.0	42743.4	16409.6	1601.3
#太湖	Taihu Lake	468.4	23.1	254.1	81.1	0.4
东南诸河区	Southeastern Rivers	449.8	4.3	7169.7	1437.3	104.0
珠江区	Zhujiang River	925.8	10.5	7768.3	1800.9	440.0
西南诸河区	Southwestern Rivers	114.6	1.0	4521.3	827.2	341.9
西北诸河区	Northwestern Rivers	22.5	0.8	4928.3	707.4	501.9

资料来源：水利部(以下各表同)。
Source: Ministry of Water Resource (the same as in the following tables).

6-8 各地区除涝和水土流失治理情况(2017年)
Flood Prevention & Soil Erosion under Control by Region (2017)

单位：千公顷 (1 000 hectares)

地　区 Region	累计除涝面积 Area with Flood Prevention Measures	本年新增除涝面积 Increase Area with Flood Prevention	累计水土流失治理面积 Area of Soil Erosion under Control	#小流域治理面积 Smasll Drainage Area	本年新增水土流失治理面积 Increase Area of Soil Erosion under Control	水土保持及生态项目本年完成投资(万元) Investment of Soil and Water Conservation & Ecological Projects (10000 yuan)
全　国 National Total	**23824.3**	**285.8**	**125838.9**	**40846.8**	**5898.8**	**6875710.4**
北　京 Beijing	12.0		777.6	763.5	34.9	330439.9
天　津 Tianjin	364.6		99.3	49.7	0.4	33771.5
河　北 Hebei	1641.2		5379.2	2887.8	207.8	319717.6
山　西 Shanxi	89.1		6484.8	680.6	358.5	167388.3
内蒙古 Inner Mongolia	277.0		13551.1	3225.1	621.2	457180.0
辽　宁 Liaoning	931.6	0.5	5217.8	2473.6	209.0	55517.3
吉　林 Jilin	1034.6	1.9	2180.7	194.7	193.6	90008.1
黑龙江 Heilongjiang	3397.3	3.3	4477.3	1154.9	343.3	19467.8
上　海 Shanghai	60.3	0.1				299571.9
江　苏 Jiangsu	4014.4	108.5	918.8	323.2	10.9	1092376.4
浙　江 Zhejiang	554.6	7.6	3721.1	678.6	21.2	350090.3
安　徽 Anhui	2394.8	32.5	1940.3	782.1	48.3	53839.4
福　建 Fujian	160.4	2.9	3651.7	804.5	83.2	531821.0
江　西 Jiangxi	422.1	10.6	5787.3	1292.7	112.4	68226.1
山　东 Shandong	2980.1	34.0	4005.4	1596.3	127.8	55342.7
河　南 Henan	2106.3	27.1	3673.0	2135.1	88.2	593541.4
湖　北 Hubei	1461.4	9.1	5963.5	1914.4	132.9	96836.1
湖　南 Hunan	437.1	6.9	3592.2	985.1	158.4	243227.9
广　东 Guangdong	545.5	2.9	1638.7	179.1	102.5	81798.7
广　西 Guangxi	234.9	2.3	2463.8	543.2	178.9	25769.9
海　南 Hainan	21.7		108.4	86.5	12.3	9887.0
重　庆 Chongqing			3397.4	1621.7	165.1	68679.4
四　川 Sichuan	104.9	2.0	9457.0	4666.4	476.6	128473.3
贵　州 Guizhou	121.4	21.9	6814.6	3024.9	258.2	399684.0
云　南 Yunnan	284.9	9.3	9004.4	2031.7	477.6	262960.0
西　藏 Tibet	2.5		419.1	100.8	95.8	9903.8
陕　西 Shaanxi	133.2	1.7	7765.0	2950.8	280.4	562295.8
甘　肃 Gansu	14.1		8580.5	2393.7	720.2	119796.5
青　海 Qinghai	0.8	0.8	1134.1	413.9	130.7	53846.4
宁　夏 Ningxia			2214.8	671.9	83.3	116304.0
新　疆 Xinjiang	21.7		1420.2	220.3	165.0	177948.0

6-9 各地区湿地情况
Area of Wetland by Region

地区	Region	湿地面积（千公顷）Area of Wetland (1 000 hectares)	自然湿地 Natural Wetland	近海与海岸 Coast & Seashores	河流 Rivers	湖泊 Lakes	沼泽 Marshland	人工湿地 Artifical Wetland	湿地总面积占国土面积比重（%）Proportion of Wetland in Total Area of Territory (%)
全国	**National Total**	**53602.6**	**46674.7**	**5795.9**	**10552.1**	**8593.8**	**21732.9**	**6745.9**	**5.58**
北京	Beijing	48.1	24.2		22.7	0.2	1.3	23.9	2.86
天津	Tianjin	295.6	151.1	104.3	32.3	3.6	10.9	144.5	23.94
河北	Hebei	941.9	694.6	231.9	212.5	26.6	223.6	247.3	5.04
山西	Shanxi	151.9	108.1		96.9	3.1	8.1	43.8	0.97
内蒙古	Inner Mongolia	6010.6	5878.8		463.7	566.2	4848.9	131.8	5.08
辽宁	Liaoning	1394.8	1077.7	713.2	251.5	2.9	110.1	317.1	9.42
吉林	Jilin	997.6	862.9		223.5	112.0	527.4	134.7	5.32
黑龙江	Heilongjiang	5143.3	4953.8		733.5	356.0	3864.3	189.5	11.31
上海	Shanghai	464.6	409.0	386.6	7.3	5.8	9.3	55.6	73.27
江苏	Jiangsu	2822.8	1948.8	1087.5	296.6	536.7	28.0	874.0	27.51
浙江	Zhejiang	1110.1	843.3	692.5	141.2	8.9	0.7	266.8	10.91
安徽	Anhui	1041.8	713.6		309.6	361.1	42.9	328.2	7.46
福建	Fujian	871.0	711.2	575.6	135.1	0.3	0.2	159.8	7.18
江西	Jiangxi	910.1	710.7		310.8	374.1	25.8	199.4	5.45
山东	Shandong	1737.5	1103.0	728.5	257.8	62.6	54.1	634.5	11.07
河南	Henan	627.9	380.7		368.9	6.9	4.9	247.2	3.76
湖北	Hubei	1445.0	764.2		450.4	276.9	36.9	680.8	7.77
湖南	Hunan	1019.7	813.5		398.4	385.8	29.3	206.2	4.81
广东	Guangdong	1753.4	1158.1	815.1	337.9	1.5	3.6	595.3	9.76
广西	Guangxi	754.3	536.6	259.0	268.9	6.3	2.4	217.7	3.20
海南	Hainan	320.0	242.0	201.7	39.7	0.6		78.0	9.14
重庆	Chongqing	207.2	87.7		87.3	0.3	0.1	119.5	2.51
四川	Sichuan	1747.8	1665.6		452.3	37.4	1175.9	82.2	3.61
贵州	Guizhou	209.7	151.6		138.1	2.5	11.0	58.1	1.19
云南	Yunnan	563.5	392.5		241.8	118.5	32.2	171.0	1.43
西藏	Tibet	6529.0	6524.0		1434.5	3035.2	2054.3	5.0	5.35
陕西	Shaanxi	308.5	276.2		257.6	7.6	11.0	32.3	1.50
甘肃	Gansu	1693.9	1642.4		381.7	15.9	1244.8	51.5	3.73
青海	Qinghai	8143.6	8001.0		885.3	1470.3	5645.4	142.6	11.27
宁夏	Ningxia	207.2	169.5		97.9	33.5	38.1	37.7	4.00
新疆	Xinjiang	3948.2	3678.3		1216.4	774.5	1687.4	269.9	2.38

注：本表为第二次全国湿地资源调查(2009-2013)资料，全国总计数包括台湾省和香港、澳门特别行政区数据；湿地面积不包括水稻田湿地。

Note: Data in the table are figures of the Second National Wetland Resources Survey (2009-2013), data of national total include wetlar in Taiwan Province and Hong Kong SAR and Macao SAR. Area of wetland excludes the wetland of paddyfields.

6-10 各地区沙化土地情况
Sandy Land by Region

单位：公顷 (hectare)

地 区	Region	沙化土地面积 Area of Sandy Land	流动沙地(丘) Mobile Sand	半固定沙地(丘) Semi-fixed Sand	固定沙地(丘) Fixed Sand	露沙地 Bare Sand
全 国	**National Total**	**172117498**	**39885227**	**16431600**	**29343039**	**9103907**
北 京	Beijing	27608			27608	
天 津	Tianjin	13913			6299	
河 北	Hebei	2103404		11989	1000102	
山 西	Shanxi	580169		22357	475348	3409
内蒙古	Inner Mongolia	40787884	7805285	4937009	13696571	5122349
辽 宁	Liaoning	510696	679	4930	352668	425
吉 林	Jilin	704447		3288	354004	
黑龙江	Heilongjiang	473978		1975	373083	
上 海	Shanghai					
江 苏	Jiangsu	525934			63410	
浙 江	Zhejiang	42			42	
安 徽	Anhui	171079			57647	
福 建	Fujian	35089	1530	126	11733	
江 西	Jiangxi	64004	450	1208	27416	
山 东	Shandong	681769	108	357	182375	
河 南	Henan	596796	86	1846	105042	
湖 北	Hubei	189659	3016	1891	78306	
湖 南	Hunan	58716	42	26	56900	
广 东	Guangdong	53820	2055	276	32596	
广 西	Guangxi	186570	418	197	52882	
海 南	Hainan	55039			44189	
重 庆	Chongqing	1308		2	95	
四 川	Sichuan	863080	5351	28455	203441	588349
贵 州	Guizhou	2555	430	80	1215	
云 南	Yunnan	29420	2712	452	12038	
西 藏	Tibet	21583626	377511	1042668	491300	1405845
陕 西	Shaanxi	1353940	3535	27787	1242894	
甘 肃	Gansu	12170243	1853606	1337595	1748758	43868
青 海	Qinghai	12461713	1116733	1139892	1288737	1939662
宁 夏	Ningxia	1124573	71470	87972	794424	
新 疆	Xinjiang	74706423	28640211	7779222	6561916	

注：本表为第五次全国荒漠化和沙化监测(2014年)资料。
Note:Data in the table are the figures of the Fifth National Desertification and Sandy Land Monitoring (2014).

6-10 续表 continued

单位：公顷 (hectare)

地 区	Region	沙化耕地 Arable Land Desertificated	非生物治沙工程地 Non-biological Sand Control Project	风蚀残丘 Mound of Wind Erosion	风蚀劣地 Badlands of Wind Erosion	戈壁 Gobi
全 国	**National Total**	**4849955**	**8863**	**922292**	**5456858**	**66115757**
北 京	Beijing					
天 津	Tianjin	7614				
河 北	Hebei	1091314				
山 西	Shanxi	79055				
内蒙古	Inner Mongolia	444211		4360	1677076	7101023
辽 宁	Liaoning	151995				
吉 林	Jilin	347155				
黑龙江	Heilongjiang	98920				
上 海	Shanghai					
江 苏	Jiangsu	462524				
浙 江	Zhejiang					
安 徽	Anhui	113432				
福 建	Fujian	21701				
江 西	Jiangxi	34930				
山 东	Shandong	498928				
河 南	Henan	489822				
湖 北	Hubei	106447				
湖 南	Hunan	1748				
广 东	Guangdong	18893				
广 西	Guangxi	133073				
海 南	Hainan	10850				
重 庆	Chongqing	1211				
四 川	Sichuan	37268	216			
贵 州	Guizhou	830				
云 南	Yunnan	14218				
西 藏	Tibet	21861	981			18243462
陕 西	Shaanxi	79723				
甘 肃	Gansu	55460	848	39914	136137	6954058
青 海	Qinghai	29426	1281	742295	3096371	3107316
宁 夏	Ningxia	83607				87100
新 疆	Xinjiang	413741	5537	135722	547275	30622799

七、土地利用

Land Use

7-1 全国土地利用情况(2000-2017年)
Land Use (2000-2017)

单位：万公顷 (10 000 hectares)

年 份 Year	农用地 Land for Agriculture Use	#耕地 Cultivated Land	#园地 Garden Land	#林地 Woodland	#牧草地 Grass Land
2000	65336.2	12824.3	1057.6	22878.9	26376.9
2001	65331.6	12761.6	1064.0	22919.1	26384.6
2002	65660.7	12593.0	1079.0	23072.0	26352.2
2003	65706.1	12339.2	1108.2	23396.8	26311.2
2004	65701.9	12244.4	1128.8	23504.7	26270.7
2005	65704.7	12208.3	1154.9	23574.1	26214.4
2006	65718.8	12177.6	1181.8	23612.1	26193.2
2007	65702.1	12173.5	1181.3	23611.7	26186.5
2008	65687.6	12171.6	1179.1	23609.2	26183.5
2009	64777.5	13538.5	1481.2	25395.0	21972.1
2010	64728.0	13526.8	1470.3	25376.6	21967.2
2011	64686.5	13523.9	1460.3	25356.0	21961.5
2012	64646.6	13515.8	1453.3	25339.7	21956.5
2013	64616.8	13516.3	1445.5	25325.4	21951.4
2014	64574.1	13505.7	1437.8	25307.1	21946.6
2015	64545.7	13499.9	1432.3	25299.2	21942.1
2016	64512.7	13492.1	1426.6	25290.8	21935.9
2017	64486.4	13488.1	1421.4	25280.2	21932.0

7-1 续表 continued

单位：万公顷 (10 000 hectares)

年 份 Year	建设用地 Land for Construction	居民点及工矿用地 Land for Living Quarters, Mining and Manufacturing Sites	交通运输用地 Land for Transport Facilities	水利设施用地 Land for Water Conservancy Facilities
2000	3620.6	2470.9	576.1	573.6
2001	3641.3	2487.6	580.8	573.0
2002	3072.4	2509.5	207.7	355.2
2003	3106.5	2535.4	214.5	356.5
2004	3155.1	2572.8	223.3	359.0
2005	3192.2	2601.5	230.9	359.9
2006	3236.5	2635.4	239.5	361.5
2007	3272.0	2664.7	244.4	362.9
2008	3305.8	2691.6	249.6	364.5
2009	3500.0	2873.9	282.3	343.7
2010	3567.9	2924.4	298.2	345.3
2011	3631.8	2972.6	310.7	348.4
2012	3690.7	3019.9	321.0	349.8
2013	3745.6	3060.7	334.5	350.4
2014	3811.4	3105.7	349.8	356.0
2015	3859.3	3143.0	359.1	357.2
2016	3909.5	3179.5	371.0	359.0
2017	3957.4	3213.1	383.4	361.0

7-2 各地区土地利用情况(2017年)
Land Use by Region (2017)

单位：万公顷 (10 000 hectares)

地 区	Region	农用地 Land for Agriculture Use	#耕 地 Cultivated Land	#园 地 Garden Land	#林 地 Woodland	#牧草地 Grass Land
全 国	**National Total**	**64486.36**	**13488.12**	**1421.42**	**25280.19**	**21932.03**
北 京	Beijing	114.67	21.37	13.28	74.45	0.02
天 津	Tianjin	69.21	43.68	2.96	5.47	
河 北	Hebei	1306.44	651.89	83.23	459.64	40.10
山 西	Shanxi	1002.62	405.63	40.58	485.46	3.37
内蒙古	Inner Mongolia	8288.06	927.08	5.64	2322.19	4950.70
辽 宁	Liaoning	1153.31	497.16	46.78	561.46	0.32
吉 林	Jilin	1659.26	698.67	6.58	885.20	23.60
黑龙江	Heilongjiang	3991.27	1584.57	4.46	2182.01	109.49
上 海	Shanghai	31.34	19.16	1.65	4.60	0.00
江 苏	Jiangsu	647.04	457.33	29.72	25.62	0.01
浙 江	Zhejiang	858.89	197.70	57.43	563.78	0.03
安 徽	Anhui	1112.19	586.68	34.65	373.55	0.05
福 建	Fujian	1086.24	133.69	76.65	832.76	0.03
江 西	Jiangxi	1441.15	308.60	32.07	1031.10	0.07
山 东	Shandong	1148.61	758.98	71.43	147.76	0.58
河 南	Henan	1265.57	811.23	21.33	344.58	0.03
湖 北	Hubei	1572.96	523.59	48.02	858.99	0.20
湖 南	Hunan	1816.66	415.10	65.31	1219.93	1.36
广 东	Guangdong	1491.65	259.97	126.07	1001.79	0.31
广 西	Guangxi	1952.68	438.75	108.05	1329.94	0.52
海 南	Hainan	296.74	72.24	91.70	119.92	1.92
重 庆	Chongqing	705.68	236.98	27.09	386.85	4.55
四 川	Sichuan	4213.32	672.52	72.69	2214.78	1095.66
贵 州	Guizhou	1472.59	451.88	16.21	892.61	7.22
云 南	Yunnan	3292.79	621.33	162.82	2300.62	14.70
西 藏	Tibet	8723.02	44.40	0.15	1602.42	7068.30
陕 西	Shaanxi	1856.26	398.29	81.64	1116.68	216.94
甘 肃	Gansu	1854.79	537.70	25.58	609.63	591.86
青 海	Qinghai	4508.80	59.01	0.60	353.96	4079.46
宁 夏	Ningxia	380.69	128.99	5.00	76.62	149.17
新 疆	Xinjiang	5171.87	523.96	62.07	895.83	3571.48

资料来源：自然资源部(以下各表同)。
Source: Ministry of Natural Resources (the same as in the following tables).

7-2 续表 continued

单位：万公顷 (10 000 hectares)

地 区	Region	建设用地 Land for Construction	居民点及工矿用地 Land for Living Quarters, Mining and Manufacturing Sites	交通运输用地 Land for Transport Facilities	水利设施用地 Land for Water Conservancy Facilities
全 国	**National Total**	**3957.41**	**3213.10**	**383.35**	**360.95**
北 京	Beijing	36.02	30.68	3.28	2.06
天 津	Tianjin	41.73	33.33	3.03	5.37
河 北	Hebei	224.16	193.80	19.48	10.89
山 西	Shanxi	104.00	89.41	10.82	3.77
内蒙古	Inner Mongolia	167.34	136.97	23.39	6.97
辽 宁	Liaoning	164.42	134.29	16.36	13.77
吉 林	Jilin	110.59	87.09	9.66	13.85
黑龙江	Heilongjiang	163.69	123.33	15.82	24.54
上 海	Shanghai	30.88	27.49	3.07	0.32
江 苏	Jiangsu	231.10	191.46	23.28	16.36
浙 江	Zhejiang	131.82	102.41	15.17	14.25
安 徽	Anhui	201.49	166.05	14.94	20.50
福 建	Fujian	84.42	64.09	13.08	7.25
江 西	Jiangxi	130.62	98.80	11.58	20.24
山 东	Shandong	288.37	242.58	22.41	23.38
河 南	Henan	264.43	226.78	18.95	18.70
湖 北	Hubei	173.72	133.22	13.17	27.33
湖 南	Hunan	165.33	135.24	14.83	15.25
广 东	Guangdong	207.23	168.15	19.58	19.51
广 西	Guangxi	125.28	92.91	14.25	18.12
海 南	Hainan	34.83	26.26	2.76	5.81
重 庆	Chongqing	68.46	58.03	6.55	3.88
四 川	Sichuan	187.00	158.13	15.72	13.15
贵 州	Guizhou	72.82	57.95	10.70	4.18
云 南	Yunnan	110.52	86.61	12.06	11.84
西 藏	Tibet	15.72	10.67	4.22	0.83
陕 西	Shaanxi	96.80	82.22	10.93	3.65
甘 肃	Gansu	92.23	79.42	8.88	3.93
青 海	Qinghai	35.90	24.22	5.33	6.34
宁 夏	Ningxia	32.37	27.37	4.07	0.94
新 疆	Xinjiang	164.11	124.12	15.98	24.01

7-3　各地区耕地变动情况(2017年)
Change of Cultivated Land by Region (2017)

单位：公顷　　(hectare)

地　区	Region	本年减少耕地面积 Area of Reduce Cultivated Land	建设占用 Used for Construction Purpose	灾毁耕地 Destroyed by Disasters	生态退耕 Restored to Original-land land for Ecological Preservation	农业结构调整 Structural Adjustment to Agriculture
全　国	**National Total**	**306123**	**252468**	**4021**	**17267**	**32367**
北　京	Beijing	3008	860		2067	80
天　津	Tianjin	1722	1300		138	284
河　北	Hebei	16893	14137	6	67	2682
山　西	Shanxi	5609	4375	147	6	1081
内蒙古	Inner Mongolia	5708	4326	23	0	1359
辽　宁	Liaoning	4510	3679	3		827
吉　林	Jilin	7256	5317	1300	30	610
黑龙江	Heilongjiang	5349	3427	397	129	1395
上　海	Shanghai	1357	1234	93	1	28
江　苏	Jiangsu	22903	20840	17	30	2016
浙　江	Zhejiang	10727	10207	0		520
安　徽	Anhui	16470	14926	0	29	1514
福　建	Fujian	4776	4369	5		402
江　西	Jiangxi	8317	7289	410	72	546
山　东	Shandong	28988	23240	235	458	5055
河　南	Henan	27946	24610	166	3	3168
湖　北	Hubei	14972	12746	86	586	1554
湖　南	Hunan	8443	7179	622	159	483
广　东	Guangdong	8129	8059			70
广　西	Guangxi	8696	8196			500
海　南	Hainan	1276	1237			39
重　庆	Chongqing	21195	6414	2	13467	1312
四　川	Sichuan	18142	16656	28		1458
贵　州	Guizhou	16224	13859	169	0	2196
云　南	Yunnan	10507	9658	1	0	849
西　藏	Tibet	891	824	1		67
陕　西	Shaanxi	9656	8284	310		1062
甘　肃	Gansu	5362	4838			523
青　海	Qinghai	1043	953			90
宁　夏	Ningxia	2241	1974		16	251
新　疆	Xinjiang	7807	7453		8	347

7-3 续表 continued

单位：公顷 (hectare)

地 区	Region	本年增加耕地面积 Area of Increased Cultivated Land	补充耕地 Supplementary Cultivated Land	农业结构调整 Structural Adjustment to Agriculture	年末耕地面积 Area of Cultivated Land at the end of the year	人均耕地面积(亩) Cultivated Land per Capita (a unit of area)
全 国	**National Total**	**266198**	**252847**	**13351**	**134881218**	**1.46**
北 京	Beijing	393	393	0	213731	0.15
天 津	Tianjin	1553	1551	1	436755	0.42
河 北	Hebei	15300	15288	12	6518870	1.30
山 西	Shanxi	5150	5150	1	4056317	1.64
内蒙古	Inner Mongolia	18527	17965	562	9270780	5.50
辽 宁	Liaoning	1545	1543	3	4971587	1.71
吉 林	Jilin	616	610	6	6986738	3.86
黑龙江	Heilongjiang	1002	993	10	15845697	6.27
上 海	Shanghai	2201	2199	2	191603	0.12
江 苏	Jiangsu	25085	24969	116	4573339	0.85
浙 江	Zhejiang	13013	12995	18	1977038	0.52
安 徽	Anhui	15716	15710	6	5866764	1.41
福 建	Fujian	5378	5375	2	1336904	0.51
江 西	Jiangxi	12099	12085	14	3085990	1.00
山 东	Shandong	11815	11784	31	7589786	1.14
河 南	Henan	29195	21296	7899	8112278	1.27
湖 北	Hubei	5616	5611	5	5235908	1.33
湖 南	Hunan	10694	10589	105	4151019	0.91
广 东	Guangdong	200	130	71	2599650	0.35
广 西	Guangxi	1038	1037	1	4387456	1.35
海 南	Hainan	944	944	0	722397	1.17
重 庆	Chongqing	8544	8472	72	2369847	1.16
四 川	Sichuan	10363	10351	12	6725168	1.22
贵 州	Guizhou	4809	4697	112	4518768	1.89
云 南	Yunnan	16009	16008	1	6213315	1.94
西 藏	Tibet	279	273	6	443957	1.98
陕 西	Shaanxi	3054	3047	7	3982887	1.56
甘 肃	Gansu	9936	9931	6	5376953	3.07
青 海	Qinghai	1758	1758	0	590142	1.48
宁 夏	Ningxia	3399	3398	2	1289950	2.84
新 疆	Xinjiang	30964	26695	4269	5239622	3.21

八、林业

Forestry

8-1 全国造林情况(2000-2017年)
Area of Afforestation (2000-2017)

单位：万公顷 (10 000 hectares)

年份 Year	造林总面积 Total Area of Afforestation	人工造林 Manual Planting	飞播造林 Airplane Planting	新封山育林 New Closing Hillsides for Afforestation
2000	510.5	434.5	76.0	
2001	495.3	397.7	97.6	
2002	777.1	689.6	87.5	
2003	911.9	843.2	68.6	
2004	679.5	501.9	57.9	119.7
2005	540.4	323.2	41.6	175.6
2006	383.9	244.6	27.2	112.1
2007	390.8	273.9	11.9	105.1
2008	535.4	368.5	15.4	151.5
2009	626.2	415.6	22.6	188.0
2010	591.0	387.3	19.6	184.1
2011	599.7	406.6	19.7	173.4
2012	559.6	382.1	13.6	163.9
2013	610.0	421.0	15.4	173.6
2014	555.0	405.3	10.8	138.9
2015	768.4	436.3	12.8	215.3
2016	720.4	382.4	16.2	195.4
2017	768.1	429.6	14.1	165.7

注：自2015年起造林面积包括人工造林、飞播造林、新封山育林、退化林修复和人工更新。

Note: Since 2015, total area of afforestation includes that of manual planting, airplane planting, new closing hillsides for affordstation, restoration of degraded forest, artificial regeneration.

8-2 各地区森林资源情况
Forest Resources by Region

地 区	Region	林业用地面积(万公顷) Area of Afforested Land (10 000 hectares)	森林面积(万公顷) Forest Aera (10 000 hectares)	#人工林 Artifical Forest	森林覆盖率(%) Forest Coverage Rate (%)	活立木总蓄积量(万立方米) Total Standing Forest Stock (10 000 cu.m)	森林蓄积量(万立方米) Stock Volume of Forest (10 000 cu.m)
全 国	**National Total**	**31259.00**	**20768.73**	**6933.38**	**21.63**	**1643280.62**	**1513729.72**
北 京	Beijing	101.35	58.81	37.15	35.84	1828.04	1425.33
天 津	Tianjin	15.62	11.16	10.56	9.87	453.98	374.03
河 北	Hebei	718.08	439.33	220.90	23.41	13082.23	10774.95
山 西	Shanxi	765.55	282.41	131.81	18.03	11039.38	9739.12
内蒙古	Inner Mongolia	4398.89	2487.90	331.65	21.03	148415.92	134530.48
辽 宁	Liaoning	699.89	557.31	307.08	38.24	25972.07	25046.29
吉 林	Jilin	856.19	763.87	160.56	40.38	96534.93	92257.37
黑龙江	Heilongjiang	2207.40	1962.13	246.53	43.16	177720.97	164487.01
上 海	Shanghai	7.73	6.81	6.81	10.74	380.25	186.35
江 苏	Jiangsu	178.70	162.10	156.82	15.80	8461.42	6470.00
浙 江	Zhejiang	660.74	601.36	258.53	59.07	24224.93	21679.75
安 徽	Anhui	443.18	380.42	225.07	27.53	21710.12	18074.85
福 建	Fujian	926.82	801.27	377.69	65.95	66674.62	60796.15
江 西	Jiangxi	1069.66	1001.81	338.60	60.01	47032.40	40840.62
山 东	Shandong	331.26	254.60	244.52	16.73	12360.74	8919.79
河 南	Henan	504.98	359.07	227.12	21.50	22880.68	17094.56
湖 北	Hubei	849.85	713.86	194.85	38.40	31324.69	28652.97
湖 南	Hunan	1252.78	1011.94	474.61	47.77	37311.50	33099.27
广 东	Guangdong	1076.44	906.13	557.89	51.26	37774.59	35682.71
广 西	Guangxi	1527.17	1342.70	634.52	56.51	55816.60	50936.80
海 南	Hainan	214.49	187.77	136.20	55.38	9774.49	8903.83
重 庆	Chongqing	406.28	316.44	92.55	38.43	17437.31	14651.76
四 川	Sichuan	2328.26	1703.74	449.26	35.22	177576.04	168000.04
贵 州	Guizhou	861.22	653.35	237.30	37.09	34384.40	30076.43
云 南	Yunnan	2501.04	1914.19	414.11	50.03	187514.27	169309.19
西 藏	Tibet	1783.64	1471.56	4.88	11.98	228812.16	226207.05
陕 西	Shaanxi	1228.47	853.24	236.97	41.42	42416.05	39592.52
甘 肃	Gansu	1042.65	507.45	102.97	11.28	24054.88	21453.97
青 海	Qinghai	808.04	406.39	7.44	5.63	4884.43	4331.21
宁 夏	Ningxia	180.10	61.80	14.43	11.89	872.56	660.33
新 疆	Xinjiang	1099.71	698.25	94.00	4.24	38679.57	33654.09

注：1.本表为第八次全国森林资源清查(2009-2013)资料。
2.全国总计数包括台湾省和香港、澳门特别行政区数据。

Notes: a) Data in the table are the figures of the Eighth National Forestry Survey (2009-2013).
b) Data of national total include forest resources in Taiwan Province and Hong Kong SAR and Macao SAR.

8-3 各地区造林情况(2017年)
Area of Afforestation by Region (2017)

单位：公顷 (hectare)

地 区	Region	造林总面积 Total Area of Afforestation	按造林方式分 By Approach				
			人工造林 Manual Planting	飞播造林 Airplane Planting	新封山育林 New Closing Hillsides for Afforestation	退化林修复 Restoration of Degraded Forest	人工更新 Artificial Regeneration
全 国	**National Total**	**7680711**	**4295890**	**141220**	**1657169**	**1280993**	**305439**
北 京	Beijing	40339	9280		12666	18333	60
天 津	Tianjin	12224	9557		2667		
河 北	Hebei	481271	371770	20239	84790	1672	2800
山 西	Shanxi	311968	279968		32000		
内蒙古	Inner Mongolia	680453	346309	68313	138068	125597	2166
辽 宁	Liaoning	144223	56929		55330	25014	6950
吉 林	Jilin	153038	80840			62495	9703
黑龙江	Heilongjiang	97591	36579		42250	18688	74
上 海	Shanghai	2680	2680				
江 苏	Jiangsu	36572	33968			143	2461
浙 江	Zhejiang	44054	8450		2223	24936	8445
安 徽	Anhui	144926	56667		41905	40241	6113
福 建	Fujian	233585	8094		144338	20024	61129
江 西	Jiangxi	282407	89405		68592	118066	6344
山 东	Shandong	142195	92306		534	17882	31473
河 南	Henan	180929	126281	13733	19836	21079	
湖 北	Hubei	400840	162328		67459	167049	4004
湖 南	Hunan	554139	186088		160876	198630	8545
广 东	Guangdong	270588	80739		89007	66025	34817
广 西	Guangxi	176081	54578		26095	2740	92668
海 南	Hainan	12879	4626			200	8053
重 庆	Chongqing	228052	100792		63263	63364	633
四 川	Sichuan	658370	483900		61548	107986	4936
贵 州	Guizhou	678300	584549		82151	11600	
云 南	Yunnan	387158	277716		72461	36972	9
西 藏	Tibet	82667	37480		45187		
陕 西	Shaanxi	334786	163099	34002	58403	75057	4225
甘 肃	Gansu	325431	280346		35419	9666	
青 海	Qinghai	198809	56631		138844	3334	
宁 夏	Ningxia	78238	45531		19062	7198	6447
新 疆	Xinjiang	282384	165737	4933	92195	16135	3384
大兴安岭	Daxinganling	23534	2667			20867	

资料来源：国家林业和草原局(以下各表同)。
注：自2015年起造林面积包括人工造林、飞播造林、新封山育林、退化林修复和人工更新。
Source: National Forestry and Grassland Administration (the same as in the following tables).
Note: Since 2015, total area of afforestation includes that of manual planting, airplane planting, new closing hillsides for afforestation, restoration of degraded forest, artificial regeneration.

8-4 各地区天然林资源保护情况(2017年)
Natural Forest Protection by Region (2017)

地 区	Region	木材产量 (立方米) Timber Output (cu.m)	林业投资完成额 (万元) Investment Completed (10 000 yuan)	#国家投资 State Investment	森林管护面积 (公顷) Area of Management and Protection of Forests (hectare)	#国有林 Stateowned forests
全 国	**National Total**	**4493388**	**3763641**	**3615667**	**115302657**	**71476894**
北 京	Beijing					
天 津	Tianjin					
河 北	Hebei					
山 西	Shanxi	79844	97264	97264	5164893	1639489
内蒙古	Inner Mongolia	133792	570978	503906	20919523	13707164
辽 宁	Liaoning					
吉 林	Jilin	286365	391883	390702	3960797	3960797
黑龙江	Heilongjiang	59804	939801	939801	9511565	9511565
上 海	Shanghai					
江 苏	Jiangsu					
浙 江	Zhejiang					
安 徽	Anhui					
福 建	Fujian					
江 西	Jiangxi					
山 东	Shandong					
河 南	Henan	177145	11261	11261	1689960	195368
湖 北	Hubei	48677	76840	76840	3322527	782000
湖 南	Hunan					
广 东	Guangdong					
广 西	Guangxi					
海 南	Hainan		17444	17444	459334	459334
重 庆	Chongqing	94543	74321	69450	3088492	387945
四 川	Sichuan	1978127	414385	414385	17680011	12168333
贵 州	Guizhou	1095200	128055	128054	4617001	329207
云 南	Yunnan	518825	197257	176528	10179032	4330366
西 藏	Tibet		19492	19492	1276667	1276667
陕 西	Shaanxi	14201	222885	189726	11359907	3613205
甘 肃	Gansu	6865	132462	115813	4847769	3386208
青 海	Qinghai		57030	57030	3678170	2816971
宁 夏	Ningxia		28241	24507	1068665	433931
新 疆	Xinjiang		61678	61100	4379545	4379545
大兴安岭	Daxinganling		322364	322364	8098799	8098799

8-4 续表 continued

单位：公顷 (hectare)

地区	Region	当年造林面积 Area of Afforestation in the Year	按造林方式分 by Approach			
			人工造林 Manual Planting	飞播造林 Airplane Planting	新封山育林 New Closing Hillsides for Afforestation	退化林修复 Restoration of Degraded Forest
全国	**National Total**	**390298**	**85627**	**73847**	**108571**	**122253**
北京	Beijing					
天津	Tianjin					
河北	Hebei					
山西	Shanxi	15137	15137			
内蒙古	Inner Mongolia	80917	21904	35979	3667	19367
辽宁	Liaoning					
吉林	Jilin	55196	559			54637
黑龙江	Heilongjiang	19588	3380			16208
上海	Shanghai					
江苏	Jiangsu					
浙江	Zhejiang					
安徽	Anhui					
福建	Fujian					
江西	Jiangxi					
山东	Shandong					
河南	Henan	3333	3333			
湖北	Hubei	9997	2000		7997	
湖南	Hunan					
广东	Guangdong					
广西	Guangxi					
海南	Hainan	200				200
重庆	Chongqing	22667	1334		21333	
四川	Sichuan	29981	4657		25324	
贵州	Guizhou	6000	2667		3333	
云南	Yunnan	18409	8360		8989	1060
西藏	Tibet	1466	133		1333	
陕西	Shaanxi	75848	7337	34002	24595	9914
甘肃	Gansu	5139	3805		1334	
青海	Qinghai	10219	3553		6666	
宁夏	Ningxia	8000	4000		4000	
新疆	Xinjiang	4667	801	3866		
大兴安岭	Daxinganling	23534	2667			20867

8-5 各地区退耕还林情况(2017年)

The Conversion of Cropland to Forest Program by Region (2017)

地 区	Region	当年造林面积(公顷) Area of Afforestation in the Year (hectare)	退耕地造林面积 Area of Cropland Converted to Forest	荒山荒地造林面积 Area of Plantation of Barren Mountains & Wasteland	新封山(沙)育林面积 Area of New Closing Hillsides for Afforestation	林业投资完成额(万元) Investment Completed (10 000 yuan)	#国家投资 State Investment
全 国	**National Total**	**1213338**	**1213267**	**71**		**2221446**	**2055317**
北 京	Beijing					545	545
天 津	Tianjin					440	440
河 北	Hebei					60442	50924
山 西	Shanxi	108668	108668			241991	239251
内蒙古	Inner Mongolia	32045	32045			161458	147781
辽 宁	Liaoning					26417	26417
吉 林	Jilin					16885	15318
黑龙江	Heilongjiang					26117	23250
上 海	Shanghai						
江 苏	Jiangsu						
浙 江	Zhejiang						
安 徽	Anhui	2002	2002			35925	31663
福 建	Fujian						
江 西	Jiangxi					25848	22885
山 东	Shandong						
河 南	Henan					38602	38566
湖 北	Hubei	17333	17333			66739	53744
湖 南	Hunan	5335	5335			70082	57622
广 东	Guangdong						
广 西	Guangxi	498	498			25545	23973
海 南	Hainan	71		71		3672	3504
重 庆	Chongqing	48724	48724			131455	128901
四 川	Sichuan	29094	29094			163389	163389
贵 州	Guizhou	551600	551600			364782	364782
云 南	Yunnan	108497	108497			217835	189574
西 藏	Tibet					4558	4558
陕 西	Shaanxi	48243	48243			156094	119328
甘 肃	Gansu	146509	146509			147323	125176
青 海	Qinghai	19912	19912			29098	29098
宁 夏	Ningxia	9542	9542			42850	35838
新 疆	Xinjiang	85265	85265			163354	158790

8-6 三北、长江流域等重点防护林体系工程建设情况(2017年)
Key Shelterbelt Programs in North China and Changjiang River Basin (2017)

单位：公顷 (hectare)

地区	Region	当年造林面积 Area of Afforestation in the Year	人工造林 Manual Planting	飞播造林 Airplane Planting	新封山育林 New Closing Hillsides for Afforestation	退化林修复 Restoration of Degraded Forest	人工更新 Artificial Regeneration	林业投资完成额(万元) Investment Completed (10 000 yuan)	#国家投资 State Investment
全国	**National Total**	**947862**	**453282**	**22734**	**429879**	**36272**	**5695**	**676739**	**546891**
北京	Beijing	1200	1200					27413	27413
天津	Tianjin	1333	1333					5584	5584
河北	Hebei	62482	39704	4333	17400	1045		39990	34553
山西	Shanxi	61129	37194		23935			46199	46199
内蒙古	Inner Mongolia	126386	63485	17334	34900	10667		40200	38805
辽宁	Liaoning	67996	32664		35332			25815	24215
吉林	Jilin	7723	7723					5792	5792
黑龙江	Heilongjiang	55132	21163		33802	167		25038	21917
上海	Shanghai								
江苏	Jiangsu	3955	3905				50	31099	25661
浙江	Zhejiang								
安徽	Anhui	38927	12025		26755		147	48567	47267
福建	Fujian	2800	639		1800		361	511	401
江西	Jiangxi	49733	23715		26018			28660	26566
山东	Shandong	27358	22823			800	3735	31531	30328
河南	Henan	24001	15999		8002			11349	11199
湖北	Hubei	15540	8473		7067			12264	10136
湖南	Hunan	33840	14028		17866	1946		22451	16353
广东	Guangdong	35111	10781		23453	215	662	20728	19994
广西	Guangxi	9682	9591			91		12816	6068
海南	Hainan	1559	1559					22	22
重庆	Chongqing	2666	2666					2000	1700
四川	Sichuan								
贵州	Guizhou	6400	6400					4800	4800
云南	Yunnan	2000	2000					700	700
西藏	Tibet	10667	4000		6667			4000	4000
陕西	Shaanxi	42271	13738		27666	867		16463	13716
甘肃	Gansu	37077	6813		30264			16000	16000
青海	Qinghai	28424	12423		12667	3334		8500	8500
宁夏	Ningxia	34486	16000		11330	7156		17517	14805
新疆	Xinjiang	157984	61238	1067	84955	9984	740	170730	84197

8-7 京津风沙源治理工程建设情况(2017年)
Desertification Control Program in the Vicinity of Beijing and Tianjin (2017)

单位：公顷 (hectare)

地 区	Region	当年造林面积 Area of Afforestation in the Year	人工造林 Manual Planting	飞播造林 Airplane Planting	新封山育林 New Closing Hillsides for Afforestation	退化林修复 Restoration of Degraded Forest
全 国	**National Total**	**207206**	**102834**	**11333**	**74706**	**18333**
北 京	Beijing	34665	4333		12666	17666
天 津	Tianjin	3575	908		2667	
河 北	Hebei	37027	27762		9265	
山 西	Shanxi	32868	24803		8065	
内蒙古	Inner Mongolia	85598	38161	11333	36104	
陕 西	Shaanxi	13473	6867		5939	667

8-7 续表 continued

单位：公顷 (hectare)

地 区	Region	草地治理面积 Improved Area of Grass Land	小流域治理面积 Improved Area of Small Drainage Areas	水利设施(处) Water Conservancy Facilities (unit)	投资完成额(万元) Investment Completed (10000 yuan)	#国家投资 State Investment
全 国	**National Total**	**38965**	**28707**	**3066**	**174385**	**158962**
北 京	Beijing				63818	62008
天 津	Tianjin				1419	1419
河 北	Hebei	16468	17450	937	20041	19491
山 西	Shanxi	1133	3690	1583	32381	32339
内蒙古	Inner Mongolia	21364	7567	546	50486	38766
陕 西	Shaanxi				6240	4939

8-8 各地区林业系统野生动植物保护及自然保护区工程建设情况(2017年)

Wildlife Conservation and Nature Reserve Program of Forestry Establishments by Region(2017)

地 区 Region	自然保护区个数(个) Nature Reserves (unit)	#国家级 National Reserves	自然保护区面积(万公顷) Nature Reserves Area (10 000 hectares)	#国家级 National Reserves
全 国 National Total	**2249**	**375**	**12613.0**	**8198.3**
北 京 Beijing	17	2	13.1	2.8
天 津 Tianjin	5	1	5.4	0.1
河 北 Hebei	32	9	60.8	21.7
山 西 Shanxi	45	7	109.3	11.7
内蒙古 Inner Mongolia	150	24	911.8	311.7
辽 宁 Liaoning	75	13	117.0	21.9
吉 林 Jilin	44	15	257.5	102.5
黑龙江 Heilongjiang	157	43	678.1	318.7
上 海 Shanghai	1	1	2.4	2.4
江 苏 Jiangsu	15	1	15.0	0.3
浙 江 Zhejiang	23	8	11.8	8.0
安 徽 Anhui	98	6	40.6	10.3
福 建 Fujian	89	15	42.3	21.6
江 西 Jiangxi	183	16	101.9	25.5
山 东 Shandong	48	4	60.7	17.5
河 南 Henan	25	11	50.9	34.7
湖 北 Hubei	58	17	90.4	47.9
湖 南 Hunan	163	22	135.6	62.1
广 东 Guangdong	290	8	130.2	16.3
广 西 Guangxi	63	19	128.6	33.5
海 南 Hainan	30	7	23.3	13.7
重 庆 Chongqing	53	6	74.5	24.6
四 川 Sichuan	123	24	725.0	263.0
贵 州 Guizhou	104	7	88.7	23.5
云 南 Yunnan	132	17	269.7	139.0
西 藏 Tibet	60	10	4206.7	3720.2
陕 西 Shaanxi	52	20	110.3	59.3
甘 肃 Gansu	48	16	772.3	599.3
青 海 Qinghai	10	7	2165.5	2073.4
宁 夏 Ningxia	10	6	49.9	42.9
新 疆 Xinjiang	46	13	1163.8	168.1
大兴安岭 Daxinganling	32	6	219.3	85.8

8-8 续表 continued

地 区 Region	国际重要湿地 International Important Wetland		林业投资完成额（万元）Investment Completed (10 000 yuan)	#国家投资 State Investment
	个 数（个）Number (unit)	面 积（万公顷）Area (10 000 hectares)		
全 国 National Total	**49**	**411.2**	**254075**	**236685**
北 京 Beijing			7487	7487
天 津 Tianjin			1082	1082
河 北 Hebei			1593	1593
山 西 Shanxi			2991	2991
内蒙古 Inner Mongolia	2	74.8	6514	6514
辽 宁 Liaoning	2	14.0	2801	2801
吉 林 Jilin	2	24.9	3505	3505
黑龙江 Heilongjiang	7	71.5	6175	6174
上 海 Shanghai	2	3.6	15025	15025
江 苏 Jiangsu	2	53.1	2769	39
浙 江 Zhejiang	1	0.0	4204	3414
安 徽 Anhui	1	3.3	4580	4490
福 建 Fujian	1	0.2	5345	5345
江 西 Jiangxi	1	2.2	7200	7197
山 东 Shandong	1	9.6	2498	987
河 南 Henan			2327	2322
湖 北 Hubei	3	6.4	8669	6906
湖 南 Hunan	3	39.3	18115	17780
广 东 Guangdong	4	6.8	8034	7836
广 西 Guangxi	2	0.7	26019	25127
海 南 Hainan	1	0.5	6939	6930
重 庆 Chongqing			2902	2902
四 川 Sichuan	1	16.7	32243	23483
贵 州 Guizhou			6970	6970
云 南 Yunnan	4	1.4	12791	12592
西 藏 Tibet	2	11.7	8014	8014
陕 西 Shaanxi			7076	6974
甘 肃 Gansu	2	28.9	8874	8874
青 海 Qinghai	3	18.4	3230	3230
宁 夏 Ningxia			1469	1469
新 疆 Xinjiang			26283	26281
大兴安岭 Daxinganling	1	23.0	351	351

注：国际重要湿地个数中，全国合计包括香港特别行政区1处。
Note: Number of international important wetland includes one of Hong Kong SAR.

九、自然灾害及突发事件

Natural Disasters & Environmental Accidents

9-1 全国自然灾害情况(2000-2017年)
Natural Disasters (2000-2017)

年份 Year	地质灾害 Geological Disasters			地震灾害 Earthquake Disasters		
	灾害起数(处) Number of Geological Disasters (unit)	人员伤亡(人) Casualties (person)	直接经济损失(万元) Direct Economic Loss (10 000 yuan)	灾害次数(次) Number of Earthquake Disasters (time)	人员伤亡(人) Casualties (person)	直接经济损失(万元) Direct Economic Loss (10 000 yuan)
2000	19653	27697	494201	10	2855	142244
2001	5793	1675	348699	12		
2002	40246	2759	509740	5	362	13100
2003	15489	1333	504325	21	7465	466040
2004	13555	1407	408828	11	696	94959
2005	17751	1223	357678	13	882	262811
2006	102804	1227	431590	10	229	79962
2007	25364	1123	247528	3	422	201922
2008	26580	1598	326936	17	446293	85949594
2009	10580	845	190109	8	407	273782
2010	30670	3445	638509	12	13795	2361077
2011	15804	410	413151	18	540	6020873
2012	14675	636	625253	12	1279	828757
2013	15374	929	1043568	14	15965	9953631
2014	10937	637	567027	20	3666	3326078
2015	8355	422	250528	14	1192	1791918
2016	10997	593	354290	16	104	668693
2017	7521	523	359477	12	676	1476600

9-1 续表 continued

年份 Year	海洋灾害 Marine Disasters			森林火灾 Forest Fires		
	发生次数(次) Number of Marine Disasters (time)	死亡、失踪人数(人) Deaths and Missing People (person)	直接经济损失(亿元) Direct Economic Loss (100 million yuan)	灾害次数(次) Number of Forest Fires (time)	人员伤亡(人) Casualties (person)	其他损失折款(万元) Economic Loss (10 000 yuan)
2000		79	120.8	5934	178	3069
2001		401	100.1	4933	58	7409
2002	126	124	65.9	7527	98	3610
2003	172	128	80.5	10463	142	37000
2004	155	140	54.2	13466	252	20213
2005	176	371	332.4	11542	152	15029
2006	180	492	218.5	8170	102	5375
2007	163	161	88.4	9260	94	12416
2008	128	152	206.1	14144	174	12594
2009	132	95	100.2	8859	110	14511
2010	113	137	132.8	7723	108	11611
2011	114	76	62.1	5550	91	20173
2012	138	68	155.0	3966	21	10802
2013	115	121	163.5	3929	55	6062
2014	100	24	136.1	3703	112	42513
2015	79	30	72.7	2936	26	6371
2016	123	60	46.5	2034	36	4136
2017	119	17	56.1	3223	46	4624

9-2 各地区自然灾害损失情况(2017年)
Loss Caused by Natural Disasters by Region (2017)

单位：千公顷 (1 000 hectares)

地 区	Region	农作物受灾面积合计 Total		旱 灾 Drought	
		受灾 Area Affected	绝收 Total Crop Failure	受灾 Area Affected	绝收 Total Crop Failure
全 国	**National Total**	**18478.1**	**1826.7**	**9874.8**	**752.4**
北 京	Beijing	6.7	0.1		
天 津	Tianjin				
河 北	Hebei	718.0	42.9	367.4	30.1
山 西	Shanxi	821.3	53.6	497.3	21.1
内蒙古	Inner Mongolia	3917.3	376.1	3238.8	246.9
辽 宁	Liaoning	949.6	57.8	777.6	30.1
吉 林	Jilin	983.1	100.2	475.4	8.9
黑龙江	Heilongjiang	1550.5	110.7	997.2	41.3
上 海	Shanghai				
江 苏	Jiangsu	90.7	8.1	37.3	3.9
浙 江	Zhejiang	107.3	7.1		
安 徽	Anhui	399.8	34.7	216.9	16.2
福 建	Fujian	57.5	5.7	20.0	2.0
江 西	Jiangxi	441.4	55.3	41.2	2.5
山 东	Shandong	856.9	86.4	531.0	81.3
河 南	Henan	1247.0	109.4	219.1	43.7
湖 北	Hubei	1437.1	200.8	626.7	34.3
湖 南	Hunan	1217.7	138.2	222.0	17.4
广 东	Guangdong	282.6	10.7		
广 西	Guangxi	196.0	16.7		
海 南	Hainan	10.8	0.7		
重 庆	Chongqing	125.9	6.8	79.6	2.6
四 川	Sichuan	215.7	32.0	34.8	5.8
贵 州	Guizhou	267.3	41.2	56.5	9.1
云 南	Yunnan	406.6	50.0	102.0	4.9
西 藏	Tibet	12.8	2.5		
陕 西	Shaanxi	651.1	92.8	434.2	64.0
甘 肃	Gansu	773.1	66.0	526.7	42.0
青 海	Qinghai	272.4	30.8	225.3	17.3
宁 夏	Ningxia	174.4	29.5	130.7	23.3
新 疆	Xinjiang	287.5	59.9	17.1	3.7

资料来源：应急管理部。

注：农作物受灾面积合计、受灾人口、死亡人口(含失踪)和直接经济损失含地震、森林、海洋等灾害。

Source: Ministry of Emergency Management.

Note: The total area affected, total area of crop failuer, population affected, deaths (including missing) and direct economic loss include earthquake disasters, forest disasters and marine disasters.

9-2 续表 1 continued 1

单位：千公顷 (1 000 hectares)

地 区	Region	洪涝、山体滑坡、泥石流和台风 Flood, Waterlogging, Landslides and Debris flow, Typhoon		风雹灾害 Wind and Hail	
		受灾 Area Affected	绝收 Total Crop Failure	受灾 Area Affected	绝收 Total Crop Failure
全 国	**National Total**	**5808.8**	**766.1**	**2268.1**	**225.2**
北 京	Beijing			6.7	0.1
天 津	Tianjin				
河 北	Hebei	91.6	4.8	217.6	7.8
山 西	Shanxi	52.9	5.1	218.1	23.6
内蒙古	Inner Mongolia	212.0	44.3	254.6	28.6
辽 宁	Liaoning	112.7	21.8	58.9	5.5
吉 林	Jilin	451.9	83.4	54.8	7.9
黑龙江	Heilongjiang	188.0	30.9	325.3	32.0
上 海	Shanghai				
江 苏	Jiangsu	0.6		52.8	4.2
浙 江	Zhejiang	105.3	7.0	0.9	0.1
安 徽	Anhui	156.8	17.4	26.0	1.1
福 建	Fujian	37.4	3.7	0.1	
江 西	Jiangxi	394.9	52.6	5.3	0.2
山 东	Shandong	97.5	4.2	227.1	0.7
河 南	Henan	933.7	63.2	93.5	2.5
湖 北	Hubei	692.7	160.4	41.0	5.6
湖 南	Hunan	990.2	119.6	5.5	1.2
广 东	Guangdong	282.5	10.7	0.1	
广 西	Guangxi	193.6	16.1	2.4	0.6
海 南	Hainan	10.8	0.7		
重 庆	Chongqing	38.4	3.2	7.9	1.0
四 川	Sichuan	142.7	23.5	12.2	2.0
贵 州	Guizhou	164.7	24.8	35.8	6.8
云 南	Yunnan	226.5	30.9	65.4	13.0
西 藏	Tibet	10.6	2.2	2.2	0.3
陕 西	Shaanxi	82.4	16.7	128.2	11.5
甘 肃	Gansu	82.5	10.6	145.2	13.2
青 海	Qinghai	5.0	0.9	42.1	12.6
宁 夏	Ningxia	7.0	2.3	33.9	3.5
新 疆	Xinjiang	43.9	5.1	204.5	39.6

9-2 续表 2 continued 2

地 区	Region	低温冷冻和雪灾(千公顷) Low-temperature, Freezing and Snow Disaster (1 000 hectares)		人口受灾 Population		直接经济损失(亿元) Direct Economic Loss (100 million yuan)
		受灾 Area Affected	绝收 Total Crop Failure	受灾人口(万人次) Population Affected (10 000 person-times)	死亡人口(含失踪)(人) Deaths (including missing) (person)	
全 国	**National Total**	**524.5**	**83.0**	**14448.0**	**979**	**3018.7**
北 京	Beijing			4.6	7	0.8
天 津	Tianjin					0.0
河 北	Hebei	41.4	0.2	722.0	6	46.0
山 西	Shanxi	53	3.8	658.0	5	58.0
内蒙古	Inner Mongolia	211.9	56.3	722.7	18	126.5
辽 宁	Liaoning	0.4	0.4	599.4	5	108.5
吉 林	Jilin	1		363.4	39	394.8
黑龙江	Heilongjiang	40	6.5	241.5	7	54.7
上 海	Shanghai					
江 苏	Jiangsu			77.0	18	8.0
浙 江	Zhejiang	1.1		113.0	11	46.2
安 徽	Anhui	0.1		347.6	7	21.2
福 建	Fujian			61.4	9	17.1
江 西	Jiangxi			665.5	20	118.2
山 东	Shandong	1.3	0.2	785.7	2	86.8
河 南	Henan	0.7		1538.5	21	58.2
湖 北	Hubei	76.7	0.5	1254.8	42	149.7
湖 南	Hunan			1716.3	99	588.0
广 东	Guangdong			326.4	25	316.2
广 西	Guangxi			357.4	92	99.0
海 南	Hainan			88.4	1	4.0
重 庆	Chongqing			252.1	52	24.5
四 川	Sichuan	24.1	0.7	421.8	186	153.9
贵 州	Guizhou	10.3	0.5	531.4	68	57.6
云 南	Yunnan	12.7	1.2	629.0	110	76.6
西 藏	Tibet			29.7	10	17.8
陕 西	Shaanxi	6.3	0.6	687.3	69	162.9
甘 肃	Gansu	18.7	0.2	668.2	22	105.1
青 海	Qinghai			207.6	17	17.4
宁 夏	Ningxia	2.8	0.4	227.2		12.0
新 疆	Xinjiang	22	11.5	150.1	11	89.1

9-3 地质灾害及防治情况(2017年)
Occurrence and Prevention of Geological Disasters(2017)

地 区	Region	发生地质灾害起数(处) Geological Disasters (unit)	#滑 坡 Land-slide	#崩 塌 Collapse	#泥石流 Mud-rock Flow	#地面塌陷 Land Subside	直接经济损失(万元) Direct Economic Loss (10 000 yuan)
全 国	**National Total**	**7521**	**5524**	**1356**	**387**	**206**	**359477**
北 京	Beijing	2		2			53
天 津	Tianjin	1		1			43
河 北	Hebei	10	1	7	1	1	189
山 西	Shanxi	3		2		1	55
内蒙古	Inner Mongolia	6	2			4	0
辽 宁	Liaoning	41	12	1	28		7354
吉 林	Jilin	63	8	6	49		4123
黑龙江	Heilongjiang						
上 海	Shanghai						
江 苏	Jiangsu	3	2	1			30
浙 江	Zhejiang	75	47	21	7		1236
安 徽	Anhui	58	23	33	1	1	175
福 建	Fujian	82	39	43			828
江 西	Jiangxi	325	246	55	7	17	1870
山 东	Shandong	5		1		4	25
河 南	Henan	20	8	1		11	279
湖 北	Hubei	850	738	80	14	15	25437
湖 南	Hunan	3490	3022	328	51	73	153116
广 东	Guangdong	154	49	90	2	11	1186
广 西	Guangxi	745	320	335	33	52	13089
海 南	Hainan	2		2			25
重 庆	Chongqing	584	441	116	13	8	13700
四 川	Sichuan	175	64	35	76		71107
贵 州	Guizhou	136	94	27	7	3	18145
云 南	Yunnan	338	247	48	36	2	13385
西 藏	Tibet	59	24	12	23		4280
陕 西	Shaanxi	152	61	80	10	1	6242
甘 肃	Gansu	61	27	13	16	1	20835
青 海	Qinghai	7	4	2	1		889
宁 夏	Ningxia	13	5	4	2		30
新 疆	Xinjiang	61	40	10	10	1	1752

资料来源：自然资源部。
Source: Ministry of Natural Resources.

9-3 续表 continued

地 区	Region	人员伤亡 (人) Casualties (person)	#死亡人数 Deaths	地质灾害防治项目数 (个) Number of Projects of Prevention of Geological Disasters (unit)	地质灾害防治投资 (万元) Investment in Projects of Prevention of Geological Disasters (10 000 yuan)
全 国	**National Total**	**523**	**329**	**17602**	**1635941**
北 京	Beijing			73	15951
天 津	Tianjin			6	910
河 北	Hebei	3	3	275	6702
山 西	Shanxi	1		64	53315
内蒙古	Inner Mongolia			1	800
辽 宁	Liaoning			17	6931
吉 林	Jilin	2		3	2000
黑龙江	Heilongjiang			11	1010
上 海	Shanghai			8	3168
江 苏	Jiangsu			91	30230
浙 江	Zhejiang			5408	328748
安 徽	Anhui			920	30506
福 建	Fujian	4	4	685	79952
江 西	Jiangxi	10	5	189	33891
山 东	Shandong			86	18699
河 南	Henan			7	4091
湖 北	Hubei	33	23	483	67019
湖 南	Hunan	59	33	3177	79747
广 东	Guangdong	3	2	1498	123495
广 西	Guangxi	71	29	370	39731
海 南	Hainan			13	5492
重 庆	Chongqing	37	24	382	55991
四 川	Sichuan	101	85	1543	207000
贵 州	Guizhou	52	32	459	99216
云 南	Yunnan	57	20	1403	201902
西 藏	Tibet	4	4	9	10256
陕 西	Shaanxi	50	41	258	48123
甘 肃	Gansu	19	10	82	40300
青 海	Qinghai	15	12	24	11528
宁 夏	Ningxia				1000
新 疆	Xinjiang	2	2	57	28236

9-4 地震灾害情况(2017年)
Earthquake Disasters (2017)

地 区	Region	地震灾害次数(次) Number of Earthquakes (time)	5.0-5.9级 5.0-5.9 Richter Scale	6.0-6.9级 6.0-6.9 Richter Scale	7.0级以上 Over 7.0 Richter Scale	人员伤亡(人) Casualties (person)	#死亡人数 Deaths	经济损失(万元) Direct Economic Loss (10 000 yuan)
全 国	**National Total**	**12**	**4**	**3**	**1**	**676**	**38**	**1476600**
湖 北	Hubei	1						1389
重 庆	Chongqing	1	1			6		
四 川	Sichuan	4	1		1	584	30	806811
云 南	Yunnan	2	1			6		17200
西 藏	Tibet	1		1		3		20700
甘 肃	Gansu	1		1		2		
新 疆	Xinjiang	2	1	1		75	8	630500

资料来源：中国地震局。
Source: China Seismological Administration.

9-5 海洋灾害情况(2017年)
Marine Disasters (2017)

灾 种	Disaster Categories	发生次数(次) Number of Disasters (time)	死亡、失踪人数(人) Deaths and Missing People (person)	直接经济损失(亿元) Direct Economic Loss (100 million yuan)
合 计	**Total**	**119**	**17**	**56.05**
风暴潮	Stormy Tides	16	6	55.77
赤 潮	Red Tides	68		
海 浪	Sea Wave	34	11	0.27
海 冰	Sea Ice	1		0.01

资料来源：自然资源部。
Source: Ministry of Natural Resources.

9-6 各地区森林火灾情况(2017年)
Forest Fires by Region(2017)

地 区	Region	森林火灾次数(次) Forest Fires (time)	一般火灾 Ordinary Fires	较大火灾 Major Fires	重大火灾 Severe Fires	特别重大火灾 Especially Severe Fires	火场总面积(公顷) Total Fire-affected Area (hectare)
全 国	**National Total**	**3223**	**2258**	**958**	**4**	**3**	**44428**
北 京	Beijing	3	1	2			23
天 津	Tianjin	2	2				9
河 北	Hebei	38	24	14			1157
山 西	Shanxi	6	2	4			299
内蒙古	Inner Mongolia	177	91	80	3	3	24805
辽 宁	Liaoning	80	47	33			802
吉 林	Jilin	90	80	10			450
黑龙江	Heilongjiang	97	85	12			883
上 海	Shanghai						
江 苏	Jiangsu	11	11				18
浙 江	Zhejiang	70	18	52			512
安 徽	Anhui	127	117	10			242
福 建	Fujian	52	10	42			467
江 西	Jiangxi	67	9	58			1739
山 东	Shandong	19	8	11			70
河 南	Henan	81	76	5			237
湖 北	Hubei	466	427	39			822
湖 南	Hunan	334	199	135			2196
广 东	Guangdong	302	195	107			1505
广 西	Guangxi	644	424	220			4380
海 南	Hainan	15	8	7			24
重 庆	Chongqing	12	11	1			33
四 川	Sichuan	171	152	18	1		1611
贵 州	Guizhou	18	13	5			234
云 南	Yunnan	49	20	29			1032
西 藏	Tibet	1		1			7
陕 西	Shaanxi	181	136	45			362
甘 肃	Gansu	6	4	2			15
青 海	Qinghai	16	13	3			178
宁 夏	Ningxia	30	24	6			287
新 疆	Xinjiang	58	51	7			33

资料来源：国家林业和草原局(下表同)。
Source: National Forestry and Grassland Administration (the same as in the following table).

9-6 续表 continued

地区	Region	受害森林面积（公顷）Destructed Forest Area (hectare)	公益林 Non-commercial Forest	商品林 Commercial Forest	伤亡人数（人）Casualties (person)	#死亡人数 Deaths	其他损失折款（万元）Economic Loss (10 000 yuan)
全 国	**National Total**	**24502.4**	**20326.8**	**4175.6**	**46**	**30**	**4624.1**
北 京	Beijing	18.5	15.6	2.9			1.5
天 津	Tianjin	0.5	0.5				
河 北	Hebei	319.2	291.2	28.0			4.0
山 西	Shanxi	69.1	12.9	56.3	4	4	60.7
内蒙古	Inner Mongolia	16780.0	16517.2	262.8	9	3	635.5
辽 宁	Liaoning	356.1	219.8	136.3			180.6
吉 林	Jilin	173.9	121.5	52.4	1	1	396.5
黑龙江	Heilongjiang	238.7	215.8	22.9			
上 海	Shanghai						
江 苏	Jiangsu	1.8	1.1	0.7			4.6
浙 江	Zhejiang	250.6	110.9	139.7	1	1	313.6
安 徽	Anhui	47.3	4.8	42.5			12.5
福 建	Fujian	318.6	103.1	215.5			32.7
江 西	Jiangxi	707.2	103.0	604.1			477.9
山 东	Shandong	49.6	46.5	3.0	7	3	15.6
河 南	Henan	14.0	2.6	11.3			13.5
湖 北	Hubei	217.0	56.0	161.0	2	2	84.7
湖 南	Hunan	961.2	220.1	741.1	5	5	323.1
广 东	Guangdong	732.9	318.9	414.0	1		372.9
广 西	Guangxi	1350.5	314.1	1036.5	4	4	943.0
海 南	Hainan	15.9		15.9	1	1	2.6
重 庆	Chongqing	11.6	8.4	3.2	3	3	16.5
四 川	Sichuan	1014.9	986.1	28.8	1	1	379.9
贵 州	Guizhou	42.4	14.6	27.8			7.7
云 南	Yunnan	395.1	231.1	164.0	7	2	110.2
西 藏	Tibet	6.7	6.7				
陕 西	Shaanxi	148.4	144.6	3.8			6.0
甘 肃	Gansu	11.0	10.9	0.1			13.1
青 海	Qinghai	129.1	129.1				182.8
宁 夏	Ningxia	90.9	90.9				11.7
新 疆	Xinjiang	30.1	29.0	1.2			20.7

9-7 各地区森林有害生物防治情况(2017年)
Prevention of Forest Biological Disasters by Region (2017)

单位：公顷，%　　(hectare, %)

地　区	Region	合　计 Total			森林病害 Forest Diseases		
		发生面积 Area of Occurrence	防治面积 Area of Prevention	防治率 Prevention Rate	发生面积 Area of Occurrence	防治面积 Area of Prevention	防治率 Prevention Rate
全　国	**National Total**	**12531245**	**9621704**	**76.8**	**1330863**	**1017085**	**76.4**
北　京	Beijing	30222	29888	98.9	1719	1719	100.0
天　津	Tianjin	49326	47777	96.9	6889	6889	100.0
河　北	Hebei	472973	446893	94.5	23685	23050	97.3
山　西	Shanxi	235958	183559	77.8	7056	6007	85.1
内蒙古	Inner Mongolia	1095076	683195	62.4	160764	82287	51.2
辽　宁	Liaoning	587828	523689	89.1	53251	43472	81.6
吉　林	Jilin	242815	220253	90.7	23316	20437	87.7
黑龙江	Heilongjiang	417282	342202	82.0	27554	21754	79.0
上　海	Shanghai	11765	11714	99.6	1289	1277	99.1
江　苏	Jiangsu	103254	96754	93.7	7111	7101	99.9
浙　江	Zhejiang	190284	177314	93.2	16393	16302	99.4
安　徽	Anhui	468520	432798	92.4	50349	40390	80.2
福　建	Fujian	200498	183675	91.6	19929	18542	93.0
江　西	Jiangxi	265094	231660	87.4	50525	47920	94.8
山　东	Shandong	478721	463140	96.7	78607	76191	96.9
河　南	Henan	585971	510911	87.2	110372	97217	88.1
湖　北	Hubei	504766	424176	84.0	39268	29488	75.1
湖　南	Hunan	461354	272106	59.0	29264	16210	55.4
广　东	Guangdong	273181	162586	59.5	16313	15864	97.2
广　西	Guangxi	362321	46343	12.8	39278	4143	10.5
海　南	Hainan	23686	10541	44.5	144	45	31.5
重　庆	Chongqing	301658	295661	98.0	17832	15724	88.2
四　川	Sichuan	681316	469030	68.8	80526	40144	49.9
贵　州	Guizhou	199018	182758	91.8	13878	13104	94.4
云　南	Yunnan	444221	423443	95.3	73816	72318	98.0
西　藏	Tibet	359049	219003	61.0	64015	39032	61.0
陕　西	Shaanxi	397400	316307	79.6	36540	27832	76.2
甘　肃	Gansu	356191	248758	69.8	54073	44381	82.1
青　海	Qinghai	273197	202786	74.2	23382	18583	79.5
宁　夏	Ningxia	318437	137908	43.3	1476	1447	98.0
新　疆	Xinjiang	2011457	1606176	79.9	182534	166112	91.0
大兴安岭	Daxinganling	128406	18699	14.6	19715	2102	10.7

9-7 续表 continued

单位：公顷，%　　　　(hectare, %)

地区	Region	森林虫害 Forest Pest Plague			森林鼠害 Forest Rat Plague			有害植物 Harmful Plants		
		发生面积 Area of Occurrence	防治面积 Area of Prevention	防治率 Prevention Rate	发生面积 Area of Occurrence	防治面积 Area of Prevention	防治率 Prevention Rate	发生面积 Area of Occurrence	防治面积 Area of Prevention	防治率 Prevention Rate
全　国	**National Total**	**9059658**	**7144027**	**78.9**	**1941963**	**1332427**	**68.6**	**198761**	**128165**	**64.5**
北　京	Beijing	28502	28169	98.8						
天　津	Tianjin	42437	40888	96.4						
河　北	Hebei	404382	386559	95.6	44906	37284	83.0			
山　西	Shanxi	174333	141584	81.2	51561	34261	66.4	3008	1707	56.7
内蒙古	Inner Mongolia	721256	480497	66.6	213056	120411	56.5			
辽　宁	Liaoning	521590	470134	90.1	12987	10084	77.6			
吉　林	Jilin	178790	166734	93.3	40709	33082	81.3			
黑龙江	Heilongjiang	212593	168524	79.3	177134	151924	85.8			
上　海	Shanghai	10476	10437	99.6						
江　苏	Jiangsu	94630	89379	94.5				1513	274	18.1
浙　江	Zhejiang	173892	161012	92.6						
安　徽	Anhui	418171	392408	93.8						
福　建	Fujian	180569	165132	91.5						
江　西	Jiangxi	214555	183738	85.6				15	2	11.0
山　东	Shandong	400115	386949	96.7						
河　南	Henan	475599	413694	87.0						
湖　北	Hubei	363641	336995	92.7	3291	2276	69.2	98567	55417	56.2
湖　南	Hunan	431647	255456	59.2	107	107	100.0	336	333	99.1
广　东	Guangdong	220024	113602	51.6				36845	33121	89.9
广　西	Guangxi	315779	36094	11.4	123	123	100.0	7142	5983	83.8
海　南	Hainan	9778	6704	68.6				13764	3791	27.5
重　庆	Chongqing	225157	221698	98.5	58335	57905	99.3	333	333	100.0
四　川	Sichuan	558905	398496	71.3	41826	30332	72.5	58	58	100.0
贵　州	Guizhou	172378	159654	92.6	3505	3315	94.6	9258	6685	72.2
云　南	Yunnan	345417	327663	94.9	5652	5405	95.6	19336	18057	93.4
西　藏	Tibet	245007	149457	61.0	50027	30514	61.0			
陕　西	Shaanxi	275059	218786	79.5	85801	69689	81.2			
甘　肃	Gansu	170800	127711	74.8	131314	76663	58.4	4	4	100.0
青　海	Qinghai	102335	69849	68.3	138935	111954	80.6	8545	2400	28.1
宁　夏	Ningxia	115384	44527	38.6	201577	91934	45.6			
新　疆	Xinjiang	1225355	986884	80.5	603531	453180	75.1	37		
大兴安岭	Daxinganling	31103	4613	14.8	77589	11983	15.4			

9-8 各地区草原灾害情况(2017年)
Grassland Disasters by Region (2017)

单位：千公顷 (1 000 hectares)

地 区	Region	草原鼠害 Rodent Pests in Grassland 危害面积 Area Harmed	治理面积 Area Treated	草原虫害 Insect Pests in Grassland 危害面积 Area Harmed	治理面积 Area Treated	草原火灾受害面积(公顷) Area Affected by Fire (hectare)
全 国	**National Total**	**28446.0**	**7464.7**	**12960.0**	**4382.0**	**3051.9**
北 京	Beijing					
天 津	Tianjin					
河 北	Hebei	256.7	201.3	331.3	220.7	
山 西	Shanxi	396.7	135.3	291.3	85.3	
内蒙古	Inner Mongolia	3934.0	1137.3	4904.0	1650.0	2153.6
辽 宁	Liaoning	280.7	176.0	288.7	137.3	13.3
吉 林	Jilin	200.7	128.7	126.7	72.0	
黑龙江	Heilongjiang	192.0	121.3	213.3	108.7	
上 海	Shanghai					
江 苏	Jiangsu					
浙 江	Zhejiang					
安 徽	Anhui					
福 建	Fujian					
江 西	Jiangxi					
山 东	Shandong					
河 南	Henan					
湖 北	Hubei					
湖 南	Hunan					
广 东	Guangdong					
广 西	Guangxi					
海 南	Hainan					
重 庆	Chongqing					
四 川	Sichuan	2716.0	384.0	794.7	238.7	400.7
贵 州	Guizhou					
云 南	Yunnan					
西 藏	Tibet	3000.0	2006.0	187.3	66.7	
陕 西	Shaanxi	473.3	138.0	147.3	38.7	
甘 肃	Gansu	3440.7	551.3	1226.0	300.0	58.7
青 海	Qinghai	8226.0	856.7	1092.0	203.3	423.6
宁 夏	Ningxia	276.7	173.3	340.0	146.7	
新 疆	Xinjiang	5052.7	1455.3	3017.3	1114.0	2.0

资料来源：农业农村部。
Source: Ministry of Agriculture and Rural Affairs.

9-9 各地区突发环境事件情况(2017年)
Environmental Emergencies by Region (2017)

单位：次 (time)

地 区	Region	突发环境事件次数 Number of Environmental Emergencies	特别重大环境事件 Extraordinarily Serious Environmental Emergencies	重大环境事件 Serious Environmental Emergencies	较大环境事件 Comparatively Serious Environmental Emergencies	一般环境事件 Ordinary Environmental Emergencies
全 国	**National Total**	**302**		**1**	**6**	**295**
北 京	Beijing	11				11
天 津	Tianjin					
河 北	Hebei	2			1	1
山 西	Shanxi	19			1	18
内蒙古	Inner Mongolia	1				1
辽 宁	Liaoning	15				15
吉 林	Jilin					
黑龙江	Heilongjiang					
上 海	Shanghai					
江 苏	Jiangsu	8				8
浙 江	Zhejiang	13				13
安 徽	Anhui	4				4
福 建	Fujian	15				15
江 西	Jiangxi	6			1	5
山 东	Shandong	8				8
河 南	Henan	5				5
湖 北	Hubei	18			1	17
湖 南	Hunan	15			1	14
广 东	Guangdong	48				48
广 西	Guangxi	8				8
海 南	Hainan	4				4
重 庆	Chongqing	12				12
四 川	Sichuan	16		1		15
贵 州	Guizhou	11				11
云 南	Yunnan	4				4
西 藏	Tibet					
陕 西	Shaanxi	32				32
甘 肃	Gansu	5				5
青 海	Qinghai	3				3
宁 夏	Ningxia	11			1	10
新 疆	Xinjiang	8				8

资料来源：生态环境部。
Source: Ministry of Ecology and Environment.

十、环境投资

Environmental Investment

10-1 全国环境污染治理投资情况(2001-2017年)
Investment in the Treatment of Environmental Pollution (2001-2017)

单位：亿元 (100 million yuan)

年份 Year	环境污染治理投资总额 Total Investment in Treatment of Environmental Pollution	城镇环境基础设施建设投资 Investment in Urban Environment Infrastructure Facilities	燃气 Gas Supply	集中供热 Central Heating	排水 Sewerage Projects	园林绿化 Gardening & Greening	市容环境卫生 Sanitation
2001	1166.7	655.8	81.7	90.3	244.9	181.4	57.5
2002	1456.5	878.4	98.9	134.6	308.0	261.5	75.4
2003	1750.1	1194.8	147.4	164.3	419.8	352.4	110.9
2004	2057.5	1288.9	163.4	197.7	404.8	400.5	122.5
2005	2565.2	1466.9	164.3	250.0	431.5	456.3	164.8
2006	2779.5	1528.4	179.2	252.5	403.6	475.2	217.9
2007	3668.8	1749.0	187.0	272.4	517.1	601.6	171.0
2008	4937.0	2247.7	199.2	328.2	637.2	823.9	259.2
2009	5258.4	3245.1	219.2	441.5	1035.5	1137.6	411.2
2010	7612.2	5182.2	357.9	557.5	1172.7	2670.6	423.5
2011	7114.0	4557.2	444.1	593.3	971.6	1991.9	556.2
2012	8253.5	5062.7	551.8	798.1	934.1	2380.0	398.6
2013	9037.2	5223.0	607.9	819.5	1055.0	2234.9	505.7
2014	9575.5	5463.9	574.0	763.0	1196.1	2338.5	592.2
2015	8806.4	4946.8	463.1	687.8	1248.5	2075.4	472.0
2016	9219.8	5412.0	532.0	662.5	1485.5	2170.9	561.1
2017	9539.0	6085.7	566.7	778.3	1727.5	2390.2	623.0

10-1 续表 continued

单位：亿元 (100 million yuan)

年份 Year	工业污染源治理投资 Investment in Treatment of Industrial Pollution Sources	治理废水 Treatment of Waste water	治理废气 Treatment of Waste Gas	治理固体废物 Treatment of Solid Waste	治理噪声 Treatment of Noise Pollution	治理其他 Treatment of Other Pollution	当年完成环保验收项目环保投资 Environmental Protection Investment in the Environmental Protection Acceptance Projects in the Year	环境污染治理投资占GDP比重(%) Investment in Anti-pollution Projects as Percentage of GDP (%)
2001	174.5	72.9	65.8	18.7	0.6	16.5	336.4	1.05
2002	188.4	71.5	69.8	16.1	1.0	29.9	389.7	1.20
2003	221.8	87.4	92.1	16.2	1.0	25.1	333.5	1.27
2004	308.1	105.6	142.8	22.6	1.3	35.7	460.5	1.27
2005	458.2	133.7	213.0	27.4	3.1	81.0	640.1	1.37
2006	483.9	151.1	233.3	18.3	3.0	78.3	767.2	1.27
2007	552.4	196.1	275.3	18.3	1.8	60.7	1367.4	1.36
2008	542.6	194.6	265.7	19.7	2.8	59.8	2146.7	1.55
2009	442.6	149.5	232.5	21.9	1.4	37.4	1570.7	1.51
2010	397.0	129.6	188.2	14.3	1.4	62.0	2033.0	1.84
2011	444.4	157.7	211.7	31.4	2.2	41.4	2112.4	1.45
2012	500.5	140.3	257.7	24.7	1.2	76.5	2690.4	1.53
2013	849.7	124.9	640.9	14.0	1.8	68.1	2964.5	1.52
2014	997.7	115.2	789.4	15.1	1.1	76.9	3113.9	1.49
2015	773.7	118.4	521.8	16.1	2.8	114.5	3085.8	1.28
2016	819.0	108.2	561.5	46.7	0.6	102.0	2988.8	1.24
2017	681.5	76.4	446.3	12.7	1.3	144.9	2771.7	1.15

注：实施研发支出核算方法改革后，对各年度GDP数据进行了系统修订(下表同)。

Note: As methodology of R&D expenditure accounting is reformed, data of GDP of all years are adjusted systematically(the same as in the following table).

10-2 各地区环境污染治理投资情况(2017年)
Investment in the Treatment of Environmental Pollution by Region (2017)

单位：亿元 (100 million yuan)

地区	Region	环境污染治理投资总额 Total Investment in Treatment of Environmental Pollution	城镇环境基础设施建设投资 Investment in Urban Environment Infrastructure Facilities	工业污染源治理投资 Investment in Treatment of Industrial Pollution Sources	当年完成环保验收项目环保投资 Environmental Protection Investment in the Environmental Protection Acceptance Projects in the Year	环境污染治理投资占GDP比重(%) Investment in Anti-pollution Projects as Percentage of GDP (%)
全 国	**National Total**	**9539.0**	**6085.7**	**681.5**	**2771.7**	**1.15**
北 京	Beijing	665.4	640.0	15.7	9.7	2.38
天 津	Tianjin	71.2	44.3	7.8	19.0	0.38
河 北	Hebei	605.8	311.9	34.3	259.6	1.68
山 西	Shanxi	278.2	148.1	51.5	78.6	1.86
内蒙古	Inner Mongolia	419.6	278.4	42.1	99.0	2.61
辽 宁	Liaoning	219.2	128.4	13.0	77.7	0.92
吉 林	Jilin	91.6	61.8	9.1	20.7	0.60
黑龙江	Heilongjiang	131.4	84.5	9.1	37.7	0.81
上 海	Shanghai	160.4	97.5	44.8	18.1	0.53
江 苏	Jiangsu	715.4	363.6	44.8	307.0	0.83
浙 江	Zhejiang	452.9	284.1	36.9	131.9	0.87
安 徽	Anhui	505.0	369.3	25.9	109.8	1.84
福 建	Fujian	224.4	145.5	14.7	64.1	0.69
江 西	Jiangxi	315.5	239.3	10.6	65.7	1.52
山 东	Shandong	948.8	442.5	113.1	393.2	1.31
河 南	Henan	641.3	483.1	50.5	107.7	1.43
湖 北	Hubei	434.5	304.5	17.5	112.6	1.19
湖 南	Hunan	219.3	161.5	8.6	49.2	0.63
广 东	Guangdong	366.2	146.8	42.0	177.4	0.41
广 西	Guangxi	184.1	145.1	7.6	31.5	0.90
海 南	Hainan	54.1	40.1	3.4	10.5	1.21
重 庆	Chongqing	222.1	143.4	6.1	72.7	1.14
四 川	Sichuan	308.2	220.3	12.7	75.2	0.83
贵 州	Guizhou	216.7	86.0	5.3	125.4	1.60
云 南	Yunnan	142.6	101.1	6.0	35.5	0.86
西 藏	Tibet	27.2	26.8	0.1	0.3	2.07
陕 西	Shaanxi	314.5	213.2	17.2	84.1	1.44
甘 肃	Gansu	89.3	61.0	7.5	20.9	1.16
青 海	Qinghai	41.1	17.9	1.5	21.7	1.55
宁 夏	Ningxia	84.4	44.8	8.6	31.1	2.44
新 疆	Xinjiang	385.5	250.9	13.5	121.1	3.53

资料来源：生态环境部、住房和城乡建设部。

注：1.城镇环境基础设施建设投资统计范围包括设市城市和县城。

2.当年完成环保验收工业项目环保投资全国总额包含国家本级投资总额。

Source: Ministry of Ecology and Environment, Ministry of Housing and Urban-Rural Development.

Note: 1.Scope of investment in urban environment infrastructure facilities included cities officially designated and county seats.

2.The national total environmental protection investment in the environmental protection acceptance projects includes the direct investment at national level.

10-3 各地区城镇环境基础设施建设投资情况(2017年)
Investment in Urban Environment Infrastructure by Region (2017)

单位：亿元 (100 million yuan)

地区	Region	投资总额 Total Investment	燃气 Gas Supply	集中供热 Central Heating	排水 Sewerage Projects	#污水处理 Waste Water Treatment	园林绿化 Gardening & Greening	市容环境卫生 Sanitation	#垃圾处理 Garbage Treatment
全国	**National Total**	**6085.75**	**566.67**	**778.33**	**1727.52**	**520.53**	**2390.23**	**623.00**	**294.36**
北京	Beijing	640.00	66.06	117.55	145.10	70.99	207.28	104.01	18.62
天津	Tianjin	44.33	4.05	1.33	11.95	9.55	26.14	0.85	
河北	Hebei	311.93	31.15	105.06	71.84	17.00	91.00	12.89	5.91
山西	Shanxi	148.11	22.69	67.04	23.00	3.90	31.27	4.12	2.56
内蒙古	Inner Mongolia	278.38	6.37	48.48	50.12	6.27	162.92	10.50	3.93
辽宁	Liaoning	128.41	5.85	32.22	29.56	3.77	9.97	50.81	49.07
吉林	Jilin	61.77	7.44	13.12	14.10	6.00	22.45	4.67	2.47
黑龙江	Heilongjiang	84.49	7.57	41.24	18.03	7.96	10.14	7.51	5.85
上海	Shanghai	97.47	16.36		48.60	37.15	22.21	10.29	10.21
江苏	Jiangsu	363.63	22.59	1.06	136.12	38.47	169.60	34.25	10.78
浙江	Zhejiang	284.12	21.91		99.81	41.57	135.50	26.90	16.85
安徽	Anhui	369.27	31.30	6.28	105.94	20.26	180.21	45.53	24.59
福建	Fujian	145.51	9.83		57.20	15.88	65.19	13.29	7.93
江西	Jiangxi	239.25	14.85		88.02	15.94	120.11	16.28	10.70
山东	Shandong	442.49	34.48	102.55	108.32	16.73	160.53	36.62	24.97
河南	Henan	483.15	26.54	122.96	122.45	41.94	182.11	29.10	11.63
湖北	Hubei	304.46	11.92	0.13	146.63	49.35	118.57	27.21	7.38
湖南	Hunan	161.51	12.12	0.24	53.06	15.06	71.78	24.30	17.30
广东	Guangdong	146.79	4.97		69.01	9.77	23.00	49.81	22.47
广西	Guangxi	145.09	12.41		48.73	7.93	71.89	12.05	5.32
海南	Hainan	40.13	0.97		18.12	8.77	19.83	1.21	0.52
重庆	Chongqing	143.39	13.96		34.73	7.45	86.83	7.87	3.04
四川	Sichuan	220.35	11.40	0.01	73.05	22.49	111.95	23.94	14.56
贵州	Guizhou	86.00	1.37		24.89	9.60	47.93	11.81	6.55
云南	Yunnan	101.11	5.82		31.54	3.37	54.26	9.50	4.74
西藏	Tibet	26.82	0.29	18.30	7.59	3.80	0.28	0.36	0.12
陕西	Shaanxi	213.21	39.23	22.51	35.59	7.22	103.40	12.47	2.33
甘肃	Gansu	60.95	4.97	23.61	19.29	7.32	10.06	3.02	1.13
青海	Qinghai	17.88	1.83	4.28	5.33	3.59	4.13	2.30	0.26
宁夏	Ningxia	44.79	1.73	20.06	4.09	1.39	18.11	0.80	0.54
新疆	Xinjiang	250.94	114.63	30.30	25.67	10.04	51.59	28.74	2.03

资料来源：住房和城乡建设部。
Source: Ministry of Housing and Urban-Rural Development.

10-4 各地区工业污染治理投资完成情况(2017年)

Completed Investment in Treatment of Industrial Pollution by Region (2017)

单位：万元 (10 000 yuan)

地区	Region	污染治理项目本年完成投资 Investment Completed in Pollution Treatment Projects	治理废水 Treatment of Waste water	治理废气 Treatment of Waste Gas	治理固体废物 Treatment of Solid Waste	治理噪声 Treatment of Noise Pollution	治理其他 Treatment of Other Pollution
全国	**National Total**	**6815345**	**763760**	**4462628**	**127419**	**12862**	**1448676**
北京	Beijing	156666	1565	78542			76559
天津	Tianjin	78305	2145	59536	4	12	16609
河北	Hebei	342738	17680	262270		19	62770
山西	Shanxi	515241	18862	430967	1234	1228	62950
内蒙古	Inner Mongolia	421211	59866	263758	3044		94542
辽宁	Liaoning	130471	8247	100891	1745	312	19275
吉林	Jilin	90702	3219	84892	470	82	2039
黑龙江	Heilongjiang	91220	18780	69017			3423
上海	Shanghai	448240	99490	133451	66443	62	148794
江苏	Jiangsu	447999	80959	229915	29207	1317	106601
浙江	Zhejiang	369011	62112	240301	434	1601	64563
安徽	Anhui	258955	19816	197684	4183	1828	35443
福建	Fujian	147394	12146	114470	2923	5	17850
江西	Jiangxi	106395	25987	72928	280	240	6960
山东	Shandong	1130995	105626	813429	850	695	210395
河南	Henan	504559	8632	280371	540	561	214456
湖北	Hubei	174632	31296	124206	5542	637	12951
湖南	Hunan	86090	14036	66139	212	610	5093
广东	Guangdong	420272	45205	260675	314	481	113598
广西	Guangxi	75847	9019	43792	167		22870
海南	Hainan	34253	896	31305	377	1500	175
重庆	Chongqing	60702	1508	49957	66	242	8929
四川	Sichuan	126934	21085	87975	4840	555	12479
贵州	Guizhou	53360	13694	31706	1244	65	6651
云南	Yunnan	59617	5584	33682	1775	548	18028
西藏	Tibet	694	280	40			374
陕西	Shaanxi	172274	21936	110400	1322	263	38353
甘肃	Gansu	74957	4749	32296	50		37862
青海	Qinghai	15285	3793	5837	32		5623
宁夏	Ningxia	85551	12801	71115			1635
新疆	Xinjiang	134775	32745	81081	123		20826

资料来源：生态环境部。
Source: Ministry of Ecology and Environment.

10-5 各地区林业投资完成情况(2017年)
Completed Investment for Forestry by Region(2017)

单位：万元 (10 000 yuan)

地 区 Region	本年完成投资 Completed Investment During the Year	#国家投资 State Investment	林业投资 Investment for Forestry			
			生态建设与保护 Ecological Construction and Protection	林业支撑与保障 Forestry Bracing and Indemnification	林业产业发展 Forestry Industry Development	其他 Others
全 国 National Total	**48002639**	**22592278**	**20162948**	**6143511**	**20077573**	**1618607**
北 京 Beijing	2074256	1992372	1670571	286063	103789	13833
天 津 Tianjin	426095	118357	413315	12682	98	
河 北 Hebei	1222530	789236	876811	160494	171547	13678
山 西 Shanxi	1140098	973582	936013	155760	34625	13700
内蒙古 Inner Mongolia	1534901	1504157	1259491	239992	11724	23694
辽 宁 Liaoning	395110	369429	247492	106748	40051	819
吉 林 Jilin	932160	790151	566176	151172	161290	53522
黑龙江 Heilongjiang	1527454	1435680	1156347	163297	86802	121008
上 海 Shanghai	180560	180560	113335	26017	36376	4832
江 苏 Jiangsu	1382175	472711	552320	85814	739578	4463
浙 江 Zhejiang	846310	586854	479409	191010	150900	24991
安 徽 Anhui	967897	422725	504820	178385	265215	19477
福 建 Fujian	2324943	341549	117260	231749	1962550	13384
江 西 Jiangxi	1558707	741869	563074	310728	342109	342796
山 东 Shandong	3041117	470168	806210	391107	1826253	17547
河 南 Henan	922295	438592	684237	120835	112345	4878
湖 北 Hubei	1974281	556254	575888	198060	1190165	10168
湖 南 Hunan	2716636	959516	850487	362049	1438317	65783
广 东 Guangdong	816578	755194	451912	274735	46254	43677
广 西 Guangxi	10418614	869848	1378281	516939	8001089	522305
海 南 Hainan	131481	125261	84670	31818	11344	3649
重 庆 Chongqing	606762	440326	283296	135181	170407	17878
四 川 Sichuan	2757320	1161500	1040776	159228	1505223	52093
贵 州 Guizhou	1503286	873076	601284	209003	673933	19066
云 南 Yunnan	1247752	1135766	800894	276295	135333	35230
西 藏 Tibet	360247	360247	72539	262108	12105	13495
陕 西 Shaanxi	1293529	856673	824993	147830	294976	25730
甘 肃 Gansu	1065849	789668	556496	266823	233737	8793
青 海 Qinghai	427591	347258	254357	54496	90329	28409
宁 夏 Ningxia	240567	193385	192676	14856	24035	9000
新 疆 Xinjiang	1177899	757422	694256	236462	204535	42646
大兴安岭 Daxinganling	348659	343912	329815	7386		11458

资料来源：国家林业和草原局。
注：全国合计数包括国家林业和草原局直属单位数据。
Source: National Forestry and Grassland Administration.
Note: Data of national total include the units directly under the National Forestry and Grassland Administration.

十一、城市环境

Urban Environment

11-1 全国城市环境情况(2000-2017年)
Urban Environment (2000-2017)

年 份 Year	城市个数 (个) Number of Cities (unit)	城区面积 (万平方公里) Urban Area (10 000 sq.km)	建设用地面积 (万平方公里) Area of Land Used for Urban Construction (10 000 sq.km)	人均日生活用水量 (升) Daily Household Water Consumption per Capita (liter)	城市用水普及率 (%) Water Access Rate (%)	城市污水排放量 (亿立方米) Waste Water Discharged (100 million cu.m)	城市污水处理率 (%) Waste Water Treatment Rate (%)
2000	663	87.8	2.2	220.2	63.9	331.8	34.3
2001	662	60.8	2.4	216.0	72.3	328.6	36.4
2002	660	46.7	2.7	213.0	77.9	337.6	40.0
2003	660	39.9	2.9	210.9	86.2	349.2	42.1
2004	661	39.5	3.1	210.8	88.9	356.5	45.7
2005	661	41.3		204.1	91.1	359.5	52.0
2006	656	16.7	3.2	188.3	86.1	362.5	55.7
2007	655	17.6	3.6	178.4	93.8	361.0	62.9
2008	655	17.8	3.9	178.2	94.7	364.9	70.2
2009	655	17.5	3.9	176.6	96.1	371.2	75.3
2010	657	17.9	4.0	171.4	96.7	378.7	82.3
2011	657	18.4	4.2	170.9	97.0	403.7	83.6
2012	657	18.3	4.6	171.8	97.2	416.8	87.3
2013	658	18.3	4.7	173.5	97.6	427.5	89.3
2014	653	18.4	5.0	173.7	97.6	445.3	90.2
2015	656	19.2	5.2	174.5	98.1	466.6	91.9
2016	657	19.8	5.3	176.9	98.4	480.3	93.4
2017	661	19.8	5.5	178.9	98.3	492.4	94.5

注：2006年起住房和城乡建设部《城市建设统计制度》修订，统计范围、口径及部分指标计算方法都有所调整，故不能与2005年直接比较。

Note: Urban Construction Statistical System had been amended by Ministry of Housing and Urban-Rural Development in 2006. Scope, caliber and calculated method of some indicators are adjusted,so it can not be directly compared with data of 2005.

11-1 续表 continued

年 份 Year	城市燃气普及率(%) Gas Access Rate (%)	城市生活垃圾清运量(万吨) Volume of Garbage Disposal (10 000 tons)	城市生活垃圾无害化处理率(%) Proportion of Harmless Treated Garbage (%)	供热面积(万平方米) Heated Area (10 000 sq.m)	建成区绿化覆盖率(%) Green Covered Area as % of Completed Area (%)	人均公园绿地面积(平方米) Park Green Land per Capita (sq.m)
2000	45.4	11819		110766	28.2	3.7
2001	59.7	13470	58.2	146329	28.4	4.6
2002	67.2	13650	54.2	155567	29.8	5.4
2003	76.7	14857	50.8	188956	31.2	6.5
2004	81.5	15509	52.1	216266	31.7	7.4
2005	82.1	15577	51.7	252056	32.5	7.9
2006	79.1	14841	52.2	265853	35.1	8.3
2007	87.4	15215	62.0	300591	35.3	9.0
2008	89.6	15438	66.8	348948	37.4	9.7
2009	91.4	15734	71.4	379574	38.2	10.7
2010	92.0	15805	77.9	435668	38.6	11.2
2011	92.4	16395	79.7	473784	39.2	11.8
2012	93.2	17081	84.8	518368	39.6	12.3
2013	94.3	17239	89.3	571677	39.7	12.6
2014	94.6	17860	91.8	611246	40.2	13.1
2015	95.3	19142	94.1	672205	40.1	13.4
2016	95.8	20362	96.6	738663	40.3	13.7
2017	96.3	21521	97.7	830858	40.9	14.0

11-2 环保重点城市空气质量指标(2017年)
Ambient Air Quality in Key Cities of Environmental Protection (2017)

城市 City	二氧化硫年平均浓度(微克/立方米) Annual Average Concentration of SO_2 ($\mu g/m^3$)	二氧化氮年平均浓度(微克/立方米) Annual Average Concentration of NO_2 ($\mu g/m^3$)	可吸入颗粒物(PM_{10})年平均浓度(微克/立方米) Annual Average Concentration of PM_{10} ($\mu g/m^3$)	一氧化碳日均值第95百分位浓度(毫克/立方米) 95th Percentile Daily Average Concentration of CO ($\mu g/m^3$)	臭氧(O_3)最大8小时第90百分位浓度(微克/立方米) 90th Percentile Daily Maximum 8 Hours Average Concentration of O_3($\mu g/m^3$)	细颗粒物($PM_{2.5}$)年平均浓度(微克/立方米) Annual Average Concentration of $PM_{2.5}$ ($\mu g/m^3$)	空气质量达到及好于二级的天数(天) Days of Air Quality Equal to or Above Grade Ⅱ (day)
北　京 Beijing	8	46	84	2.1	193	58	226
天　津 Tianjin	16	50	94	2.8	192	62	209
石家庄 Shijiazhuang	33	54	154	3.6	201	86	151
唐　山 Tangshan	40	59	119	3.8	205	66	205
秦皇岛 Qinhuangdao	26	49	82	2.9	170	44	268
邯　郸 Handan	36	51	154	3.4	195	86	142
保　定 Baoding	29	50	135	3.6	218	84	159
太　原 Taiyuan	54	54	131	2.5	185	65	176
大　同 Datong	44	32	73	3.0	154	36	301
阳　泉 Yangquan	49	48	116	2.5	198	61	193
长　治 Changzhi	43	41	103	3.1	188	60	195
临　汾 Linfen	79	37	122	4.1	214	79	128
呼和浩特 Hohhot	29	45	95	2.8	167	43	255
包　头 Baotou	28	42	93	2.7	159	44	277
赤　峰 Chifeng	23	20	70	2.3	133	34	318
沈　阳 Shenyang	37	40	85	1.9	166	50	256
大　连 Dalian	17	28	58	1.4	163	34	300
鞍　山 Anshan	30	36	85	2.4	158	48	263
抚　顺 Fushun	24	34	81	1.7	144	47	275
本　溪 Benxi	27	31	71	2.3	116	40	318
锦　州 Jinzhou	45	38	78	2.0	172	48	255
长　春 Changchun	26	40	78	1.9	142	46	276
吉　林 Jilin	18	29	79	1.8	147	52	259
哈尔滨 Harbin	25	44	84	2.0	133	58	271
齐齐哈尔 Qiqihar	22	22	65	1.5	112	38	319
牡丹江 Mudanjiang	10	26	65	1.3	105	36	329
上　海 Shanghai	12	44	55	1.2	181	39	275
南　京 Nanjing	16	47	76	1.5	179	40	264
无　锡 Wuxi	13	46	77	1.6	184	44	247
徐　州 Xuzhou	22	44	119	1.7	187	66	176
常　州 Changzhou	18	45	76	1.5	184	48	249
苏　州 Suzhou	14	48	64	1.4	173	42	261
南　通 Nantong	21	38	64	1.4	179	39	266
连云港 Lianyungang	18	33	73	1.5	153	45	289
扬　州 Yangzhou	18	40	93	1.4	192	54	228
镇　江 Zhenjiang	15	43	88	1.2	182	55	232
杭　州 Hangzhou	11	45	72	1.3	173	45	271
宁　波 Ningbo	10	38	60	1.1	158	37	311

资料来源：生态环境部。
Source: Ministry of Ecology and Environment.

11-2 续表 1 continued

城 市 City	二氧化硫年平均浓度(微克/立方米) Annual Average Concentration of SO_2 (μg/m³)	二氧化氮年平均浓度(微克/立方米) Annual Average Concentration of NO_2 (μg/m³)	可吸入颗粒物(PM_{10})年平均浓度(微克/立方米) Annual Average Concentration of PM_{10} (μg/m³)	一氧化碳日均值第95百分位浓度(毫克/立方米) 95th Percentile Daily Average Concentration of CO (μg/m³)	臭氧(O_3)最大8小时第90百分位浓度(微克/立方米) 90th Percentile Daily Maximum 8 Hours Average Concentration of O_3(μg/m³)	细颗粒物($PM_{2.5}$)年平均浓度(微克/立方米) Annual Average Concentration of $PM_{2.5}$ (μg/m³)	空气质量达到及好于二级的天数(天) Days of Air Quality Equal to or Above Grade Ⅱ (day)
温 州 Wenzhou	12	41	65	1.0	145	38	329
湖 州 Huzhou	15	38	64	1.3	187	42	250
绍 兴 Shaoxing	12	35	70	1.2	170	45	275
合 肥 Hefei	12	52	80	1.4	170	56	224
芜 湖 Wuhu	15	49	82	1.6	177	49	249
马 鞍 山 Maanshan	17	39	83	1.8	188	50	238
福 州 Fuzhou	6	29	51	0.9	141	27	349
厦 门 Xiamen	11	32	48	0.8	117	27	362
泉 州 Quanzhou	12	28	53	0.9	148	28	345
南 昌 Nanchang	15	37	76	1.6	148	41	300
九 江 Jiujiang	20	29	70	1.2	148	48	287
济 南 Jinan	25	48	128	2.1	193	65	181
青 岛 Qingdao	15	38	78	1.3	166	39	283
淄 博 Zibo	41	47	120	2.8	194	65	188
枣 庄 Zaozhuang	30	28	125	1.4	175	63	192
烟 台 Yantai	18	33	68	1.6	163	35	294
潍 坊 Weifang	25	35	116	1.8	186	59	210
济 宁 Jinin	26	41	106	1.9	200	56	217
泰 安 Taian	25	39	97	1.9	213	58	197
日 照 Rizhao	15	37	85	1.4	158	47	273
郑 州 Zhengzhou	21	54	118	2.2	199	66	166
开 封 Kaifeng	20	39	103	2.2	182	62	188
洛 阳 Luoyang	25	42	117	2.4	204	69	166
平 顶 山 Pingdingshan	24	40	106	2.1	180	63	185
安 阳 Anyang	31	50	132	4.1	210	79	154
焦 作 Jiaozuo	25	44	125	3.1	208	73	168
三 门 峡 Sanmenxia	22	41	98	2.1	181	57	217
武 汉 Wuhan	10	50	85	1.6	151	52	255
宜 昌 Yichang	12	35	88	1.7	137	58	258
荆 州 Jingzhou	18	36	92	1.7	140	56	273
长 沙 Changsha	13	40	69	1.3	153	52	262
株 洲 Zhuzhou	19	36	81	1.4	142	52	272
湘 潭 Xiangtan	20	37	80	1.3	142	51	267
岳 阳 Yueyang	14	25	70	1.4	142	49	305
常 德 Changde	12	22	77	1.8	147	54	275
张 家 界 Zhangjiajie	8	22	67	1.9	129	42	324
广 州 Guangzhou	12	52	56	1.2	162	35	294
韶 关 Shaoguan	17	29	52	1.4	152	38	326

11-2 续表 2 continued

城 市 City	二氧化硫年平均浓度(微克/立方米) Annual Average Concentration of SO_2 (μg/m³)	二氧化氮年平均浓度(微克/立方米) Annual Average Concentration of NO_2 (μg/m³)	可吸入颗粒物(PM_{10})年平均浓度(微克/立方米) Annual Average Concentration of PM_{10} (μg/m³)	一氧化碳日均值第95百分位浓度(毫克/立方米) 95th Percentile Daily Average Concentration of CO (μg/m³)	臭氧(O_3)最大8小时第90百分位浓度(微克/立方米) 90th Percentile Daily Maximum 8 Hours Average Concentration of O_3(μg/m³)	细颗粒物($PM_{2.5}$)年平均浓度(微克/立方米) Annual Average Concentration of $PM_{2.5}$ (μg/m³)	空气质量达到及好于二级的天数(天) Days of Air Quality Equal to or Above Grade Ⅱ (day)
深圳 Shenzhen	8	30	45	1.0	147	28	343
珠海 Zhuhai	7	32	43	1.0	160	30	322
汕头 Shantou	12	21	49	1.1	140	29	353
湛江 Zhanjiang	10	15	42	1.1	153	29	327
南宁 Nanning	11	35	56	1.4	119	35	337
柳州 Liuzhou	19	26	66	1.5	127	45	308
桂林 Guilin	15	25	60	1.3	139	44	308
北海 Beihai	9	13	45	1.4	138	28	336
海口 Haikou	6	12	37	0.8	127	20	352
重庆 Chongqing	12	46	72	1.4	163	45	277
成都 Chengdu	11	53	88	1.7	171	56	235
自贡 Zigong	15	37	89	1.6	150	66	227
攀枝花 Panzhihua	35	36	67	2.7	119	34	359
泸州 Luzhou	17	35	80	1.0	147	53	273
德阳 Deyang	9	30	84	1.3	166	51	247
绵阳 Mianyang	9	32	71	1.4	134	48	295
南充 Nanchong	12	34	72	1.3	150	46	289
宜宾 Yibin	18	34	80	1.7	146	57	261
贵阳 Guiyang	13	27	53	1.1	121	32	347
遵义 Zunyi	12	28	54	1.1	109	33	344
昆明 Kunming	15	32	58	1.2	124	28	360
曲靖 Qujing	18	23	54	1.4	126	28	357
玉溪 Yuxi	16	22	47	1.9	125	23	362
拉萨 Lhasa	8	23	54	1.1	128	20	361
西安 Xi'an	19	59	126	2.8	185	73	180
铜川 Tongchuan	20	35	91	2.2	165	52	242
宝鸡 Baoji	12	41	102	2.1	155	58	247
咸阳 Xianyang	21	54	132	2.4	201	79	154
渭南 Weinan	18	56	129	2.3	183	70	165
延安 Yan'an	32	52	90	3.0	146	42	313
兰州 Lanzhou	20	57	111	2.8	161	49	232
金昌 Jinchang	27	16	74	1.0	138	24	322
西宁 Xining	24	40	83	2.8	136	34	294
银川 Yinchuan	48	42	106	2.5	169	48	232
石嘴山 Shizuishan	55	32	97	2.0	162	43	243
乌鲁木齐 Urumqi	13	49	105	3.4	122	70	241
克拉玛依 Karamay	8	23	69	1.6	131	34	318

11-3 各地区城市面积和建设用地情况(2017年)
Urban Area and Land Used for Construction by Region(2017)

单位：平方公里 (sq.km)

地 区	Region	城区面积 Urban Area	#建成区面积 Area of Built Districts	城市建设用地面积 Area of Land Used for Urban Construction 小计 Sub-total	居住用地 Residential Area	公共管理与公共服务设施用地 Area for Public Management & Service Facilities	商业服务业设施用地 Area for Commercial Services Facilities
全 国	**National Total**	**198357.2**	**56225.4**	**55155.5**	**16979.3**	**5098.3**	**3843.0**
北 京	Beijing	16410.0	1445.5	1465.3	423.4	172.4	136.3
天 津	Tianjin	2585.2	1087.6	995.0	277.5	77.5	77.0
河 北	Hebei	6907.3	2120.2	2014.2	697.3	167.4	124.2
山 西	Shanxi	3297.8	1178.3	1140.1	369.4	125.7	73.9
内蒙古	Inner Mongolia	4884.5	1269.2	1202.7	362.3	107.5	105.4
辽 宁	Liaoning	12799.8	2643.8	2748.5	870.8	183.3	163.4
吉 林	Jilin	5105.6	1452.2	1407.5	508.7	106.5	90.2
黑龙江	Heilongjiang	2582.9	1819.7	1813.2	637.5	164.4	89.7
上 海	Shanghai	6340.5	998.8	1910.7	546.5	151.3	117.6
江 苏	Jiangsu	15368.4	4426.5	4431.7	1307.6	366.1	314.1
浙 江	Zhejiang	11590.5	2829.3	2682.5	789.7	233.4	210.8
安 徽	Anhui	6082.5	2039.3	2001.9	625.7	157.0	174.6
福 建	Fujian	4473.9	1516.9	1472.8	492.2	147.9	104.8
江 西	Jiangxi	2421.6	1454.1	1402.6	408.2	150.2	100.1
山 东	Shandong	22733.7	4971.5	4660.2	1411.8	485.4	327.8
河 南	Henan	5131.5	2685.3	2530.8	763.2	287.7	134.9
湖 北	Hubei	8084.1	2340.8	2499.4	756.7	234.5	153.7
湖 南	Hunan	4592.0	1709.4	1635.9	563.6	185.7	109.9
广 东	Guangdong	16834.7	5911.1	5577.4	1670.9	446.3	367.0
广 西	Guangxi	5789.4	1413.7	1372.1	410.8	145.1	82.6
海 南	Hainan	1444.7	323.8	256.8	91.6	26.9	16.2
重 庆	Chongqing	7440.0	1423.1	1213.2	371.8	111.6	77.5
四 川	Sichuan	8359.0	2832.3	2660.1	817.4	256.5	207.9
贵 州	Guizhou	3184.4	986.4	945.3	308.1	88.9	75.7
云 南	Yunnan	3157.4	1142.1	1087.7	388.4	120.4	103.0
西 藏	Tibet	603.2	147.6	124.8	32.0	20.8	15.5
陕 西	Shaanxi	2620.9	1287.1	1229.9	297.3	117.9	101.3
甘 肃	Gansu	1590.7	868.7	861.1	209.6	80.1	57.8
青 海	Qinghai	688.2	199.9	178.7	60.8	14.8	8.9
宁 夏	Ningxia	2159.2	458.1	402.6	129.0	53.0	19.1
新 疆	Xinjiang	3093.7	1243.6	1230.8	380.1	112.0	102.4

资料来源：住房和城乡建设部(以下各表同)。
Source: Ministry of Housing and Urban-Rural Development(the same as in the following tables).

11-3 续表 continued

单位:平方公里 (sq.km)

地 区	Region	城市建设用地面积 Area of Land Used for Urban Construction					本年征用土地面积 Area of Land Requisition of the Year	
		工业用地 Area for Industrial	物流仓储用地 Area for Logistics & Storage	道路交通设施用地 Area for Road Traffic Facilities	公用设施用地 Area for Public Facilities	绿地与广场用地 Green Land & Square Land		#耕地 Arable Land
全 国	**National Total**	**11083.7**	**1665.0**	**8364.8**	**1968.7**	**6152.7**	**1934.4**	**841.3**
北 京	Beijing	263.1	51.3	271.2	31.7	115.8	17.6	4.8
天 津	Tianjin	242.5	60.1	134.6	21.0	104.8	14.6	8.2
河 北	Hebei	274.0	60.9	312.5	71.4	306.6	63.8	25.9
山 西	Shanxi	143.3	38.3	177.8	71.8	140.0	17.7	13.9
内蒙古	Inner Mongolia	161.4	48.3	227.6	38.6	151.7	74.4	22.8
辽 宁	Liaoning	719.3	65.5	393.7	61.4	291.1	22.6	10.5
吉 林	Jilin	286.8	47.8	201.2	57.8	108.6	65.0	37.8
黑龙江	Heilongjiang	357.7	71.4	267.8	62.8	162.0	8.9	5.7
上 海	Shanghai	550.6	57.0	135.9	212.4	139.5	23.0	14.0
江 苏	Jiangsu	1064.8	121.9	619.7	124.4	513.2	165.2	83.6
浙 江	Zhejiang	588.5	66.0	442.1	75.4	276.6	133.4	59.1
安 徽	Anhui	370.7	54.6	320.1	61.5	237.7	148.3	74.0
福 建	Fujian	276.0	34.8	215.8	46.3	154.9	70.5	15.9
江 西	Jiangxi	277.5	33.7	217.7	51.0	164.3	94.0	26.9
山 东	Shandong	1025.0	155.1	630.7	154.8	469.7	140.4	60.4
河 南	Henan	386.4	80.9	411.8	99.6	366.3	45.6	19.8
湖 北	Hubei	573.8	72.5	394.8	96.8	216.7	95.4	50.7
湖 南	Hunan	239.7	45.3	212.1	85.4	194.3	69.5	17.7
广 东	Guangdong	1488.0	127.4	870.8	133.5	473.6	117.9	52.1
广 西	Guangxi	220.5	52.5	249.2	55.2	156.2	118.5	31.4
海 南	Hainan	17.0	2.7	57.7	9.7	35.1	21.1	2.1
重 庆	Chongqing	244.6	31.0	232.6	30.4	113.8	108.3	43.6
四 川	Sichuan	450.8	70.9	428.3	81.8	346.5	109.5	55.4
贵 州	Guizhou	155.2	27.9	152.3	26.9	110.3	18.7	7.0
云 南	Yunnan	122.6	36.5	149.3	32.9	134.6	51.1	26.7
西 藏	Tibet	14.8	4.2	23.4	9.0	5.3	12.0	8.9
陕 西	Shaanxi	146.0	27.1	208.5	42.2	289.6	38.0	28.8
甘 肃	Gansu	171.4	30.4	138.4	42.5	131.1	34.8	25.7
青 海	Qinghai	13.2	13.4	25.2	6.7	35.7	5.4	0.2
宁 夏	Ningxia	42.6	13.5	70.9	15.7	58.8	14.4	5.6
新 疆	Xinjiang	196.1	62.2	171.2	58.2	148.7	15.0	2.1

11-4 各地区城市市政设施情况(2017年)
Urban Municipal Facilities by Region (2017)

地 区	Region	道路长度(公里) Length of Roads (km)	道路面积(万平方米) Area of Roads (10 000 sq.m)	桥梁(座) Number of Bridges (unit)	#立交桥 Inter-section Bridges	道路照明灯(千盏) Number of Road Lamps (1 000 units)	排水管道长度(公里) Length of Drainage Pipes (km)	#污水管道 Sewers
全 国	**National Total**	**397830**	**788853**	**69816**	**5088**	**25936.3**	**630304**	**265513**
北 京	Beijing	8437	13960	2276	447	236.1	16794	7750
天 津	Tianjin	7942	14742	1007	119	369.8	21240	9964
河 北	Hebei	15747	34888	1523	252	935.0	18332	7166
山 西	Shanxi	8201	18132	1298	195	545.5	7645	2834
内蒙古	Inner Mongolia	10035	21277	386	65	584.4	12923	7350
辽 宁	Liaoning	17079	30980	1741	293	1287.6	20372	5357
吉 林	Jilin	9083	16671	904	106	438.0	10932	4150
黑龙江	Heilongjiang	12369	19781	1139	228	632.1	11990	3456
上 海	Shanghai	5224	10896	2688	50	579.1	19766	8241
江 苏	Jiangsu	47112	82379	15250	411	3538.4	76886	37846
浙 江	Zhejiang	21773	42229	10957	193	1555.7	45674	23674
安 徽	Anhui	13997	34208	1601	252	946.6	29108	11398
福 建	Fujian	11427	22238	1902	82	813.1	15335	7616
江 西	Jiangxi	10289	20547	918	79	706.1	15469	6241
山 东	Shandong	43580	88799	5440	271	1941.8	60278	24579
河 南	Henan	13876	34735	1425	148	948.3	23624	9559
湖 北	Hubei	19021	34937	2082	177	800.3	25857	8503
湖 南	Hunan	10882	24470	923	105	666.2	16479	7667
广 东	Guangdong	39274	70422	7056	526	2557.5	70242	21963
广 西	Guangxi	9064	19821	973	114	695.6	12305	3717
海 南	Hainan	2806	5448	205	10	174.3	4399	1765
重 庆	Chongqing	9364	19015	1720	273	584.2	17335	8541
四 川	Sichuan	16077	33979	2557	258	1344.9	28502	12318
贵 州	Guizhou	4345	8930	705	63	493.5	7194	3514
云 南	Yunnan	6062	11856	756	47	500.1	13616	6728
西 藏	Tibet	688	1093	34	2	26.1	651	216
陕 西	Shaanxi	7886	17538	801	176	723.6	9704	4668
甘 肃	Gansu	4890	10678	629	52	318.3	6428	2839
青 海	Qinghai	1117	2753	210	4	131.2	1907	1012
宁 夏	Ningxia	2324	6545	216	3	247.6	1904	410
新 疆	Xinjiang	7864	14908	494	87	615.2	7411	4469

11-5 各地区城市供水和用水情况(2017年)
Urban Water Supply and Use by Region (2017)

单位：万立方米 (10 000 cu.m)

地区	Region	供水总量 Total Water Supply	售水量按用途分 Water for Sale Classify by Purpose 合计 Total	生产运营用水 Production & Operation	公共服务用水 Public Service	居民家庭用水 Household Use	其他用水 Other
全国	**National Total**	**5937591**	**5016827**	**1606674**	**849302**	**2293485**	**267366**
北京	Beijing	188278	166353	26806	56237	72379	10931
天津	Tianjin	92769	80014	29767	12771	32334	5142
河北	Hebei	161280	138778	50265	21734	59848	6931
山西	Shanxi	94129	85560	30335	11298	40894	3033
内蒙古	Inner Mongolia	82591	69516	26539	13391	23503	6083
辽宁	Liaoning	250143	178986	54215	37413	75100	12259
吉林	Jilin	104639	75662	26268	15666	31536	2191
黑龙江	Heilongjiang	142011	110783	45130	24147	37301	4205
上海	Shanghai	310063	245215	48189	71864	104952	20209
江苏	Jiangsu	540034	474182	202144	75956	176075	20007
浙江	Zhejiang	357435	314449	125773	41743	136765	10169
安徽	Anhui	189895	161158	52447	25090	79978	3642
福建	Fujian	172957	136805	32843	26532	67923	9507
江西	Jiangxi	124762	102722	25041	15202	54048	8430
山东	Shandong	385519	342815	169031	41177	120416	12191
河南	Henan	208604	178120	59909	25638	86580	5993
湖北	Hubei	294906	240433	74141	42236	117618	6437
湖南	Hunan	194817	158910	35824	11979	100443	10665
广东	Guangdong	896774	768178	208561	136207	364978	58433
广西	Guangxi	183563	160435	55015	21933	81411	2076
海南	Hainan	48220	39355	4210	6412	22380	6353
重庆	Chongqing	138012	120494	32957	18096	63298	6143
四川	Sichuan	255921	220795	37566	35300	136906	11023
贵州	Guizhou	71414	56099	9645	10506	34735	1212
云南	Yunnan	89552	71108	23815	7082	36031	4179
西藏	Tibet	11094	9019	1537	1989	4701	792
陕西	Shaanxi	137919	124351	59842	9882	52589	2038
甘肃	Gansu	50960	45823	13666	8232	21050	2876
青海	Qinghai	27287	24074	9796	1515	10359	2404
宁夏	Ningxia	33486	29750	9090	5963	12791	1906
新疆	Xinjiang	98555	86886	26308	16112	34561	9905

11-5 续表 continued

地 区	Region	用水人口(万人) Population with Access to Water Supply (10 000 persons)	人均日生活用水量(升) Daily Household Water Consumption per Capita (liter)	用水普及率(%) Water Access Rate (%)
全 国	**National Total**	**48303.5**	**178.9**	**98.3**
北 京	Beijing	1876.6	188.0	100.0
天 津	Tianjin	846.9	145.9	100.0
河 北	Hebei	1830.5	122.4	99.1
山 西	Shanxi	1114.0	128.6	97.8
内蒙古	Inner Mongolia	882.7	114.5	99.1
辽 宁	Liaoning	2229.9	139.7	98.5
吉 林	Jilin	1105.9	117.8	94.9
黑龙江	Heilongjiang	1403.6	120.4	98.5
上 海	Shanghai	2418.3	200.3	100.0
江 苏	Jiangsu	3214.9	215.2	100.0
浙 江	Zhejiang	2444.0	200.2	100.0
安 徽	Anhui	1533.0	188.1	99.4
福 建	Fujian	1271.4	203.7	99.6
江 西	Jiangxi	1126.2	170.3	98.1
山 东	Shandong	3526.7	126.7	99.8
河 南	Henan	2396.6	129.3	95.9
湖 北	Hubei	2204.0	199.6	99.3
湖 南	Hunan	1721.1	180.3	96.5
广 东	Guangdong	5356.4	256.5	97.8
广 西	Guangxi	1102.2	257.2	97.6
海 南	Hainan	294.2	268.2	98.4
重 庆	Chongqing	1471.3	151.6	98.1
四 川	Sichuan	2349.8	202.1	94.9
贵 州	Guizhou	707.8	177.3	96.5
云 南	Yunnan	916.0	129.4	96.7
西 藏	Tibet	69.0	265.7	92.8
陕 西	Shaanxi	1031.3	166.6	96.0
甘 肃	Gansu	639.1	126.0	98.8
青 海	Qinghai	189.1	182.3	98.9
宁 夏	Ningxia	286.8	179.3	95.7
新 疆	Xinjiang	744.3	187.0	98.8

11-6 各地区城市节约用水情况(2017年)
Urban Water Saving by Region (2017)

地区	Region	实际用水量(万立方米) Actual Quantity of Water Used (10 000 cu.m)					
		合计 Total	#工业 Industry	新水取用量 New Water Source Used	#工业 Industry	重复利用量 Recycled Use	#工业 Industry
全国	**National Total**	**11211181**	**9172289**	**2455307**	**960551**	**8755874**	**8211738**
北京	Beijing	348895	34139	243810	28143	105085	5996
天津	Tianjin	554144	542435	39705	28984	514439	513451
河北	Hebei	447292	276350	206722	35979	240570	240371
山西	Shanxi	291441	261887	43721	18595	247720	243292
内蒙古	Inner Mongolia	187676	176887	31661	20872	156015	156015
辽宁	Liaoning	892634	858949	71765	47018	820869	811931
吉林	Jilin	183793	167983	49889	34526	133904	133457
黑龙江	Heilongjiang	137379	100219	70573	36483	66806	63736
上海	Shanghai	91838	35025	91838	35025		
江苏	Jiangsu	1989873	1583532	335855	184135	1654018	1399397
浙江	Zhejiang	781071	677335	153447	89948	627624	587387
安徽	Anhui	460931	441430	35669	17350	425262	424080
福建	Fujian	96536	60571	43594	8631	52942	51940
江西	Jiangxi	28234	10140	12105	3914	16129	6226
山东	Shandong	1136014	966823	194998	89792	941016	877031
河南	Henan	751007	712952	72915	37387	678092	675565
湖北	Hubei	527869	467081	104424	53860	423445	413221
湖南	Hunan	49020	28573	34144	16832	14876	11741
广东	Guangdong	1048908	785800	350157	87049	698751	698751
广西	Guangxi	402313	339341	79947	19250	322366	320091
海南	Hainan	6065	512	5889	363	176	149
重庆	Chongqing	663	142	486	90	177	52
四川	Sichuan	142536	102817	52625	17909	89911	84908
贵州	Guizhou	24550	13324	14068	4350	10482	8974
云南	Yunnan	117946	106754	20983	9891	96963	96863
西藏	Tibet	958		958			
陕西	Shaanxi	180162	124536	38712	12900	141450	111636
甘肃	Gansu	229437	211870	30211	12644	199226	199226
青海	Qinghai	2530	989	1032	493	1498	496
宁夏	Ningxia	85127	81562	10299	6734	74828	74828
新疆	Xinjiang	14339	2331	13105	1404	1234	927

11-6 续表 continued

地区	Region	节约用水量（万立方米） Water Saved (10 000 cu.m)	#工业 Industry	重复利用率(%) Reuse Rate (%)	#工业用水重复利用率 Reuse Rate for Industrial Purpose
全国	**National Total**	**648227**	**465064**	**78.1**	**89.5**
北京	Beijing	10442	953	30.1	17.6
天津	Tianjin	30	23	92.8	94.7
河北	Hebei	5474	5068	53.8	87.0
山西	Shanxi	10686	7352	85.0	92.9
内蒙古	Inner Mongolia	1711	1597	83.1	88.2
辽宁	Liaoning	27106	17163	92.0	94.5
吉林	Jilin	13776	12029	72.9	79.5
黑龙江	Heilongjiang	12732	9941	48.6	63.6
上海	Shanghai	19986	14115		
江苏	Jiangsu	74199	40003	83.1	88.4
浙江	Zhejiang	32837	25665	80.4	86.7
安徽	Anhui	20463	15258	92.3	96.1
福建	Fujian	13030	4986	54.8	85.8
江西	Jiangxi	837	693	57.1	61.4
山东	Shandong	69762	58371	82.8	90.7
河南	Henan	21386	14461	90.3	94.8
湖北	Hubei	126339	123384	80.2	88.5
湖南	Hunan	8022	6150	30.4	41.1
广东	Guangdong	55094	13178	66.6	88.9
广西	Guangxi	21925	13598	80.1	94.3
海南	Hainan	852	147	2.9	29.1
重庆	Chongqing	148	29	26.7	36.6
四川	Sichuan	44904	40772	63.1	82.6
贵州	Guizhou	2839	2232	42.7	67.4
云南	Yunnan	1289	118	82.2	90.7
西藏	Tibet				
陕西	Shaanxi	36849	35260	78.5	89.6
甘肃	Gansu	7884	817	86.8	94.0
青海	Qinghai	222	222	59.2	50.2
宁夏	Ningxia	1686	692	87.9	91.7
新疆	Xinjiang	5717	787	8.6	39.8

11-7 各地区城市污水排放和处理情况(2017年)
Urban Waste Water Discharged and Treated by Region (2017)

地区	Region	城市污水排放量(万立方米) Waste Water Discharged (10 000 cu.m)	污水处理厂(座) Waste Water Treatment Plants (unit)	# 二、三级处理 Secondary & Tertiary Treatment	污水处理厂污水处理能力(万立方米/日) Treatment Capacity (10 000 cu.m/day)	# 二、三级处理 Secondary & Tertiary Treatment	污水处理厂污水处理量(万立方米) Volume of Waste Water Treated (10 000 cu.m)
全国	**National Total**	**4923895**	**2209**	**2065**	**15743.0**	**14843.5**	**4528949**
北京	Beijing	177677	67	67	665.6	665.6	168755
天津	Tianjin	99719	47	47	290.5	290.5	91469
河北	Hebei	165919	85	85	583.2	583.2	162054
山西	Shanxi	73861	38	31	257.1	207.2	68409
内蒙古	Inner Mongolia	65960	44	44	245.1	245.1	63085
辽宁	Liaoning	255291	102	75	814.2	673.1	236834
吉林	Jilin	105963	45	27	409.1	353.1	96698
黑龙江	Heilongjiang	111139	67	66	383.9	381.9	97078
上海	Shanghai	229526	51	51	821.0	821.0	215739
江苏	Jiangsu	427700	196	179	1278.9	1191.4	363876
浙江	Zhejiang	303802	88	83	946.4	926.4	278596
安徽	Anhui	153008	66	66	493.8	493.8	143591
福建	Fujian	123006	66	65	388.9	383.9	109564
江西	Jiangxi	91989	47	44	274.5	270.5	87055
山东	Shandong	327755	189	189	1140.3	1140.3	316818
河南	Henan	191080	100	95	741.3	715.8	185055
湖北	Hubei	221887	85	85	640.0	640.0	205148
湖南	Hunan	189141	66	50	541.1	443.1	176564
广东	Guangdong	712678	273	254	2172.3	1866.0	672591
广西	Guangxi	135948	46	46	323.2	323.2	98909
海南	Hainan	31260	23	19	99.1	42.6	26384
重庆	Chongqing	112096	51	47	315.8	303.3	106174
四川	Sichuan	213866	130	123	630.2	623.1	188567
贵州	Guizhou	58609	51	51	201.6	201.6	55550
云南	Yunnan	90431	42	42	242.9	242.9	83845
西藏	Tibet	8648	7	6	26.2	25.9	7694
陕西	Shaanxi	97919	42	42	303.0	303.0	90518
甘肃	Gansu	38959	24	24	142.9	142.9	36972
青海	Qinghai	16496	11	11	44.4	44.4	11914
宁夏	Ningxia	24691	19	19	92.5	92.5	23518
新疆	Xinjiang	67871	41	32	234.0	206.2	59925

11-7 续表 continued

地 区 Region	其他污水处理设施 Other Waste Water Treatment Equipments 处理能力（万立方米/日） Treatment Capacity (10 000 cu.m/day)	处理量（万立方米） Volume of Treatment (10 000 cu.m)	污水处理总能力（万立方米/日） Total Treatment Capacity (10 000 cu.m/day)	污水处理总量（万立方米） Total Volume of Waste Water Treated (10 000 cu.m)	污水再生利用量（万立方米） Total Volume of Waste Water Recycled & Reused (10 000 cu.m)	城市污水处理率（%） Waste Water Treatment Rate (%)	#污水处理厂集中处理率 Waste Water Treatment Concentration Rate
全 国 National Total	**1293.7**	**125961**	**17036.7**	**4654910**	**713421**	**94.5**	**92.0**
北 京 Beijing	22.0	4532	687.6	173287	105085	97.5	95.0
天 津 Tianjin	3.0	855	293.5	92324	26075	92.6	91.7
河 北 Hebei	4.1	196	587.3	162250	40188	97.8	97.7
山 西 Shanxi			257.1	68409	16287	92.6	92.6
内蒙古 Inner Mongolia	3.0		248.1	63085	16029	95.6	95.6
辽 宁 Liaoning	9.0	1423	823.2	238257	18280	93.3	92.8
吉 林 Jilin	0.2	55	409.3	96753	1368	91.3	91.3
黑龙江 Heilongjiang	45.3	2897	429.2	99975	7672	90.0	87.4
上 海 Shanghai		1172	821.0	216911		94.5	94.0
江 苏 Jiangsu	494.7	43649	1773.6	407525	83065	95.3	85.1
浙 江 Zhejiang	60.8	9917	1007.2	288513	19064	95.0	91.7
安 徽 Anhui	50.4	5293	544.2	148884	13674	97.3	93.9
福 建 Fujian	32.7	3859	421.6	113423	6829	92.2	89.1
江 西 Jiangxi	3.6	741	278.1	87796		95.4	94.6
山 东 Shandong	16.1	954	1156.4	317772	98507	97.0	96.7
河 南 Henan	2.5	140	743.8	185195	30989	96.9	96.9
湖 北 Hubei	57.1	4795	697.1	209943	28613	94.6	92.5
湖 南 Hunan	24.9	4118	566.0	180682	9624	95.5	93.4
广 东 Guangdong	7.3	732	2179.6	673323	153627	94.5	94.4
广 西 Guangxi	373.4	28854	696.6	127763		94.0	72.8
海 南 Hainan	3.8	745	102.9	27129	2447	86.8	84.4
重 庆 Chongqing	3.2	857	319.0	107031	958	95.5	94.7
四 川 Sichuan	40.3	7101	670.5	195668	11681	91.5	88.2
贵 州 Guizhou			201.6	55550	958	94.8	94.8
云 南 Yunnan	11.8	1220	254.7	85065	1388	94.1	92.7
西 藏 Tibet			26.2	7694		89.0	89.0
陕 西 Shaanxi	1.0		304.0	90518	5122	92.4	92.4
甘 肃 Gansu			142.9	36972	3737	94.9	94.9
青 海 Qinghai		1161	44.4	13075	1759	79.3	72.2
宁 夏 Ningxia			92.5	23518	4867	95.3	95.3
新 疆 Xinjiang	23.5	695	257.5	60620	5528	89.3	88.3

11-8 各地区城市市容环境卫生情况（2017年）
Urban Environmental Sanitation by Region (2017)

地区 Region	道路清扫保洁面积（万平方米）Area under Cleaning Program (10 000 sq.m)	生活垃圾清运量（万吨）Volume of Garbage Disposal (10 000 tons)	无害化处理厂（座）Number of Harmless Treatment Plants/Grounds (unit)			
				卫生填埋 Sanitary Landfill	焚烧 Incineration	其他 Others
全　国 National Total	**842048**	**21520.9**	**1013**	**654**	**286**	**73**
北　京 Beijing	14861	924.8	24	13	5	6
天　津 Tianjin	13529	306.9	9	4	5	
河　北 Hebei	30452	699.6	53	40	9	4
山　西 Shanxi	16581	479.1	25	18	5	2
内蒙古 Inner Mongolia	22901	369.2	27	24	3	
辽　宁 Liaoning	39255	864.5	39	34	3	2
吉　林 Jilin	17741	495.0	16	10	6	
黑龙江 Heilongjiang	25996	553.2	33	27	5	1
上　海 Shanghai	18852	743.1	15	4	9	2
江　苏 Jiangsu	67319	1734.7	67	28	32	7
浙　江 Zhejiang	49663	1454.6	71	22	38	11
安　徽 Anhui	32514	612.2	39	18	17	4
福　建 Fujian	17554	786.4	29	11	14	4
江　西 Jiangxi	20042	451.5	21	18	3	
山　东 Shandong	74631	1591.3	83	39	36	8
河　南 Henan	36166	985.6	47	40	6	1
湖　北 Hubei	32460	908.0	47	33	10	4
湖　南 Hunan	27762	764.9	32	27	5	
广　东 Guangdong	107035	2644.5	80	49	25	6
广　西 Guangxi	21686	438.3	26	19	6	1
海　南 Hainan	10794	213.1	11	6	5	
重　庆 Chongqing	18249	529.7	25	20	4	1
四　川 Sichuan	37804	989.9	48	31	15	2
贵　州 Guizhou	13425	323.5	21	14	6	1
云　南 Yunnan	17237	409.1	28	19	9	
西　藏 Tibet	976	46.5	5	4	1	
陕　西 Shaanxi	19232	379.2	22	22		
甘　肃 Gansu	10368	254.6	23	20	2	1
青　海 Qinghai	3017	77.7	8	7		1
宁　夏 Ningxia	8920	119.0	12	9	1	2
新　疆 Xinjiang	15026	371.4	27	24	1	2

11-8 续表 1 continued 1

地 区	Region	无害化处理量(万吨) Amount of Harmless Treated (10 000 tons)	卫生填埋 Sanitary Landfill	焚烧 Incineration	其他 Others	市容环卫专用车辆设备(台) City Sanitation Special Vehicles (unit)
全 国	**National Total**	**21034.2**	**12037.6**	**8463.3**	**533.2**	**228019**
北 京	Beijing	923.7	438.0	326.5	159.2	11520
天 津	Tianjin	289.8	152.2	137.6		4725
河 北	Hebei	698.0	391.1	284.8	22.1	9329
山 西	Shanxi	454.5	333.1	114.9	6.5	5545
内蒙古	Inner Mongolia	367.0	305.5	61.5		4632
辽 宁	Liaoning	856.3	728.2	65.5	62.6	7822
吉 林	Jilin	355.3	193.8	161.5		6548
黑龙江	Heilongjiang	457.7	352.7	100.0	5.0	8315
上 海	Shanghai	743.1	369.8	360.8	12.5	8583
江 苏	Jiangsu	1734.7	415.5	1287.7	31.4	16820
浙 江	Zhejiang	1454.6	598.1	824.4	32.1	8255
安 徽	Anhui	611.9	267.0	334.9	10.0	5938
福 建	Fujian	781.5	269.4	486.7	25.3	3981
江 西	Jiangxi	440.5	387.0	53.5		3838
山 东	Shandong	1591.3	656.2	897.3	37.8	18314
河 南	Henan	982.1	821.6	159.1	1.3	14511
湖 北	Hubei	907.0	479.6	393.0	34.4	13264
湖 南	Hunan	763.0	637.3	125.7		5018
广 东	Guangdong	2591.2	1625.8	910.6	54.8	20472
广 西	Guangxi	438.0	306.5	123.9	7.5	7987
海 南	Hainan	213.0	66.3	146.8		5944
重 庆	Chongqing	526.7	310.2	214.0	2.5	3418
四 川	Sichuan	975.4	508.6	456.8	10.0	7620
贵 州	Guizhou	308.1	234.2	71.4	2.4	4732
云 南	Yunnan	379.4	153.9	225.5		3933
西 藏	Tibet	44.4	43.4	1.0		412
陕 西	Shaanxi	375.3	375.3			4226
甘 肃	Gansu	250.5	151.2	88.5	10.8	4021
青 海	Qinghai	73.7	72.9		0.8	697
宁 夏	Ningxia	117.9	82.2	34.6	1.2	1852
新 疆	Xinjiang	328.9	311.1	14.8	3.0	5747

11-8 续表 2 continued 2

地 区 Region	无害化处理能力（吨/日） Harmless Treatment Capacity (ton/day)	卫生填埋 Sanitary Landfill	焚烧 Incineration	其他 Others	生活垃圾无害化处理率(%) Proportion of Harmless Treated Garbage (%)
全 国 National Total	**679889**	**360524**	**298062**	**21303**	**97.7**
北 京 Beijing	24341	10341	9200	4800	99.9
天 津 Tianjin	10600	5100	5500		94.4
河 北 Hebei	24606	14156	9700	750	99.8
山 西 Shanxi	14081	9719	4062	300	94.9
内蒙古 Inner Mongolia	12399	9049	3350		99.4
辽 宁 Liaoning	26903	22229	2780	1894	99.1
吉 林 Jilin	11280	5678	5602		71.8
黑龙江 Heilongjiang	17201	12858	4000	343	82.7
上 海 Shanghai	24650	10350	13300	1000	100.0
江 苏 Jiangsu	60267	19960	38979	1328	100.0
浙 江 Zhejiang	62052	19287	40985	1780	100.0
安 徽 Anhui	24020	9510	13860	650	99.9
福 建 Fujian	22268	5418	15100	1750	99.4
江 西 Jiangxi	13008	11468	1540		97.6
山 东 Shandong	50185	19005	29330	1850	100.0
河 南 Henan	25747	19847	5850	50	99.7
湖 北 Hubei	25028	11907	11721	1400	99.9
湖 南 Hunan	24920	20320	4600		99.8
广 东 Guangdong	78185	43337	33438	1410	98.0
广 西 Guangxi	13206	8206	4800	200	99.9
海 南 Hainan	6145	2240	3905		100.0
重 庆 Chongqing	12103	7065	5000	38	99.4
四 川 Sichuan	25822	11262	13960	600	98.5
贵 州 Guizhou	11473	6958	4300	215	95.2
云 南 Yunnan	11698	4098	7600		92.7
西 藏 Tibet	1049	349	700		95.4
陕 西 Shaanxi	18254	18254			99.0
甘 肃 Gansu	7859	4959	2600	300	98.4
青 海 Qinghai	1779	1659		120	94.8
宁 夏 Ningxia	4531	2871	1500	160	99.1
新 疆 Xinjiang	14229	13064	800	365	88.6

11-8 续表 3 continued 3

地 区	Region	公厕数（座）Number of Public Lavatories (unit)	#三类以上 Better than Grade Ⅲ	每万人拥有公厕（座）Number of Public Lavatories per 10 000 Population (unit)
全 国	**National Total**	**136084**	**104264**	**2.77**
北 京	Beijing	5275	5228	2.81
天 津	Tianjin	1475	809	1.74
河 北	Hebei	5450	3242	2.95
山 西	Shanxi	2380	1839	2.09
内蒙古	Inner Mongolia	6448	2636	7.24
辽 宁	Liaoning	4172	1933	1.84
吉 林	Jilin	3417	1624	2.93
黑龙江	Heilongjiang	5719	2061	4.01
上 海	Shanghai	6221	2642	2.57
江 苏	Jiangsu	12934	11413	4.02
浙 江	Zhejiang	7883	6752	3.23
安 徽	Anhui	3467	2972	2.25
福 建	Fujian	3924	2789	3.07
江 西	Jiangxi	2242	1837	1.95
山 东	Shandong	6547	6070	1.85
河 南	Henan	8593	8055	3.44
湖 北	Hubei	5173	4569	2.33
湖 南	Hunan	3576	2198	2.01
广 东	Guangdong	10582	9605	1.93
广 西	Guangxi	1552	1376	1.37
海 南	Hainan	697	617	2.33
重 庆	Chongqing	4115	2917	2.74
四 川	Sichuan	5893	4565	2.38
贵 州	Guizhou	2109	2003	2.88
云 南	Yunnan	5091	4888	5.38
西 藏	Tibet	360	40	4.84
陕 西	Shaanxi	5350	4997	4.98
甘 肃	Gansu	1694	1479	2.62
青 海	Qinghai	698	654	3.65
宁 夏	Ningxia	759	692	2.53
新 疆	Xinjiang	2288	1762	3.04

11-9 各地区城市燃气情况(2017年)
Supply of Gas in Cities by Region (2017)

地区	Region	人工煤气 Coal Gas 生产能力(万立方米/日) Production Capacity (10 000 cu.m/day)	管道长度(公里) Length of Pipeline (km)	供气总量(万立方米) Total Gas Supply (10 000 cu.m)	#家庭用量 Domestic Consumption	用气人口(万人) Population Covered (10 000 persons)
全国	**National Total**	**1158.1**	**11715.9**	**270882**	**73733**	**751.72**
北京	Beijing					
天津	Tianjin					
河北	Hebei	98.0	1673.5	69573	5856	58.50
山西	Shanxi	95.1	851.3	59857	5319	42.72
内蒙古	Inner Mongolia		502.0	4581	2720	11.24
辽宁	Liaoning	271.7	4766.7	43621	30580	401.29
吉林	Jilin	8.1	336.5	3051	2155	40.00
黑龙江	Heilongjiang	13.0	304.8	3235	2359	35.20
上海	Shanghai					
江苏	Jiangsu					
浙江	Zhejiang	1.5	111.7	429	399	4.30
安徽	Anhui					
福建	Fujian	8.0	91.0	2689	2225	12.03
江西	Jiangxi	18.0	549.6	17972	1386	10.11
山东	Shandong					
河南	Henan	224.5	241.5	36405	43	0.21
湖北	Hubei					
湖南	Hunan					
广东	Guangdong					
广西	Guangxi	10.6	469.9	3495	2468	39.97
海南	Hainan					
重庆	Chongqing					
四川	Sichuan	13.0	685.4	17004	10766	49.14
贵州	Guizhou					
云南	Yunnan	5.0	687.0	5017	3674	25.72
西藏	Tibet					
陕西	Shaanxi					
甘肃	Gansu	345.6	384.6	2195	2027	14.10
青海	Qinghai					
宁夏	Ningxia					
新疆	Xinjiang	46.0	60.5	1757	1756	7.19

11-9 续表 1 continued 1

地 区	Region	天然气 Natural Gas 管道长度（公里） Length of Pipeline (km)	供气总量（万立方米） Total Gas Supply (10 000 cu.m)	#家庭用量 Domestic Consumption	用气人口（万人） Population Covered (10 000 persons)
全 国	**National Total**	**623253.3**	**12637546**	**2825027**	**33933.9**
北 京	Beijing	26186.4	1641696	163203	1445.0
天 津	Tianjin	20705.7	422860	46984	811.5
河 北	Hebei	23533.3	485113	144284	1500.2
山 西	Shanxi	14773.6	316260	59997	1002.7
内蒙古	Inner Mongolia	9679.5	181191	86047	622.6
辽 宁	Liaoning	25042.7	308119	62403	1417.1
吉 林	Jilin	10060.1	148205	45551	739.9
黑龙江	Heilongjiang	9610.0	141437	30595	867.7
上 海	Shanghai	30387.4	808141	150772	1720.5
江 苏	Jiangsu	71881.1	1087514	201551	2625.7
浙 江	Zhejiang	39096.6	484008	72916	1445.1
安 徽	Anhui	23763.1	311230	97363	1342.0
福 建	Fujian	9512.8	197249	15740	567.7
江 西	Jiangxi	12552.9	118153	38293	684.5
山 东	Shandong	55980.7	816265	200251	3015.2
河 南	Henan	22683.2	454874	137002	1865.0
湖 北	Hubei	31818.6	423990	99631	1574.3
湖 南	Hunan	17024.6	236293	80736	1022.8
广 东	Guangdong	31346.4	1247389	166555	2303.5
广 西	Guangxi	5512.5	69676	24436	478.6
海 南	Hainan	3046.2	24611	11518	187.1
重 庆	Chongqing	22320.2	466511	171811	1356.6
四 川	Sichuan	49337.6	718967	304773	2080.5
贵 州	Guizhou	6413.7	70939	19216	337.3
云 南	Yunnan	5946.9	28746	10069	430.4
西 藏	Tibet	3449.7	2772	1101	24.0
陕 西	Shaanxi	16567.1	385643	163939	940.4
甘 肃	Gansu	3140.4	203741	42341	444.4
青 海	Qinghai	2243.7	146460	28823	157.5
宁 夏	Ningxia	6279.3	182460	41512	231.9
新 疆	Xinjiang	13357.5	507035	105615	692.4

11-9 续表 2 continued 2

地 区	Region	液化石油气 Liquefied Petroleum Gas 管道长度(公里) Length of Pipeline (km)	供气总量(吨) Total Gas Supply (ton)	#家庭用量 Domestic Consumption	用气人口(万人) Population Covered (10 000 persons)	燃气普及率(%) Gas Access Rate (%)
全 国	**National Total**	**6200.3**	**9988088**	**5447739**	**12615.7**	**96.3**
北 京	Beijing	411.1	492288	146656	431.6	100.0
天 津	Tianjin		57567	41013	35.4	100.0
河 北	Hebei	164.9	241230	174917	266.7	98.8
山 西	Shanxi	121.3	90792	77572	74.6	98.3
内蒙古	Inner Mongolia	8.0	52364	46981	221.4	96.0
辽 宁	Liaoning	363.1	654818	167679	381.9	97.1
吉 林	Jilin	62.8	179750	81958	304.3	93.0
黑龙江	Heilongjiang	19.2	189183	95954	347.4	87.8
上 海	Shanghai	263.2	344534	175087	697.8	100.0
江 苏	Jiangsu	201.5	577137	391296	581.4	99.7
浙 江	Zhejiang	1727.9	691203	451135	993.9	100.0
安 徽	Anhui	140.9	131054	92047	177.8	98.6
福 建	Fujian	253.0	308113	172067	664.7	97.5
江 西	Jiangxi	121.3	218325	172293	423.2	97.4
山 东	Shandong	158.2	347511	223232	502.8	99.6
河 南	Henan	14.7	214764	179719	483.7	94.0
湖 北	Hubei	253.1	336102	154965	582.3	97.1
湖 南	Hunan	26.6	203024	174702	644.4	93.5
广 东	Guangdong	1307.0	3636182	1710086	3002.2	96.9
广 西	Guangxi	2.1	264066	237457	585.6	97.8
海 南	Hainan		82108	71305	106.9	98.3
重 庆	Chongqing		73458	43186	89.4	96.4
四 川	Sichuan	394.1	195862	101799	128.9	91.2
贵 州	Guizhou	100.7	114085	88685	305.9	87.7
云 南	Yunnan	80.4	129316	53676	263.1	75.9
西 藏	Tibet	1.8	6059	5215	18.2	56.8
陕 西	Shaanxi	2.6	27949	19524	65.8	93.6
甘 肃	Gansu		44473	30305	127.3	90.6
青 海	Qinghai		7497	6997	22.5	94.2
宁 夏	Ningxia	0.8	8911	8136	43.1	91.7
新 疆	Xinjiang	0.3	68363	52096	41.6	98.3

11-10 各地区城市集中供热情况(2017年)
Central Heating in Cities by Region (2017)

地 区	Region	供热能力 Heating Capacity		供热总量 Total Heating Supply	
		蒸 汽 (吨/小时) Steam (ton/hour)	热 水 (兆瓦) Hot Water (megawatts)	蒸 汽 (万吉焦) Steam (10 000 gigajoules)	热 水 (万吉焦) Hot Water (10 000 gigajoules)
全 国	**National Total**	**98328**	**647827**	**57985**	**310300**
北 京	Beijing		123814		25043
天 津	Tianjin	2696	28654	1134	14862
河 北	Hebei	8268	39839	7733	21874
山 西	Shanxi	3920	31035	2793	17016
内蒙古	Inner Mongolia	2769	42776	1648	26584
辽 宁	Liaoning	17536	68876	11774	48113
吉 林	Jilin	1960	43276	746	26466
黑龙江	Heilongjiang	6003	50157	3127	39369
上 海	Shanghai				
江 苏	Jiangsu				
浙 江	Zhejiang				
安 徽	Anhui	2681	90	1475	117
福 建	Fujian				
江 西	Jiangxi				
山 东	Shandong	30332	54372	16346	32916
河 南	Henan	6110	20522	3440	9207
湖 北	Hubei	1596	220	744	5
湖 南	Hunan				
广 东	Guangdong				
广 西	Guangxi				
海 南	Hainan				
重 庆	Chongqing				
四 川	Sichuan				
贵 州	Guizhou		169		175
云 南	Yunnan		148		43
西 藏	Tibet		402		80
陕 西	Shaanxi	7359	22083	3318	10544
甘 肃	Gansu	700	15648	480	10307
青 海	Qinghai		4717		4958
宁 夏	Ningxia	2538	66351	1526	4453
新 疆	Xinjiang	3860	34678	1701	18168

注：北京市集中供热管道长度数据暂缺。
Note: The length of pipelines of Beijing is undercounting.

11-10 续表 continued

地 区 Region	管道长度(公里) Length of Pipelines (km)	供热面积(万平方米) Heated Area (10 000 sq.m)	#住 宅 Housing
全 国 National Total	**276288**	**830858**	**613178**
北 京 Beijing		65466	46173
天 津 Tianjin	24951	47567	36421
河 北 Hebei	30355	74462	59381
山 西 Shanxi	12403	51586	40209
内蒙古 Inner Mongolia	12998	54003	30638
辽 宁 Liaoning	49467	118236	87106
吉 林 Jilin	25682	57722	41936
黑龙江 Heilongjiang	19477	73217	52913
上 海 Shanghai			
江 苏 Jiangsu			
浙 江 Zhejiang			
安 徽 Anhui	681	2933	1096
福 建 Fujian			
江 西 Jiangxi			
山 东 Shandong	60975	126587	102950
河 南 Henan	10143	38898	31863
湖 北 Hubei	289	1433	938
湖 南 Hunan			
广 东 Guangdong			
广 西 Guangxi			
海 南 Hainan			
重 庆 Chongqing			
四 川 Sichuan			
贵 州 Guizhou	9	107	43
云 南 Yunnan	255	125	75
西 藏 Tibet	34		
陕 西 Shaanxi	3472	39579	27007
甘 肃 Gansu	4822	20360	13310
青 海 Qinghai	1934	7845	5859
宁 夏 Ningxia	6632	12978	9513
新 疆 Xinjiang	11709	37755	25746

11-11 各地区城市园林绿化情况(2017年)
Area of Parks & Green Land in Cities by Region (2017)

单位：公顷 (hectare)

地区	Region	绿化覆盖面积 Green Covered Area	#建成区 Completed Area	绿地面积 Area of Green Land	#建成区 Completed Area	公园绿地面积 Park Green Land
全 国	**National Total**	**3350402**	**2314378**	**2921346**	**2099120**	**688441**
北 京	Beijing	88844	88844	83501	83501	31019
天 津	Tianjin	49945	40069	44309	35844	11982
河 北	Hebei	100173	88568	88273	80930	26833
山 西	Shanxi	70964	47849	63987	42893	13647
内蒙古	Inner Mongolia	71491	51050	67171	47172	17511
辽 宁	Liaoning	197627	107690	122999	99692	27339
吉 林	Jilin	54480	51954	48070	46343	13257
黑龙江	Heilongjiang	76594	64511	69711	59469	16780
上 海	Shanghai	147063	39049	136327	34395	19805
江 苏	Jiangsu	319594	190194	285981	175321	48060
浙 江	Zhejiang	177783	114194	159214	103021	32544
安 徽	Anhui	121253	85956	102402	78211	22075
福 建	Fujian	77876	66270	69755	61106	18049
江 西	Jiangxi	69027	65754	63747	61224	16646
山 东	Shandong	267944	209230	235690	189722	63042
河 南	Henan	115081	105903	101171	93509	30002
湖 北	Hubei	100310	89950	86713	79327	24421
湖 南	Hunan	78722	70443	67669	62701	17817
广 东	Guangdong	519557	256956	455838	230172	99885
广 西	Guangxi	97095	55298	88789	48306	14025
海 南	Hainan	16666	12973	15343	11757	3636
重 庆	Chongqing	67175	57376	61575	53638	25584
四 川	Sichuan	121490	113279	107505	100883	30912
贵 州	Guizhou	65758	36505	47360	34132	11182
云 南	Yunnan	50720	44399	45173	39824	10895
西 藏	Tibet	5412	5136	5238	5040	435
陕 西	Shaanxi	81391	51329	69219	45998	13586
甘 肃	Gansu	30691	28915	26851	25790	9617
青 海	Qinghai	6603	6506	6426	6221	2137
宁 夏	Ningxia	28527	18511	26418	17573	5747
新 疆	Xinjiang	74548	49719	68921	45404	9972

注：公园绿地面积包括综合公园、社区公园、专类公园、带状公园和街旁绿地。
Note: Area of park green areas includes comprehensive park, community park, topic park, belt-shaped park and green area nearby street.

11-11 续表 continued

地 区	Region	人均公园绿地面积（平方米）Park Green Land per Capita (sq.m)	建成区绿化覆盖率(%) Green Covered Area as % of Completed Area (%)	建成区绿地率(%) Parks & Green Land as % of Completed Area (%)	公园个数（个）Number of Parks (unit)	公园面积（公顷）Area of Parks (hectare)
全 国	**National Total**	**14.0**	**40.9**	**37.1**	**15633**	**444622**
北 京	Beijing	16.2	48.4	46.7	300	31019
天 津	Tianjin	14.2	36.8	33.0	135	2839
河 北	Hebei	14.5	41.8	38.2	713	20414
山 西	Shanxi	12.0	40.6	36.4	316	10797
内蒙古	Inner Mongolia	19.7	40.2	37.2	296	14929
辽 宁	Liaoning	12.1	40.7	37.7	496	16621
吉 林	Jilin	11.4	35.8	31.9	306	9816
黑龙江	Heilongjiang	11.8	35.5	32.7	371	11450
上 海	Shanghai	8.2	39.1	34.4	224	2409
江 苏	Jiangsu	15.0	43.0	39.6	1107	30141
浙 江	Zhejiang	13.3	40.4	36.4	1252	19111
安 徽	Anhui	14.3	42.2	38.4	432	14454
福 建	Fujian	14.1	43.7	40.3	636	13957
江 西	Jiangxi	14.5	45.2	42.1	468	10601
山 东	Shandong	17.8	42.1	38.2	1090	37721
河 南	Henan	12.0	39.4	34.8	438	14242
湖 北	Hubei	11.0	38.4	33.9	420	13950
湖 南	Hunan	10.0	41.2	36.7	337	12607
广 东	Guangdong	18.2	43.5	38.9	3219	71798
广 西	Guangxi	12.4	39.1	34.2	254	10296
海 南	Hainan	12.2	40.1	36.3	85	2594
重 庆	Chongqing	17.1	40.3	37.7	418	13742
四 川	Sichuan	12.5	40.0	35.6	588	16370
贵 州	Guizhou	15.3	37.0	34.6	168	10634
云 南	Yunnan	11.5	38.9	34.9	775	8620
西 藏	Tibet	5.9	34.8	34.2	36	355
陕 西	Shaanxi	12.6	39.9	35.7	259	7819
甘 肃	Gansu	14.9	33.3	29.7	156	5002
青 海	Qinghai	11.2	32.6	31.1	45	1453
宁 夏	Ningxia	19.2	40.4	38.4	79	3049
新 疆	Xinjiang	13.2	40.0	36.5	214	5814

11-12 各地区城市公共交通情况(2017年)
Urban Public Transportation by Region (2017)

地 区	Region	年末公共交通运营数(辆) Number of Public Transport Operations at year-end (unit)	公共汽、电车 Buses & Trolleybus	轨道交通 Subways, Light Rail, Streetcar	标准运营车数(标台) Standard Operating Motor Vehicles (standard unit)	运营线路总长度(公里) Length of Operating Routes (km)	出租汽车数(辆) Number of Taxies (unit)
全 国	**National Total**	**583437**	**554820**	**28617**	**723632**	**795935**	**1102823**
北 京	Beijing	30966	25624	5342	49831	19898	68484
天 津	Tianjin	13528	12686	842	16636	19058	31940
河 北	Hebei	24706	24508	198	28354	37390	53871
山 西	Shanxi	9252	9252		11096	14291	30492
内蒙古	Inner Mongolia	8013	8013		9485	11898	39062
辽 宁	Liaoning	23675	22723	952	29967	27077	82067
吉 林	Jilin	11823	11215	608	12995	14589	56356
黑龙江	Heilongjiang	17741	17633	108	20075	20721	63569
上 海	Shanghai	22214	17461	4753	33718	24827	46397
江 苏	Jiangsu	44137	41558	2579	56028	69678	53465
浙 江	Zhejiang	35373	34281	1092	41373	75654	38435
安 徽	Anhui	16477	16171	306	20991	15718	39490
福 建	Fujian	17572	17224	348	20244	24651	21466
江 西	Jiangxi	9908	9614	294	14406	19695	14361
山 东	Shandong	50907	50642	265	57818	95696	61678
河 南	Henan	26216	25778	438	30705	21856	46863
湖 北	Hubei	21809	20453	1356	27496	22871	36748
湖 南	Hunan	21051	20706	345	25739	19320	25768
广 东	Guangdong	68535	63698	4837	83800	100961	66777
广 西	Guangxi	10339	10219	120	12125	15484	17532
海 南	Hainan	3717	3717		4047	6097	6979
重 庆	Chongqing	13944	12768	1176	17261	16428	21871
四 川	Sichuan	28502	27086	1416	35795	31216	32611
贵 州	Guizhou	7018	7018		8081	10277	21249
云 南	Yunnan	11134	10642	492	12879	21459	19061
西 藏	Tibet	640	640		775	1538	2218
陕 西	Shaanxi	13309	12559	750	16796	11612	25468
甘 肃	Gansu	5850	5850		6807	7392	23737
青 海	Qinghai	2339	2339		2747	3177	8637
宁 夏	Ningxia	3823	3823		4575	6154	12765
新 疆	Xinjiang	8919	8919		10993	9254	33406

资料来源：交通运输部。
Source: Ministry of Transport.

11-12 续表 continued

地 区 Region	客运总量 (万人次) Volume of Passenger Transport (10 000 persontimes)	公共汽、电车 Buses & Trolleybus	轨道交通 Subways, Light Rail, Streetcar	每万人拥有公交车辆 (标台) Motor Vehicles for Public Transport per 10 000 Population (standard unit)	轮 渡 Ferry 运营船数 (艘) Number of Operating Vessels (unit)	客运总量 (万人次) Volume of Passengers Transport (10 000 persontimes)
全 国 National Total	**8470688**	**6627688**	**1843000**	**14.7**	**255**	**8190**
北 京 Beijing	713396	335595	377801	26.6		
天 津 Tianjin	173279	138124	35155	19.6		
河 北 Hebei	181829	177792	4037	15.3		
山 西 Shanxi	127183	127183		9.7		
内蒙古 Inner Mongolia	108390	108390		10.6		
辽 宁 Liaoning	432824	383993	48831	13.2		
吉 林 Jilin	177218	167632	9586	11.1		
黑龙江 Heilongjiang	255084	247405	7679	14.1	36	254
上 海 Shanghai	573841	220072	353769	13.9	44	1006
江 苏 Jiangsu	582024	449242	132782	17.4	15	611
浙 江 Zhejiang	392857	347638	45219	16.9	5	222
安 徽 Anhui	176245	171973	4272	13.6		
福 建 Fujian	211379	206505	4874	15.9	32	2977
江 西 Jiangxi	118395	107424	10971	12.5		
山 东 Shandong	396777	390128	6649	16.4	4	50
河 南 Henan	259421	234191	25230	12.3		
湖 北 Hubei	413335	320652	92683	12.4	45	934
湖 南 Hunan	261597	238250	23347	14.4	3	29
广 东 Guangdong	1098428	648287	450141	15.3	66	2004
广 西 Guangxi	118925	109281	9644	10.7		
海 南 Hainan	30635	30635		13.5		
重 庆 Chongqing	322446	248136	74310	11.5	5	102
四 川 Sichuan	413213	360209	53004	14.5		
贵 州 Guizhou	141536	141536		11.0		
云 南 Yunnan	153795	141312	12483	13.6		
西 藏 Tibet	9120	9120		10.4		
陕 西 Shaanxi	281740	221206	60534	15.6		
甘 肃 Gansu	124946	124946		10.5		
青 海 Qinghai	36710	36710		14.4		
宁 夏 Ningxia	40744	40744		15.3		
新 疆 Xinjiang	143378	143378		14.6		

11-13 环保重点城市道路交通噪声监测情况(2017年)
Monitoring of Urban Road Traffic Noise in Key Cities of Environmental Protection (2017)

城　市 City	路段总长度(米) Total Length of Roads (m)	超标路段(米) Roads with Excess Noise (m)	路段超标率(%) Percentage of Roads with Excess Noise (%)	路段平均路宽(米) Average Width of Roads (m)	平均车流量(辆/小时) Average Traffic Volume (car/hour)	等效声级dB(A) Average Noise Value dB(A)
北　京 Beijing	962700	416003	43.2	33	928760	69.3
天　津 Tianjin	499600	119086	23.8	29	214394	67.7
石家庄 Shijiazhuang	399200	90117	22.6	19	164258	67.3
唐　山 Tangshan	111700			39	55711	65.3
秦皇岛 Qinhuangdao	100300	2828	2.8	37	46356	67.1
邯　郸 Handan	135700	18575	13.7	28	51416	68.2
保　定 Baoding	202400	101069	49.9	43	44558	69.0
太　原 Taiyuan	127600	15825	11.5	42	54345	67.8
大　同 Datong	58900	4940	7.9	34	21834	66.9
阳　泉 Yangquan	54000	1410	2.6	16	8101	66.3
长　治 Changzhi	61300	895	1.4	30	24212	66.7
临　汾 Linfen	54100	34745	64.2	28	41848	69.9
呼和浩特 Hohhot	239900	56292	23.5	34	41826	68.4
包　头 Baotou	157000	10097	6.4	26	255417	64.9
赤　峰 Chifeng	77700	19990	24.8	25	27326	68.2
沈　阳 Shenyang	142400	77000	53.5	40	90115	70.0
大　连 Dalian	427500	148676	34.8	25	112353	67.8
鞍　山 Anshan	186800			23	10815	66.1
抚　顺 Fushun	146400	66320	45.3	22	15840	67.3
本　溪 Benxi	67700			19	3761	64.7
锦　州 Jinzhou	135800	49204	36.2	19	9150	68.7
长　春 Changchun	279700	77639	27.8	29	129038	69.4
吉　林 Jilin	151700	70606	46.5	37	48407	69.8
哈尔滨 Harbin	120200	97600	81.2	17	75813	73.8
齐齐哈尔 Qiqihar	77800	25764	33.1	42	21530	68.6
牡丹江 Mudanjiang	84100	10845	12.9	21	52665	67.5
上　海 Shanghai	204800	114341	55.8	32	47190	69.9
南　京 Nanjing	276100	49290	17.6	30	79699	68.0
无　锡 Wuxi	145600	20760	14.3	26	67913	67.1
徐　州 Xuzhou	226700	76660	33.8	31	23836	69.2
常　州 Changzhou	425500	72800	17.1	38	35151	67.7
苏　州 Suzhou	492200	103041	20.7	32	72918	67.6
南　通 Nantong	210100	29050	13.8	41	12395	66.7
连云港 Lianyungang	104100	6900	6.6	58	38609	66.4
扬　州 Yangzhou	132400	5470	4.1	50	38706	69.0
镇　江 Zhenjiang	324500			33	19947	66.7
杭　州 Hangzhou	707900	189120	26.7	36		67.8
宁　波 Ningbo	118400	37687	31.8	29		69.0

资料来源：生态环境部(以下各表同)。
Source: Ministry of Ecology and Environment (the same as in the following tables).

11-13 续表 1 continued 1

城 市	City	路段总长度（米）Total Length of Roads (m)	超标路段（米）Roads with Excess Noise (m)	路段超标率（%）Percentage of Roads with Excess Noise (%)	路段平均路宽（米）Average Width of Roads (m)	平均车流量（辆/小时）Average Traffic Volume (car/hour)	等效声级 dB(A) Average Noise Value dB(A)
温 州	Wenzhou	245100	38740	15.8	34		67.5
湖 州	Huzhou	207600	1121	0.5	30		66.5
绍 兴	Shaoxing	212500	59890	28.2	40		68.5
合 肥	Hefei	591700	188820	31.9	35	106393	68.7
芜 湖	Wuhu	260500	61869	23.7	43	13099	69.4
马鞍山	Maanshan	98500	21210	21.5	44	10611	67.3
福 州	Fuzhou	335300	146350	43.6	27	99105	69.3
厦 门	Xiamen	308500	28918	9.4	44	121464	67.3
泉 州	Quanzhou	516100	244623	47.4	34	36136	70.2
南 昌	Nanchang	252100	66148	26.2	38	45655	67.9
九 江	Jiujiang	96800	19505	20.2	32	84304	67.9
济 南	Jinan	166600	92122	53.1	53	34991	70.6
青 岛	Qingdao	516300	171866	33.3	29	134555	68.8
淄 博	Zibo	165600	20661	12.5	27	80822	66.9
枣 庄	Zaozhuang	23300			22	7066	67.3
烟 台	Yantai	143100	46300	32.4	28	35561	68.5
潍 坊	Weifang	168600	5520	3.2	45	31268	66.8
济 宁	Jinin	54200			33	6338	68.4
泰 安	Taian	268900	88750	33.0	25	44581	68.2
日 照	Rizhao	186200			33	10569	65.4
郑 州	Zhengzhou	131300	55039	41.9	42	95833	69.6
开 封	Kaifeng	73700	25600	34.7	37	29293	69.2
洛 阳	Luoyang	158400	15460	9.5	41	108308	66.5
平顶山	Pingdingshan	46000	8145	17.7	35	51486	63.6
安 阳	Anyang	69100	8319	12.0	53	38719	68.1
焦 作	Jiaozuo	181000	31325	17.3	50	32859	67.5
三门峡	Sanmenxia	40100	3220	7.0	20	47895	67.1
武 汉	Wuhan	392900	212839	53.6	26	81361	70.5
宜 昌	Yichang	281200	123610	44.0	24	14818	69.1
荆 州	Jingzhou	59300	16740	28.2	36	13321	68.1
长 沙	Changsha	355700	204100	57.4	36	38884	70.0
株 洲	Zhuzhou	81100	1120	1.4	32	36570	64.2
湘 潭	Xiangtan	133100	35150	26.4	25	8976	68.0
岳 阳	Yueyang	75200	30168	40.1	19	27052	69.5
常 德	Changde	89600	38820	43.3	24	21645	69.9
张家界	Zhangjiajie	62800	36100	57.5	30	7978	70.4
广 州	Guangzhou	1022000	354482	34.6	28	143436	69.0
韶 关	Shaoguan	73500	3600	4.9	20	62505	66.4

11-13 续表 2 continued 2

城 市	City	路段总长度(米) Total Length of Roads (m)	超标路段(米) Roads with Excess Noise (m)	路段超标率(%) Percentage of Roads with Excess Noise (%)	路段平均路宽(米) Average Width of Roads (m)	平均车流量(辆/小时) Average Traffic Volume (car/hour)	等效声级dB(A) Average Noise Value dB(A)
深 圳	Shenzhen	400500	190996	47.7	51	129355	70.0
珠 海	Zhuhai	228700			24	23855	66.1
汕 头	Shantou	286900	156060	53.2	39	94734	70.0
湛 江	Zhanjiang	186500	43700	23.4	40	29970	65.6
南 宁	Nanning	159700	26290	16.5	53	109209	68.0
柳 州	Liuzhou	211800	77360	36.5	29	38768	69.1
桂 林	Guilin	118300	23926	20.2	44	15573	68.5
北 海	Beihai	49200	6150	12.5	53	20951	65.9
海 口	Haikou	145400	45250	31.1	39	190068	69.2
重 庆	Chongqing	533900	97890	18.3	24	164894	66.7
成 都	Chengdu	214800	63154	29.4	41	273985	69.3
自 贡	Zigong	71400	21562	30.2	18	29439	66.8
攀 枝 花	Panzhihua	143900	50900	35.4	14	11703	69.3
泸 州	Luzhou	25400	19025	75.0	36	66887	71.6
德 阳	Deyang	33300			38	8855	64.3
绵 阳	Mianyang	83400	32040	38.4	27	23751	69.8
南 充	Nanchong	57100	3700	6.5	39	15580	67.1
宜 宾	Yibin	120500	27467	22.8	26	14960	67.4
贵 阳	Guiyang	285200	76753	26.9	44	137920	69.1
遵 义	Zunyi	125000			24		67.5
昆 明	Kunming	296400	19917	6.7	35	35144	67.1
曲 靖	Qujing	109600			41	19938	64.6
玉 溪	Yuxi	44700			30	9404	64.6
拉 萨	Lhasa	53000	14350	27.1	20	27909	69.1
西 安	Xi'an	202100	116247	57.5	38	222015	70.6
铜 川	Tongchuan	83900	28853	34.4	23	4774	68.5
宝 鸡	Baoji	88900	8593	9.7	16	5656	67.5
咸 阳	Xianyang	109600	1500	1.4	27	11500	66.6
渭 南	Weinan	48200			18	17166	65.1
延 安	Yan'an	7700			30	4920	62.4
兰 州	Lanzhou	125400	24988	19.9	23	173914	69.0
金 昌	Jinchang	39600			40	6127	62.9
西 宁	Xining	85700	14450	16.9	17	40385	69.4
银 川	Yinchuan	198800	35860	18.0	37	34336	67.5
石 嘴 山	Shizuishan	52400			23	11751	62.6
乌鲁木齐	Urumqi	378400	33264	8.8	27	81587	66.1
克拉玛依	Karamay	131000	9100	6.9	22	8912	65.1

11-14 环保重点城市区域环境噪声监测情况(2017年)
Monitoring of Urban Area Environmental Noise in Key Cities of Environmental Protection (2017)

城市	City	等效声级 dB(A) Average Noise Value dB(A)	城市	City	等效声级 dB(A) Average Noise Value dB(A)	城市	City	等效声级 dB(A) Average Noise Value dB(A)
北京	Beijing	53.2	温州	Wenzhou	54.8	深圳	Shenzhen	57.5
天津	Tianjin	53.9	湖州	Huzhou	53.7	珠海	Zhuhai	52.5
石家庄	Shijiazhuang	54.4	绍兴	Shaoxing	53.7	汕头	Shantou	57.1
唐山	Tangshan	51.9	合肥	Hefei	54.4	湛江	Zhanjiang	55.1
秦皇岛	Qinhuangdao	53.8	芜湖	Wuhu	54.4	南宁	Nanning	56.1
邯郸	Handan	53.1	马鞍山	Maanshan	55.6	柳州	Liuzhou	55.5
保定	Baoding	61.9	福州	Fuzhou	57.5	桂林	Guilin	52.2
太原	Taiyuan	53.2	厦门	Xiamen	55.2	北海	Beihai	54.2
大同	Datong	51.3	泉州	Quanzhou	56.0	海口	Haikou	56.0
阳泉	Yangquan	54.2	南昌	Nanchang	53.6	重庆	Chongqing	53.1
长治	Changzhi	52.1	九江	Jiujiang	55.2	成都	Chengdu	54.3
临汾	Linfen	52.4	济南	Jinan	53.7	自贡	Zigong	56.6
呼和浩特	Hohhot	54.0	青岛	Qingdao	57.3	攀枝花	Panzhihua	51.6
包头	Baotou	54.6	淄博	Zibo	53.6	泸州	Luzhou	53.2
赤峰	Chifeng	54.1	枣庄	Zaozhuang	55.5	德阳	Deyang	52.2
沈阳	Shenyang	54.8	烟台	Yantai	54.0	绵阳	Mianyang	56.3
大连	Dalian	55.0	潍坊	Weifang	55.3	南充	Nanchong	55.4
鞍山	Anshan	53.9	济宁	Jinin	51.5	宜宾	Yibin	54.3
抚顺	Fushun	53.1	泰安	Taian	55.1	贵阳	Guiyang	58.8
本溪	Benxi	54.8	日照	Rizhao	51.0	遵义	Zunyi	56.5
锦州	Jinzhou	53.3	郑州	Zhengzhou	56.0	昆明	Kunming	53.2
长春	Changchun	56.2	开封	Kaifeng	53.0	曲靖	Qujing	50.9
吉林	Jilin	53.3	洛阳	Luoyang	53.1	玉溪	Yuxi	53.7
哈尔滨	Harbin	59.3	平顶山	Pingdingshan	55.1	拉萨	Lhasa	48.2
齐齐哈尔	Qiqihar	53.5	安阳	Anyang	53.7	西安	Xi'an	56.5
牡丹江	Mudanjiang	54.7	焦作	Jiaozuo	53.8	铜川	Tongchuan	56.0
上海	Shanghai	55.7	三门峡	Sanmenxia	55.2	宝鸡	Baoji	56.4
南京	Nanjing	53.6	武汉	Wuhan	56.1	咸阳	Xianyang	57.9
无锡	Wuxi	56.8	宜昌	Yichang	52.3	渭南	Weinan	55.7
徐州	Xuzhou	55.7	荆州	Jingzhou	52.0	延安	Yan'an	54.8
常州	Changzhou	55.3	长沙	Changsha	53.3	兰州	Lanzhou	53.9
苏州	Suzhou	54.4	株洲	Zhuzhou	54.4	金昌	Jinchang	48.5
南通	Nantong	56.6	湘潭	Xiangtan	54.5	西宁	Xining	53.8
连云港	Lianyungang	52.7	岳阳	Yueyang	51.6	银川	Yinchuan	53.0
扬州	Yangzhou	53.8	常德	Changde	53.3	石嘴山	Shizuishan	48.7
镇江	Zhenjiang	53.8	张家界	Zhangjiajie	52.0	乌鲁木齐	Urumqi	54.4
杭州	Hangzhou	55.2	广州	Guangzhou	55.3	克拉玛依	Karamay	55.1
宁波	Ningbo	57.6	韶关	Shaoguan	56.7			

11-15 主要城市区域环境噪声声源构成情况(2017年)
Composition of Environmental Noises by Sources in Major Cities (2017)

单位: %, dB(A) (%, dB(A))

城市	City	交通噪声 Traffic Noise 所占比例 Percentage of Total	交通噪声 Traffic Noise 平均声级 Average Noise Value	工业噪声 Industry Noise 所占比例 Percentage of Total	工业噪声 Industry Noise 平均声级 Average Noise Value
北京	Beijing	21.7	57.4	3.8	53.1
天津	Tianjin	8.8	58.0	13.8	55.3
石家庄	Shijiazhuang	7.5	56.7	2.3	56.9
太原	Taiyuan	32.3	54.2	5.3	52.3
呼和浩特	Hohhot	15.9	60.9	4.5	54.1
沈阳	Shenyang	16.3	56.1	7.9	56.8
长春	Changchun	28.3	57.6	3.3	53.9
哈尔滨	Harbin	22.1	67.1	3.1	59.5
上海	Shanghai	16.9	58.0	10.0	57.5
南京	Nanjing	39.0	54.1	17.2	54.7
杭州	Hangzhou	21.6	55.4	5.2	57.2
合肥	Hefei	20.4	55.5	23.7	54.9
福州	Fuzhou	22.0	60.1	8.2	58.9
南昌	Nanchang	30.6	53.5	11.1	54.7
济南	Jinan	24.3	54.1	3.7	54.3
郑州	Zhengzhou	6.6	62.5	3.1	57.7
武汉	Wuhan	13.4	61.8	15.2	59.3
长沙	Changsha	22.6	55.5	6.5	55.4
广州	Guangzhou	31.1	57.7	18.5	55.7
南宁	Nanning	42.1	60.1	4.7	60.5
海口	Haikou	28.1	59.3	5.2	60.3
重庆	Chongqing	12.2	56.4	6.7	55.4
成都	Chengdu	11.0	58.4	8.9	54.2
贵阳	Guiyang	23.5	60.1	8.8	59.0
昆明	Kunming	35.0	54.9	3.7	52.4
拉萨	Lhasa				
西安	Xi'an	19.2	57.9	11.9	54.1
兰州	Lanzhou	35.1	54.9	3.9	55.1
西宁	Xining	56.7	53.8		
银川	Yinchuan	33.6	54.4	12.6	53.4
乌鲁木齐	Urumqi	33.9	56.6	8.0	53.6

11-15 续表 continued

单位: %，dB(A) (%, dB(A))

城市	City	施工噪声 Construction Noise		生活噪声 Household Noise	
		所占比例 Percentage of Total	平均声级 Average Noise Value	所占比例 Percentage of Total	平均声级 Average Noise Value
北京	Beijing	2.2	48.8	72.3	52.1
天津	Tianjin	0.9	57.3	76.5	53.2
石家庄	Shijiazhuang			90.3	54.1
太原	Taiyuan	6.2	53.6	56.2	52.8
呼和浩特	Hohhot	5.3	58.9	74.2	52.1
沈阳	Shenyang	3.8	59.1	72.1	54.1
长春	Changchun	0.8	57.6	67.5	55.7
哈尔滨	Harbin	1.8	55.1	73.0	57.4
上海	Shanghai			73.1	54.9
南京	Nanjing	0.7	53.1	43.1	52.9
杭州	Hangzhou	3.9	54.7	69.3	55.1
合肥	Hefei	3.5	55.3	52.3	53.8
福州	Fuzhou	0.4	58.7	69.4	56.5
南昌	Nanchang	2.3	52.4	56.0	53.6
济南	Jinan	2.3	52.0	69.6	53.6
郑州	Zhengzhou	0.3	58.4	90.0	55.8
武汉	Wuhan	3.9	60.2	67.6	53.9
长沙	Changsha	1.6	53.0	69.4	52.4
广州	Guangzhou	2.2	57.8	48.1	53.8
南宁	Nanning	14.0	58.0	39.3	52.3
海口	Haikou			66.7	54.3
重庆	Chongqing	0.4	55.1	80.7	52.4
成都	Chengdu	2.1	54.9	78.1	53.7
贵阳	Guiyang	9.2	58.2	58.5	58.3
昆明	Kunming	3.7	51.7	57.6	52.4
拉萨	Lhasa				
西安	Xi'an	9.3	54.9	59.6	56.7
兰州	Lanzhou	0.6	53.8	60.4	52.9
西宁	Xining	0.9	57.8	42.4	53.8
银川	Yinchuan	6.5	57.3	47.2	51.2
乌鲁木齐	Urumqi	4.0	55.5	54.0	53.1

十二、农村环境

Rural Environment

12-1 全国农村环境情况(2000-2017年)
Rural Environment (2000-2017)

年份 Year	农村改水累计受益人口(万人) Accumulative Benefiting Population from Drinking Water Improvement Projects (10 000 persons)	农村改水累计受益率(%) Proportion of Benefiting Population from Drinking Water Improvement (%)	累计使用卫生厕所户数(万户) Households with Access to Sanitation Lavatory (10 000 households)	卫生厕所普及率(%) Sanitation Lavatory Access Rate (%)	农村沼气池产气量(亿立方米) Production of Methane in Rural Areas (100 million cu.m)	太阳能热水器(万平方米) Water Heaters Using Solar Energy (10 000 sq.m)	太阳灶(台) Solar Kitchen Ranges (unit)
2000	88112	92.4	9572	44.8	25.9	1107.8	332390
2001	86113	91.0	11405	46.1	29.8	1319.4	388599
2002	86833	91.7	12062	48.7	37.0	1621.7	478426
2003	87387	92.7	12624	50.9	47.5	2464.8	526177
2004	88616	93.8	13192	53.1	55.7	2845.9	577625
2005	88893	94.1	13740	55.3	72.9	3205.6	685552
2006	86629	91.1	13873	55.0	83.6	3941.0	865238
2007	87859	92.1	14442	57.0	101.7	4286.4	1118763
2008	89447	93.6	15166	59.7	118.4	4758.7	1356755
2009	90251	94.3	16056	63.2	130.8	4997.1	1484271
2010	90834	94.9	17138	67.4	139.6	5488.9	1617233
2011	89971	94.2	18019	69.2	152.8	6231.9	2139454
2012	91208	95.3	18628	71.7	157.6	6801.8	2207246
2013	89938	95.6	19401	74.1	157.8	7294.6	2264356
2014	91511	95.8	19939	76.1	155.0	7782.9	2299635
2015			20684	78.4	153.9	8232.6	2325927
2016			21460	80.3	144.9	8623.7	2279387
2017			21701	81.7	123.8	8723.5	2222666

12-2 各地区农村改厕情况(2017年)
Sanitation Lavatory Improvement in Rural Area by Region(2017)

单位：万户 (10 000 households)

地区	Region	农村总户数 Total Rural Households	累计使用卫生厕所户数 Accumulative Households Sanitary Toilets	累计使用卫生公厕户数 Accumulative Households Using Sanitary Public Lavatories	卫生厕所普及率(%) Access Rate to Sanitary Toilets (%)	无害化卫生厕所普及率(%) Access Rate to Harmless Sanitary Toilets (%)
全国	**National Total**	**26549.7**	**21700.6**	**2997.7**	**81.7**	**62.5**
北京	Beijing	103.7	101.7	13.3	98.1	98.1
天津	Tianjin	131.4	122.4	14.9	93.2	93.2
河北	Hebei	1570.2	1151.5	87.1	73.3	51.8
山西	Shanxi	718.7	439.4	67.9	61.1	38.0
内蒙古	Inner Mongolia	442.6	344.7	99.4	77.9	33.5
辽宁	Liaoning	681.1	539.5	49.4	79.2	45.2
吉林	Jilin	424.9	346.3	41.3	81.5	27.9
黑龙江	Heilongjiang	584.2	421.8	76.7	72.3	15.8
上海	Shanghai	99.9	99.1	18.9	99.2	99.1
江苏	Jiangsu	1546.9	1514.4	82.5	97.9	92.5
浙江	Zhejiang	1184.9	1168.7	168.4	98.6	96.7
安徽	Anhui	1478.2	1091.4	248.7	73.8	45.3
福建	Fujian	753.8	716.3	52.4	95.0	93.5
江西	Jiangxi	858.1	805.4	147.1	93.9	77.7
山东	Shandong	2031.9	1876.3	92.9	92.3	78.5
河南	Henan	2052.0	1538.7	353.2	75.0	57.1
湖北	Hubei	1127.3	939.4	134.2	83.3	58.9
湖南	Hunan	1542.8	1273.7	33.0	82.6	43.8
广东	Guangdong	1511.2	1441.0	87.2	95.4	93.0
广西	Guangxi	1124.6	1029.6	85.1	91.6	86.5
海南	Hainan	142.0	122.5	4.0	86.3	85.3
重庆	Chongqing	619.1	409.6	182.7	66.2	66.2
四川	Sichuan	2088.6	1741.8	322.5	83.4	66.6
贵州	Guizhou	904.5	596.4	117.3	64.5	48.0
云南	Yunnan	994.3	731.2	218.1	73.5	45.6
西藏	Tibet	58.7	30.7		52.3	
陕西	Shaanxi	706.1	332.9	39.9	47.2	29.2
甘肃	Gansu	514.4	398.2	86.4	77.4	36.6
青海	Qinghai	96.1	66.5	8.6	69.2	19.7
宁夏	Ningxia	106.2	78.9	25.0	74.3	56.1
新疆	Xinjiang	351.5	230.5	39.7	65.6	48.0

资料来源：国家卫生健康委员会。
Source: National Health Commission.

12-2 续表 continued

单位：万元 (10 000 yuan)

地 区	Region	农村改厕投 资 Investment of Sanitation Lavatory Improvement	国家 State Investment	集体 Collective Investment	个人 Personal Investment	其他 Other Investment
全 国	**National Total**	**1905091**	**1171732**	**77109**	**601387**	**54864**
北 京	Beijing	1306	1306			
天 津	Tianjin	2533	2053		480	
河 北	Hebei	27599	17427	1861	6073	2237
山 西	Shanxi	18833	9375	1717	4413	3328
内蒙古	Inner Mongolia	42037	24165	318	14099	3456
辽 宁	Liaoning	19281	14866	533	3265	617
吉 林	Jilin	84976	79636	156		5184
黑龙江	Heilongjiang	5639	855	751	3911	123
上 海	Shanghai	6385	1914	4062	175	234
江 苏	Jiangsu	23764	20000	3764		
浙 江	Zhejiang	62103	27780	9622	22937	1763
安 徽	Anhui	110301	79612	5497	23468	1724
福 建	Fujian	48243	29149	1355	17562	177
江 西	Jiangxi	70864	29331	4094	34432	3007
山 东	Shandong	419744	386239	13190	14650	5666
河 南	Henan	43149	12701	4101	24541	1806
湖 北	Hubei	63092	25650	6008	29675	1760
湖 南	Hunan	65287	41318	2160	20133	1675
广 东	Guangdong	72669	2923	2345	65578	1824
广 西	Guangxi	207257	100470	1293	103659	1834
海 南	Hainan	37211	3305		33907	
重 庆	Chongqing	28736	16246	196	9739	2555
四 川	Sichuan	107300	63690	3468	35485	4657
贵 州	Guizhou	149778	115835	1758	31517	668
云 南	Yunnan	93969	38189	4277	50436	1068
西 藏	Tibet					
陕 西	Shaanxi	27237	10368	1215	14759	896
甘 肃	Gansu	29097	4701	913	21250	2234
青 海	Qinghai					
宁 夏	Ningxia	10319	7571	365	1750	633
新 疆	Xinjiang	26382	5057	2091	13495	5738

12-3 各地区农村可再生能源利用情况(2017年)
Use of Renewable Energy in Rural Area by Region (2017)

地 区 Region	沼气池产气总量(万立方米) Total Production of Methane (10 000 cu.m)	#处理农业废弃物沼气工程 Methane Generating Projects of Disposing Agricultural Wastes	太阳能热水器(万平方米) Water Heaters Using Solar Energy (10 000 sq.m)	太阳房(万平方米) Solar Energy Houses (10 000 sq.m)	太阳灶(台) Solar Kitchen Ranges (unit)	生活污水净化沼气池(个) Household Waste Water Purification and Methane Generating Tanks(unit)
全 国 National	**1237518.8**	**261724.2**	**8723.5**	**2541.0**	**2222666**	**184473**
北 京 Beijing	1001.6	1001.6	89.7	115.3	120	
天 津 Tianjin	2419.7	1546.7	41.7	0.7		
河 北 Hebei	45360.9	12789.6	682.9	122.1	39727	103
山 西 Shanxi	6068.2	1676.2	296.0	0.2	69105	
内 蒙 Inner Mongolia	4401.6	1803.3	68.2	82.7	55506	1
辽 宁 Liaoning	8484.6	4340.7	126.8	517.9	906	
吉 林 Jilin	1769.4		68.4	289.4	403	3
黑龙江 Heilongjiang	4945.2	4231.2	80.6	541.0	507	
上 海 Shanghai	1652.2	1652.2	90.2	5.0		
江 苏 Jiangsu	29666.2	18239.3	921.0	0.8		28857
浙 江 Zhejiang	8835.0	7558.2	677.3		40	67096
安 徽 Anhui	24400.4	4953.6	595.4			1687
福 建 Fujian	21300.1	5818.3	38.2			994
江 西 Jiangxi	51447.2	10519.0	215.1	0.7		1942
山 东 Shandong	61147.7	20987.3	1319.2	14.0	2973	143
河 南 Henan	111719.2	33292.6	635.1	2.0		337
湖 北 Hubei	91527.9	16452.8	340.9			1194
湖 南 Hunan	84462.2	12847.0	237.8	0.6		2009
广 东 Guangdong	25133.0	23537.0	85.2			1857
广 西 Guangxi	129702.5	5032.4	142.3			119
海 南 Hainan	34394.5	11628.1	389.2			
重 庆 Chongqing	36976.4	5683.6	69.0			11546
四 川 Sichuan	196156.7	35277.1	214.8	8.0	121259	65850
贵 州 Guizhou	45598.6	4280.3	89.0			440
云 南 Yunnan	133776.0	3153.5	486.8		264	164
西 藏 Tibet	4740.0	120.0	150.1		391563	4
陕 西 Shaanxi	24697.1	2571.6	221.4	0.2	243268	102
甘 肃 Gansu	33807.6	5412.3	154.0	316.6	759148	25
青 海 Qinghai	2587.3	187.3	14.9	505.2	258259	
宁 夏 Ningxia	1670.0	701.6	128.6	9.4	270206	
新 疆 Xinjiang	7670.0	4430.0	53.7	9.4	9412	

资料来源：农业农村部。
Source: Ministry of Agriculture and Rural Affairs.

12-4 各地区耕地灌溉面积和农用化肥施用情况(2017年)
Irrigated Area of Cultivated Land and Consumption of Chemical Fertilizers by Region (2017)

地 区	Region	耕地灌溉面积(千公顷) Irrigated Area of Cultivated Land (1 000 hectares)	化 肥 施用量(万吨) Consumption of Chemical Fertilizers (10 000 tons)	氮 肥 Nitrogenous Fertilizer	磷 肥 Phosphate Fertilizer	钾 肥 Potash Fertilizer	复合肥 Compound Fertilizer
全 国	**National Total**	**67815.6**	**5859.4**	**2221.8**	**797.6**	**619.7**	**2220.3**
北 京	Beijing	115.5	8.5	3.8	0.5	0.4	3.8
天 津	Tianjin	306.6	18.0	6.6	2.3	1.5	7.6
河 北	Hebei	4474.7	322.0	140.3	43.7	26.8	111.2
山 西	Shanxi	1511.2	112.0	28.2	13.1	9.7	61.0
内蒙古	Inner Mongolia	3174.8	235.0	94.9	43.5	19.5	77.1
辽 宁	Liaoning	1610.6	145.5	56.9	10.0	11.7	66.8
吉 林	Jilin	1893.1	231.0	63.3	6.5	15.1	146.1
黑龙江	Heilongjiang	6031.0	251.2	85.5	52.6	35.6	77.6
上 海	Shanghai	190.8	8.9	4.3	0.6	0.4	3.6
江 苏	Jiangsu	4131.9	303.9	151.4	36.8	18.2	97.5
浙 江	Zhejiang	1444.7	82.6	42.9	9.3	6.6	23.8
安 徽	Anhui	4504.1	318.7	100.7	32.4	29.7	155.9
福 建	Fujian	1064.8	116.3	44.4	16.5	23.0	32.5
江 西	Jiangxi	2039.4	135.0	38.1	20.5	20.3	56.0
山 东	Shandong	5191.1	440.0	139.2	45.2	38.3	217.2
河 南	Henan	5273.6	706.7	220.0	108.1	58.3	320.3
湖 北	Hubei	2919.2	317.9	128.2	54.6	30.1	105.0
湖 南	Hunan	3145.9	245.3	97.9	26.0	42.0	79.3
广 东	Guangdong	1774.6	258.3	103.6	24.8	50.7	79.2
广 西	Guangxi	1669.9	263.8	76.0	31.0	58.4	98.3
海 南	Hainan	289.3	51.4	15.6	3.4	9.0	23.4
重 庆	Chongqing	694.3	95.5	47.2	16.9	5.5	25.8
四 川	Sichuan	2873.1	242.0	117.0	47.1	17.6	60.2
贵 州	Guizhou	1114.1	95.7	46.5	11.5	9.2	28.4
云 南	Yunnan	1851.4	231.9	112.9	34.7	26.2	58.1
西 藏	Tibet	261.2	5.5	1.8	1.0	0.3	2.3
陕 西	Shaanxi	1263.1	232.1	90.0	18.6	24.3	99.2
甘 肃	Gansu	1331.4	84.5	34.1	15.6	7.6	27.2
青 海	Qinghai	206.6	8.7	3.5	1.5	0.2	3.5
宁 夏	Ningxia	511.5	40.8	17.4	4.3	2.8	16.3
新 疆	Xinjiang	4952.3	250.7	109.6	64.9	20.4	55.8

资料来源：国家统计局(下表同)。
Source: National Bureau of Statistics (the same as in the following table).

12-5 各地区农用塑料薄膜和农药使用量情况(2017年)
Use of Agricultural Plastic Film and Pesticide by Region (2017)

地 区	Region	塑料薄膜使用量(吨) Use of Agricultural Plastic Film (ton)	地膜使用量(吨) Use of Plastic Film for Covering Plants (ton)	地膜覆盖面积(公顷) Area Covered by Plastic Film (hectare)	农药使用量(吨) Use of Pesticide (ton)
全 国	**National Total**	**2528365**	**1436606**	**18657169**	**1655066**
北 京	Beijing	8973	2342	11620	2726
天 津	Tianjin	10906	3751	53711	2353
河 北	Hebei	128100	61564	1000371	77623
山 西	Shanxi	49998	31734	588132	28831
内蒙古	Inner Mongolia	94306	77593	1333222	35618
辽 宁	Liaoning	124791	37906	310755	57474
吉 林	Jilin	60752	29874	192955	56294
黑龙江	Heilongjiang	79770	31185	284710	83218
上 海	Shanghai	15664	3800	16551	3523
江 苏	Jiangsu	115085	44986	601693	73167
浙 江	Zhejiang	67891	28945	157958	46303
安 徽	Anhui	97601	43089	427543	99394
福 建	Fujian	62415	31882	140238	52167
江 西	Jiangxi	53509	33198	133656	87737
山 东	Shandong	287098	114244	1989055	140670
河 南	Henan	157298	73023	984362	120713
湖 北	Hubei	65876	37585	404130	109588
湖 南	Hunan	85209	56594	724379	116023
广 东	Guangdong	45867	26708	139083	112958
广 西	Guangxi	47693	36300	574517	72495
海 南	Hainan	27642	16643	48735	33408
重 庆	Chongqing	45479	24642	256632	17467
四 川	Sichuan	130993	90949	996719	55751
贵 州	Guizhou	51138	31901	320498	13399
云 南	Yunnan	120150	96235	1065242	57675
西 藏	Tibet	1870	1478	3175	1076
陕 西	Shaanxi	43954	22322	436924	13335
甘 肃	Gansu	172188	108388	1388762	51995
青 海	Qinghai	8416	6699	76380	1875
宁 夏	Ningxia	15087	11580	199574	2540
新 疆	Xinjiang	252646	219467	3795886	27670

附录一、人口资源环境主要统计指标

APPENDIX Ⅰ. Main Indicators of Population, Resource & Environment Statistics

附录1　人口资源环境主要统计指标
Main Indicators of Population, Resources & Environment Statistics

指　标	Indicator	2015	2016	2017
1.人口构成	**Population Structure**			
总人口 (万人)	Population (10 000 persons)	137462	138271	139008
城镇	Urban	77116	79298	81347
乡村	Rural	60346	58973	57661
2.土地资源	**Land Resource**			
耕地面积 (万公顷)	Cultivated Land (10 000 hectares)	13499.9	13492.1	13488.1
人均耕地面积 (亩)	Cultivated Land per Capita (mu)	1.47	1.46	1.46
3.水资源	**Water Resource**			
水资源总量 (亿立方米)	Water Resources (100 million cu.m)	27962.6	32466.4	28761.2
人均水资源量 (立方米/人)	Per Capita Water Resources (cu.m/person)	2039.2	2354.9	2074.5
用水总量 (亿立方米)	Water Use (100 million cu.m)	6103.2	6040.2	6043.4
#工业用水量	Industry	1334.8	1308.0	1277.0
人均用水量 (立方米/人)	Per Capita Water Use (cu.m/person)	445.1	438.1	435.9
单位GDP用水量 (立方米/万元)	Water Use /GDP (cu.m/10 000 yuan)	88.6	82.1	76.9
单位工业增加值用水量 (立方米/万元)	Water Use/Value Added of Industry (cu.m/10 000 yuan)	56.4	52.2	47.9
4.森林资源	**Forest Resource**			
森林面积 (万公顷)	Forest Area (10 000 hectares)	20768.7	20768.7	20768.7
森林覆盖率 (%)	Forest Coverage Rate (%)	21.63	21.63	21.63
活立木总蓄积量 (亿立方米)	Standing Forest Stock (100 million cu.m)	164.3	164.3	164.3
森林蓄积量 (亿立方米)	Stock Volume of Forest (100 million cu.m)	151.4	151.4	151.4
人均森林面积 (公顷/人)	Per Capita Forest Area (hectare/person)	0.15	0.15	0.15
5.能源	**Energy**			
一次能源生产量 (万吨标准煤)	Primary Energy Production (10 000 tce)	361476	346037	359000
构成(能源生产总量=100)	Composition (Energy Production=100)			
原煤 (%)	Raw Coal (%)	72.2	69.8	69.6
原油 (%)	Crude Oil (%)	8.5	8.2	7.6
天然气 (%)	Natural Gas (%)	4.8	5.2	5.4
一次电力及其他 (%)	Primary Electricity & Others (%)	14.5	16.8	17.4
人均能源生产量(千克标准煤/人)	Per Capita Energy Production (kgce/person)	2636	2510	2589
能源消费总量 (万吨标准煤)	Total Energy Consumption (10 000 tce)	429905	435819	449000
构成(能源生产总量=100)	Composition (Energy Consumption=100)			
煤炭 (%)	Coal (%)	63.7	62.0	60.4
石油 (%)	Petroleum (%)	18.3	18.5	18.8
天然气 (%)	Natural Gas (%)	5.9	6.2	7.0
一次电力及其他 (%)	Primary Electricity & Others (%)	12.1	13.3	13.8

附录1 续表 continued

指　　标	Indicator	2015	2016	2017
人均能源消费量(千克标准煤／人)	Per Capita Energy Consumption (kgce/person)	3135	3161	3239
能源生产弹性系数	Elasticity Ratio of Energy Production			0.52
能源消费弹性系数	Elasticity Ratio of Energy Consumption	0.14	0.21	0.42
电力生产弹性系数	Elasticity Ratio of Electric Power Production	0.42	0.84	0.86
电力消费弹性系数	Elasticity Ratio of Electric Power Consumption	0.42	0.84	0.96
单位国内生产总值能源消费量 (吨标准煤／万元)	Energy Consumption/GDP (tce/10 000 yuan)	0.62	0.59	0.57
6.污染物排放	**Pollutant Discharge**			
废水排放量 (亿吨)	Waste Water Discharge (100 million tons)	735.3		
化学需氧量排放量 (万吨)	COD Discharge (10 000 tons)	2223.5		
氨氮排放量 (万吨)	Ammonia Nitrogen Discharge (10 000 tons)	229.9		
二氧化硫排放量 (万吨)	Sulphur Dioxide Emission (10 000 tons)	1859.1		
氮氧化物排放量 (万吨)	Nitrogen Oxides Emission (10 000 tons)	1851.0		
一般工业固体废物倾倒丢弃量 (万吨)	Common Industry Solid Wastes Discharged (10 000 tons)	55.8		
单位国内生产总值废水排放量 (吨／万元)	Waste Water Discharge/GDP (ton/10 000 yuan)	10.7		
单位国内生产总值化学需氧量排放量 (千克／万元)	COD Discharge/GDP (kg/10 000 yuan)	3.2		
单位国内生产总值氨氮排放量 (千克／万元)	Ammonia Nitrogen Discharge/GDP (kg/10 000 yuan)	0.3		
单位国内生产总值二氧化硫排放量 (千克／万元)	Emission of SO2/GDP (kg/10 000 yuan)	2.7		
单位国内生产总值氮氧化物排放量 (千克／万元)	Emission of Nitrogen Oxides/GDP (kg/10 000 yuan)	2.7		
城市生活垃圾清运量 (万吨)	Urban Garbage Disposal (10 000 tons)	19142	20362	21521
7.污染治理投资	**Investment in Treatment of Environmental Pollution**			
环境污染治理投资 (亿元)	Investment in Anti-pollution Projects (100 milliom yuan)	8806	9220	9539
环境污染治理投资占GDP比重 (%)	Investment in Anti-pollution Projects as Percentage of GDP (%)	1.28	1.24	1.15

注：1.国内生产总值按2015年可比价格计算。
　　2.2017年能源相关指标数据为初步数。

Note: a)Figures of GDP is of 2015 price.
　　b)The figures of energy indicators of 2017 are preliminary statistics.

附录二、“十三五”时期资源环境指标

APPENDIX II.
Main Resources & Environmental Indicators in the 13th Five-year Plan

附录2 “十三五”规划资源环境主要指标
Indicators on Resources & Environment in the 13th Five-year Plan

指 标	Item	2015	2020	年均增速[累计] Annual Growth Rate [Cumulative]	属 性 Attribute
耕地保有量 (亿亩)	Total Cultivated Land (100 million mu)	18.65	18.65	[0]	约束性 Obligatory
新增建设用地规模 (万亩)	Area of New Construction Land (1 0000 mu)	—	—	[<3256]	约束性 Obligatory
万元GDP用水量下降 (%)	Reduction of Water Use per unit GDP (%)	—	—	[23]	约束性 Obligatory
单位GDP能源消耗降低 (%)	Reduction of Energy Consumption per unit GDP (%)	—	—	[15]	约束性 Obligatory
非化石能源占一次能源消费比重 (%)	Proportion of Consumption on Non-fossil Energy to Primary Energy (%)	12	15	[3]	约束性 Obligatory
单位GDP二氧化碳排放降低 (%)	Reduction of CO_2 Emission per unit GDP (%)	—	—	[18]	约束性 Obligatory
森林发展 Forest Development	森林覆盖率(%) Forest Coverage Rate (%)	21.66	23.04	[1.38]	约束性
	森林蓄积量 (亿立方米) Stock Volume of Forest (100 million cu.m)	151	165	[14]	Obligatory
空气质量 Air Quality	地级及以上城市空气质量优良天数比率(%) Proportion of Good Air Quality Days in Cities at Prefecture Level or Above (%)	76.7	>80	—	约束性 Obligatory
	细颗粒物($PM_{2.5}$)未达标地级及以上城市浓度下降 (%) Reduction of $PM_{2.5}$ Concentration in Cities Fail the Standard at Prefecture Level or Above (%)	—	—	[18]	
地表水质量 Surface Water Quality	达到或好于III类水体比例 (%) Proportion of Water Quality Reach or Better than Grade III (%)	66	>70	—	约束性 Obligatory
	劣V类水体比例 (%) Proportion of Water Quality Worse than Grade V (%)	9.7	<5	—	
主要污染物排放总量减少(%) Reduction of Total Major Pollutants Emission Volume (%)	化学需氧量 COD	—	—	[10]	约束性 Obligatory
	氨氮 Ammonia Nitrogen			[10]	
	二氧化硫 SO_2			[15]	
	氮氧化物 NO_x			[15]	

注：国内生产总值按可比价格计算；[ ]内为五年累计数；$PM_{2.5}$未达标指年均值超过35微克/立方米。

Note: Figures of GDP is of 2015 price; those in [ ] are accumulative figures in five years; $PM_{2.5}$ fail the standard refers to annual average over 35mg/cu.m.

附录三、东中西部地区主要环境指标

APPENDIX III .
Main Environmental Indicators by Eastern, Central & Western

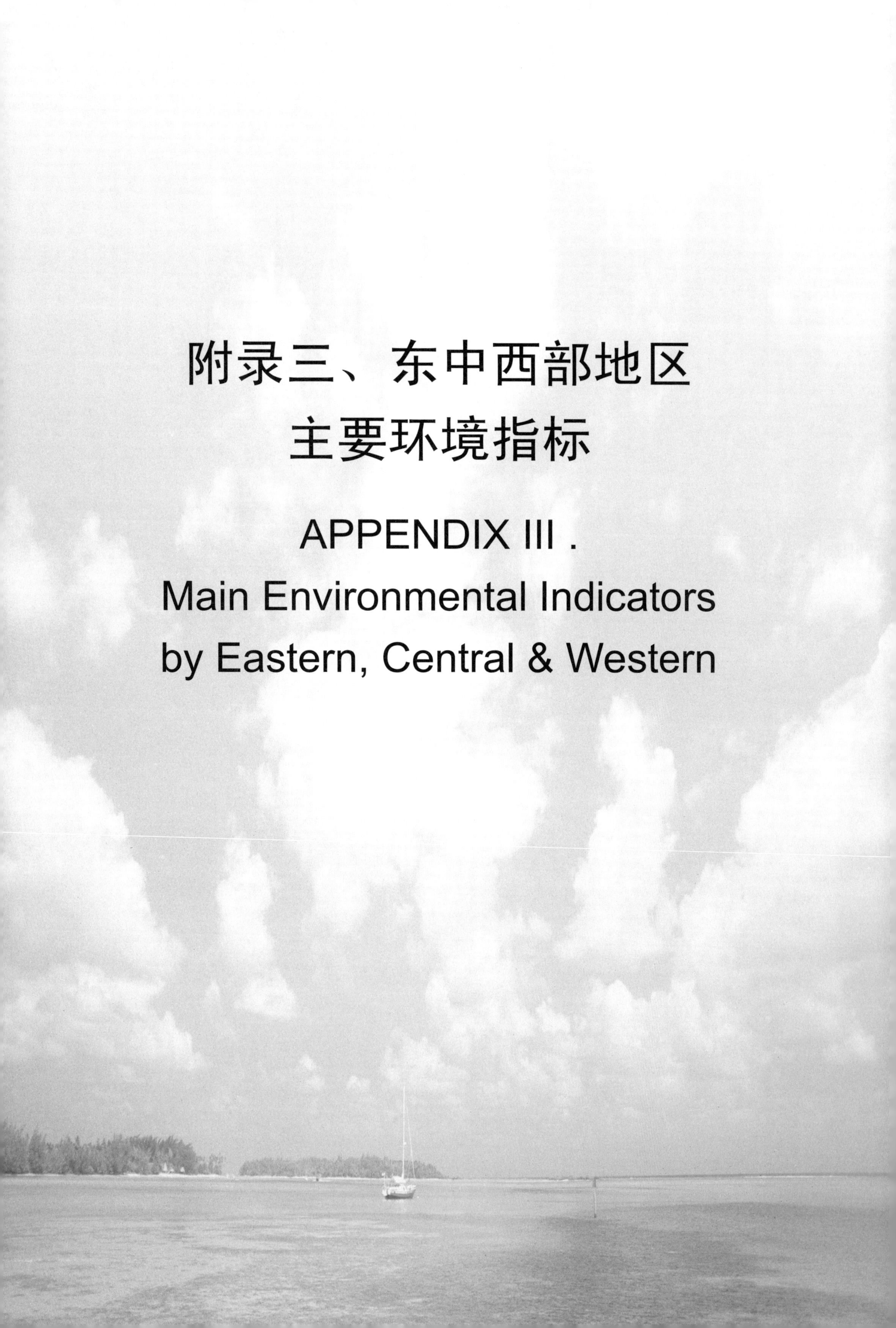

附录3-1 东中西部地区水资源情况(2017年)

Water Resources by Eastern,Central & Western (2017)

单位：亿立方米 (100 million cu.m)

区域 Area	地区	Region	水资源总量 Total Amount of Water Resources	地表水 Surface Water Resources	地下水 Ground Water Resources	地表水与地下水重复量 Duplicated Measurement of Surface Water and Groundwater	人均水资源量（立方米/人） per Capita Water Resources (cu.m/person)
	全　国	**National Total**	**28761.2**	**27746.3**	**8309.6**	**7294.7**	**2074.5**
东部 Eastern	**东部小计**	**Eastern Total**	**4955.0**	**4636.7**	**1446.3**	**1128.0**	**932.1**
	北　京	Beijing	29.8	12.0	20.4	2.6	137.2
	天　津	Tianjin	13.0	8.8	5.5	1.3	83.4
	河　北	Hebei	138.3	60.0	116.3	38.0	184.5
	上　海	Shanghai	34.0	27.8	9.2	3.0	140.6
	江　苏	Jiangsu	392.9	295.4	114.5	17.0	490.3
	浙　江	Zhejiang	895.3	881.9	204.3	190.9	1592.1
	福　建	Fujian	1055.6	1054.2	287.5	286.1	2711.9
	山　东	Shandong	225.6	139.1	151.1	64.6	226.1
	广　东	Guangdong	1786.6	1777.0	440.7	431.1	1611.9
	海　南	Hainan	383.9	380.5	96.8	93.4	4165.7
中部 Central	**中部小计**	**Central Total**	**6154.5**	**5879.0**	**1646.9**	**1371.4**	**1672.2**
	山　西	Shanxi	130.2	87.8	104.1	61.7	352.7
	安　徽	Anhui	784.9	717.8	201.0	133.9	1260.8
	江　西	Jiangxi	1655.1	1637.2	379.5	361.6	3592.5
	河　南	Heinan	423.1	311.2	206.5	94.6	443.2
	湖　北	Hubei	1248.8	1219.3	319.0	289.5	2118.9
	湖　南	Hunan	1912.4	1905.7	436.8	430.1	2795.5
西部 Western	**西部小计**	**Western Total**	**16328.2**	**16103.1**	**4723.3**	**4498.2**	**4347.9**
	内蒙古	Inner Mongolia	309.9	194.1	207.3	91.5	1227.5
	广　西	Guangxi	2388.0	2386.0	446.6	444.6	4912.1
	重　庆	Chongqing	656.1	656.1	116.1	116.1	2142.9
	四　川	Sichuan	2467.1	2466.0	607.5	606.4	2978.9
	贵　州	Guizhou	1051.5	1051.5	260.8	260.8	2947.4
	云　南	Yunnan	2202.6	2202.6	762.0	762.0	4602.4
	西　藏	Tibet	4749.9	4749.9	1086.0	1086.0	142311.3
	陕　西	Shaanxi	449.1	422.6	141.6	115.1	1174.5
	甘　肃	Gansu	238.9	231.8	133.4	126.3	912.5
	青　海	Qinghai	785.7	764.3	355.7	334.3	13188.9
	宁　夏	Ningxia	10.8	8.7	19.3	17.2	159.2
	新　疆	Xinjiang	1018.6	969.5	587.0	537.9	4206.4
东北 Northeast	**东北小计**	**Northeast Total**	**1323.2**	**1127.3**	**493.1**	**297.2**	**1214.8**
	辽　宁	Liaoning	186.3	161.0	86.6	61.3	426.0
	吉　林	Jilin	394.4	339.8	133.3	78.7	1447.3
	黑龙江	Heilongjiang	742.5	626.5	273.2	157.2	1957.1

资料来源：水利部。
Source:Ministry of Water Resource.

附录3-2 东中西部地区环境污染治理投资情况(2017年)

Investment in the Treatment of Evironmental Pollution by Eastern,Central & Western (2017)

单位：亿元 (100 million yuan)

区域 Area	地区 Region		环境污染治理投资总额 Total Investment in Treatment of Environmental Pollution	城市环境基础设施建设投资 Investment in Urban Environment Infrastructure Facilities	工业污染源治理投资 Investment in Treatment of Industrial Pollution Sources	当年完成环保验收项目环保投资 Environmental Protection Investment in the Environmental Protection Acceptance Projects in the Year	环境污染治理投资占GDP比重(%) Investment in Anti-pollution Projects as Percentage of GDP (%)
	全　国	**National Total**	**9539.0**	**6085.7**	**681.5**	**2771.7**	**1.15**
	东部小计	**Eastern Total**	**4264.5**	**2516.4**	**357.6**	**1390.6**	**0.95**
	北　京	Beijing	665.4	640.0	15.7	9.7	2.38
	天　津	Tianjin	71.2	44.3	7.8	19.0	0.38
	河　北	Hebei	605.8	311.9	34.3	259.6	1.68
	上　海	Shanghai	160.4	97.5	44.8	18.1	0.53
东　部	江　苏	Jiangsu	715.4	363.6	44.8	307.0	0.83
Eastern	浙　江	Zhejiang	452.9	284.1	36.9	131.9	0.87
	福　建	Fujian	224.4	145.5	14.7	64.1	0.69
	山　东	Shandong	948.8	442.5	113.1	393.2	1.31
	广　东	Guangdong	366.2	146.8	42.0	177.4	0.41
	海　南	Hainan	54.1	40.1	3.4	10.5	1.21
	中部小计	**Central Total**	**2393.8**	**1705.8**	**164.6**	**523.5**	**1.33**
	山　西	Shanxi	278.2	148.1	51.5	78.6	1.86
	安　徽	Anhui	505.0	369.3	25.9	109.8	1.84
中　部	江　西	Jiangxi	315.5	239.3	10.6	65.7	1.52
Central	河　南	Heinan	641.3	483.1	50.5	107.7	1.43
	湖　北	Hubei	434.5	304.5	17.5	112.6	1.19
	湖　南	Hunan	219.3	161.5	8.6	49.2	0.63
	西部小计	**Western Total**	**2435.3**	**1588.9**	**128.1**	**718.3**	**1.42**
	内蒙古	Inner Mongolia	419.6	278.4	42.1	99.0	2.61
	广　西	Guangxi	184.1	145.1	7.6	31.5	0.90
	重　庆	Chongqing	222.1	143.4	6.1	72.7	1.14
	四　川	Sichuan	308.2	220.3	12.7	75.2	0.83
	贵　州	Guizhou	216.7	86.0	5.3	125.4	1.60
西　部	云　南	Yunnan	142.6	101.1	6.0	35.5	0.86
Western	西　藏	Tibet	27.2	26.8	0.1	0.3	2.07
	陕　西	Shaanxi	314.5	213.2	17.2	84.1	1.44
	甘　肃	Gansu	89.3	61.0	7.5	20.9	1.16
	青　海	Qinghai	41.1	17.9	1.5	21.7	1.55
	宁　夏	Ningxia	84.4	44.8	8.6	31.1	2.44
	新　疆	Xinjiang	385.5	250.9	13.5	121.1	3.53
	东北小计	**Northeast Total**	**442.1**	**274.7**	**31.2**	**136.2**	**0.80**
东　北	辽　宁	Liaoning	219.2	128.4	13.0	77.7	0.92
Northeast	吉　林	Jilin	91.6	61.8	9.1	20.7	0.60
	黑龙江	Heilongjiang	131.4	84.5	9.1	37.7	0.81

资料来源：生态环境部、住房和城乡建设部。
Source: Ministry of Ecology and Environment, Ministry of Housing and Urban-Rural Development.

附录3-3　东中西部地区城市环境情况(2017年)

Urban Environment by Eastern,Central & Western (2017)

区　域 Area	地　区 Region	城市污水排放量(万立方米) Volume of Municipal Sewage Discharge (10 000 cu.m)	城市污水处理率(%) Rate of Municipal Sewage Discharge (%)	城市燃气普及率(%) Gas Access Rate (%)	生活垃圾无害化处理率(%) Domestic Garbage Harmless Disposal Rate (%)
	全　　国 National Total	**4923895**	**94.5**	**96.3**	**97.7**
	东部小计 Eastern Total	**2599042**	**95.1**	**98.9**	**99.3**
	北　　京 Beijing	177677	97.5	100.0	99.9
	天　　津 Tianjin	99719	92.6	100.0	94.4
	河　　北 Hebei	165919	97.8	98.8	99.8
	上　　海 Shanghai	229526	94.5	100.0	100.0
东　部	江　　苏 Jiangsu	427700	95.3	99.7	100.0
Eastern	浙　　江 Zhejiang	303802	95.0	100.0	100.0
	福　　建 Fujian	123006	92.2	97.5	99.4
	山　　东 Shandong	327755	97.0	99.6	100.0
	广　　东 Guangdong	712678	94.5	96.9	98.0
	海　　南 Hainan	31260	86.8	98.3	100.0
	中部小计 Central Total	**920966**	**95.7**	**96.1**	**99.0**
	山　　西 Shanxi	73861	92.6	98.3	94.9
	安　　徽 Anhui	153008	97.3	98.6	99.9
中　部	江　　西 Jiangxi	91989	95.4	97.4	97.6
Central	河　　南 Heinan	191080	96.9	94.0	99.7
	湖　　北 Hubei	221887	94.6	97.1	99.9
	湖　　南 Hunan	189141	95.5	93.5	99.8
	西部小计 Western Total	**931494**	**93.0**	**92.0**	**97.1**
	内 蒙 古 Inner Mongolia	65960	95.6	96.0	99.4
	广　　西 Guangxi	135948	94.0	97.8	99.9
	重　　庆 Chongqing	112096	95.5	96.4	99.4
	四　　川 Sichuan	213866	91.5	91.2	98.5
	贵　　州 Guizhou	58609	94.8	87.7	95.2
西　部	云　　南 Yunnan	90431	94.1	75.9	92.7
Western	西　　藏 Tibet	8648	89.0	56.8	95.4
	陕　　西 Shaanxi	97919	92.4	93.6	99.0
	甘　　肃 Gansu	38959	94.9	90.6	98.4
	青　　海 Qinghai	16496	79.3	94.2	94.8
	宁　　夏 Ningxia	24691	95.3	91.7	99.1
	新　　疆 Xinjiang	67871	89.3	98.3	88.6
	东北小计 Northeast Total	**472393**	**92.1**	**93.4**	**87.3**
东　北	辽　　宁 Liaoning	255291	93.3	97.1	99.1
Northeast	吉　　林 Jilin	105963	91.3	93.0	71.8
	黑 龙 江 Heilongjiang	111139	90.0	87.8	82.7

资料来源：住房和城乡建设部。
Source:Ministry of Housing and Urban-Rural Derelopment.

附录3-4　东中西部地区农村环境情况(2017年)

Rural Environment by Eastern,Central & Western (2017)

区　域 Area	地　区	Region	卫生厕所普及率 (%) Access Rate to Sanitary Lavatory (%)	无害化卫生厕所普及率 (%) Access Rate to Harmless Sanitary Lavatory (%)	农村改厕投资 (万元) Investment of Sanitation Lavatory Improvement (10 000 yuan))
	全　国	**National Total**	**81.74**	**62.54**	**1905091**
东　部 Eastern	**东部小计**	**Eastern Total**	**91.60**	**83.07**	**701557**
	北　京	Beijing	98.11	98.11	1306
	天　津	Tianjin	93.17	93.17	2533
	河　北	Hebei	73.33	51.76	27599
	上　海	Shanghai	99.18	99.07	6385
	江　苏	Jiangsu	97.89	92.47	23764
	浙　江	Zhejiang	98.64	96.65	62103
	福　建	Fujian	95.02	93.54	48243
	山　东	Shandong	92.34	78.52	419744
	广　东	Guangdong	95.36	93.04	72669
	海　南	Hainan	86.27	85.28	37211
中　部 Central	**中部小计**	**Central Total**	**78.28**	**53.00**	**371526**
	山　西	Shanxi	61.14	38.03	18833
	安　徽	Anhui	73.83	45.34	110301
	江　西	Jiangxi	93.85	77.70	70864
	河　南	Heinan	74.98	57.11	43149
	湖　北	Hubei	83.33	58.94	63092
	湖　南	Hunan	82.56	43.79	65287
西　部 Western	**西部小计**	**Western Total**	**74.66**	**55.58**	**722112**
	内 蒙 古	Inner Mongolia	77.88	33.53	42037
	广　西	Guangxi	91.56	86.45	207257
	重　庆	Chongqing	66.16	66.16	28736
	四　川	Sichuan	83.40	66.59	107300
	贵　州	Guizhou	64.49	48.00	149778
	云　南	Yunnan	73.54	45.56	93969
	西　藏	Tibet	52.26		
	陕　西	Shaanxi	47.15	29.24	27237
	甘　肃	Gansu	77.42	36.60	29097
	青　海	Qinghai	69.17	19.66	
	宁　夏	Ningxia	74.33	56.14	10319
	新　疆	Xinjiang	65.58	48.03	26382
东　北 Northeast	**东北小计**	**Northeast Total**	**77.40**	**30.70**	**109897**
	辽　宁	Liaoning	79.22	45.21	19281
	吉　林	Jilin	81.51	27.92	84976
	黑 龙 江	Heilongjiang	72.30	15.80	5639

资料来源:国家卫生健康委员会。
Source: National Health Commission.

附录四、世界主要国家和地区环境统计指标

APPENDIX IV.
Main Environmental Indicators of the World's Major Countries and Regions

附录4-1　淡水资源(2014年)

国家或地区	Country or Area	淡水抽取量（亿立方米）Total Freshwater Withdrawals (100 million m^3)	人均可再生淡水资源（立方米）Renewable Internal Freshwater Resources per Capita (m^3)
阿富汗	Afghanistan	20.3	1491
阿尔巴尼亚	Albania	1.3	9296
阿尔及利亚	Algeria	8.4	289
美属萨摩亚	American Samoa		
安道尔	Andorra		4336
安哥拉	Angola	0.7	6109
安提瓜和巴布达	Antigua and Barbuda		572
阿根廷	Argentina	37.8	6794
亚美尼亚	Armenia	2.9	2282
荷兰	Aruba		
澳大利亚	Australia	19.8	20968
奥地利	Austria	3.7	6439
阿塞拜疆	Azerbaijan	12.0	851
巴哈马	Bahamas		1827
巴林	Bahrain	0.4	3
孟加拉国	Bangladesh	35.9	660
巴巴多斯	Barbados	0.1	282
白俄罗斯	Belarus	1.5	3585
比利时	Belgium	6.2	1068
伯利兹	Belize	0.1	43389
贝宁	Benin	0.1	972
百慕大	Bermuda		
不丹	Bhutan	0.3	101960
玻利维亚	Bolivia	2.1	28735
波黑	Bosnia and Herzegovina	0.3	9299
博茨瓦纳	Botswana	0.2	1081
巴西	Brazil	74.8	27470
文莱	Brunei Darussalam	0.1	20364
保加利亚	Bulgaria	6.1	2907
布基纳法索	Burkina Faso	0.8	711
布隆迪	Burundi	0.3	930
佛得角	Cabo Verde		584
柬埔寨	Cambodia	2.2	7868
喀麦隆	Cameroon	1.0	11988
加拿大	Canada	38.8	80183
开曼群岛	Cayman Islands		
中非	Central African Republic	0.1	29349
乍得	Chad	0.9	1104
海峡群岛	Channel Islands		
智利	Chile	35.4	49824
中国	China	554.1	2062
中国香港	Hong Kong SAR, China		
中国澳门	Macao SAR, China		
哥伦比亚	Colombia	11.8	44883
科摩罗	Comoros		1558
刚果民主共和国	Congo, Dem. Rep.	0.7	12020
刚果	Congo, Rep.		49279
哥斯达黎加	Costa Rica	2.4	23751
科特迪瓦	Cote d'Ivoire	1.5	3468
克罗地亚	Croatia	0.6	8895
古巴	Cuba	7.0	3350

资料来源：世界银行WDI数据库。
Source: World Bank WDI Database.

Freshwater (2014)

年度淡水抽取量 Freshwater Withdrawals			
占水资源总量的比重 (%) % of Internal Resources	农业用水 % for Agriculture	工业用水 % for Industry	生活用水 % for Domestic
43.0	99	1	1
4.9	39	18	43
74.9	59	5	36
0.5	21	34	45
22.1	16	22	63
12.9	74	11	15
42.9	39	4	30
4.0	66	13	22
6.6	3	79	18
147.5	84	19	4
8935.0	45	6	50
34.2	88	2	10
101.3	68	8	25
4.5	32	32	36
51.5	1	88	11
0.7	68	21	11
1.3	45	23	32
0.4	94	1	5
0.7	92	2	7
0.9		15	
8.1	41	18	41
1.3	60	17	23
1.1	6		
29.1	16	68	16
6.5	51	3	46
2.9	77	6	17
7.3	91	2	7
1.8	94	2	4
0.4	76	7	17
1.4	12	80	14
0.1	1	17	83
5.9	76	12	12
4.0	83	13	4
19.7	65	23	12
0.5	54	19	27
0.8	47	5	48
0.1	11	21	68
	9	22	70
2.1	57	11	32
2.0	38	21	41
1.7	1	14	85
18.3	65	11	24

附录4-1　续表 1

国家或地区	Country or Area	淡水抽取量（亿立方米）Total Freshwater Withdrawals (100 million m^3)	人均可再生淡水资源（立方米）Renewable Internal Freshwater Resources per Capita (m^3)
库拉索岛	Curacao		
塞浦路斯	Cyprus	0.2	676
捷克	Czech Republic	1.8	1249
丹麦	Denmark	0.7	1063
吉布提	Djibouti		342
多米尼加	Dominica		2765
多米尼加共和国	Dominican Republic	7.2	2258
厄瓜多尔	Ecuador	9.9	27819
埃及	Egypt, Arab Rep.	68.3	20
萨尔瓦多	El Salvador	2.1	2559
赤道几内亚	Equatorial Guinea		31673
厄立特里亚	Eritrea	0.6	635
爱沙尼亚	Estonia	1.6	9669
埃塞俄比亚	Ethiopia	5.6	1258
法罗群岛	Faroe Islands		
斐济	Fiji	0.1	32207
芬兰	Finland	6.6	19592
法国	France	33.1	3008
法属波利尼西亚	French Polynesia		38408
加蓬	Gabon	0.1	97175
冈比亚	Gambia	0.1	1556
格鲁吉亚	Georgia	1.8	15597
德国	Germany	33.0	1321
加纳	Ghana	1.0	1131
希腊	Greece	9.5	5325
格陵兰	Greenland		10662187
格林纳达	Grenada		1881
关岛	Guam		
危地马拉	Guatemala	3.3	6818
几内亚	Guinea	0.6	18411
几内亚比绍	Guinea-Bissau	0.2	8886
圭亚那	Guyana	1.4	315489
海地	Haiti	1.5	1231
洪都拉斯	Honduras	1.6	11387
匈牙利	Hungary	5.1	608
冰岛	Iceland	0.2	519265
印度	India	761.0	1116
印度尼西亚	Indonesia	113.3	7935
伊朗	Iran (Islamic Republic of)	93.3	1644
伊拉克	Iraq	66.0	998
爱尔兰	Ireland	0.8	10612
马恩岛	Isle of Man		
以色列	Israel	2.0	91
意大利	Italy	53.8	3002
牙买加	Jamaica	0.8	3977
日本	Japan	81.5	3382
约旦	Jordan	0.9	92
哈萨克斯坦	Kazakhstan	21.1	3722
肯尼亚	Kenya	3.2	461
基里巴斯	Kiribati		
朝鲜	Korea, Dem. People's Rep.	8.7	2677
韩国	Korea, Rep.	29.2	1286

continued 1

年度淡水抽取量 Freshwater Withdrawals			
占水资源总量的比重 (%) % of Internal Resources	农业用水 % for Agriculture	工业用水 % for Industry	生活用水 % for Domestic
23.6	86	3	10
14.0	2	63	35
10.9	25	20	55
6.3	16		84
10.0	5		95
30.5	80	8	12
2.2	81	6	13
3794.4	86	6	8
13.6	68	10	22
0.1	6	15	79
20.8	95		5
12.8		96	4
4.6	94		6
0.3	61	11	28
6.1	1	93	6
16.6	9	74	17
0.1	29	10	61
3.0	43	19	37
3.1	58	22	20
30.9	1	84	15
3.2	66	10	24
16.4	89	2	9
7.1	15		85
3.0	57	18	25
0.2	53	9	38
1.1	82	5	13
0.6	94	1	4
11.1	83	4	13
1.8	73	7	20
84.2	6	79	14
0.1	42	8	49
52.6	90	2	7
5.6	82	7	12
72.6	92	1	7
187.5	79	15	7
1.5	15	7	83
260.5	58	6	36
29.5	44	36	17
7.5	55	9	35
18.9	67	14	19
138.0	65	4	31
32.9	66	30	4
15.5	59	4	37
12.9	76	13	10
45.0	55	15	24

附录4-1 续表 2

国家或地区	Country or Area	淡水抽取量（亿立方米）Total Freshwater Withdrawals (100 million m^3)	人均可再生淡水资源（立方米）Renewable Internal Freshwater Resources per Capita (m^3)
科索沃	Kosovo		
科威特	Kuwait	0.9	
吉尔吉斯斯坦	Kyrgyz Republic	8.0	8385
老挝	Lao PDR	3.5	28463
拉脱维亚	Latvia	0.4	8396
黎巴嫩	Lebanon	1.3	855
莱索托	Lesotho		2480
利比里亚	Liberia	0.1	45490
利比亚	Libya	4.3	112
列支敦士登	Liechtenstein		
立陶宛	Lithuania	2.4	5272
卢森堡	Luxembourg		1798
马其顿	Macedonia, FYR	1.0	2602
马达加斯加	Madagascar	16.5	14297
马拉维	Malawi	1.4	967
马来西亚	Malaysia	11.2	19397
马尔代夫	Maldives		75
马里	Mali	5.2	3512
马耳他	Malta	0.1	118
马绍尔群岛	Marshall Islands		
毛里塔尼亚	Mauritania	1.4	101
毛里求斯	Mauritius	0.7	2182
墨西哥	Mexico	80.3	3262
密克罗尼西亚	Micronesia, Fed. Sts.		
摩尔多瓦	Moldova	1.1	456
摩纳哥	Monaco		
蒙古	Mongolia	0.6	11959
黑山	Montenegro	0.2	
摩洛哥	Morocco	10.4	855
莫桑比克	Mozambique	0.9	3685
缅甸	Myanmar	33.2	18770
纳米比亚	Namibia	0.3	2564
尼泊尔	Nepal	9.5	7035
荷兰	Netherlands	10.7	652
新喀里多尼亚	New Caledonia		
新西兰	New Zealand	5.2	72510
尼加拉瓜	Nicaragua	1.5	25973
尼日尔	Niger	1.0	183
尼日利亚	Nigeria	13.1	1245
北马里亚纳群岛	Northern Mariana Islands		
挪威	Norway	2.9	74359
阿曼	Oman	1.3	330
巴基斯坦	Pakistan	183.5	297
帕劳	Palau		
巴拿马	Panama	1.0	35320
巴布亚新几内亚	Papua New Guinea	0.4	107321
巴拉圭	Paraguay	2.4	17856
秘鲁	Peru	13.7	52981
菲律宾	Philippines	81.6	4832
波兰	Poland	11.5	1410
葡萄牙	Portugal	9.2	3653
波多黎各	Puerto Rico	1.0	2009
卡塔尔	Qatar	0.4	26

continued 2

年度淡水抽取量 Freshwater Withdrawals			
占水资源总量的比重(%) % of Internal Resources	农业用水 % for Agriculture	工业用水 % for Industry	生活用水 % for Domestic
	54	2	44
16.4	93	4	3
1.8	91	5	4
2.5	13	49	38
27.3	60	11	29
0.8	9	46	46
0.1	9	36	54
618.0	83	3	14
15.4	3	90	7
4.5		8	91
19.0	12	67	21
4.9	98	1	1
8.4	86	4	11
1.9	22	43	35
19.7		5	95
8.6	98		2
106.7	35	1	64
337.5	91	2	7
26.4	68	3	30
19.6	77	9	14
65.7	3	83	14
			100
1.6	44	43	13
	1	39	60
36.0	88	2	10
0.9	78	3	19
3.3	89	1	10
4.7	70	5	25
4.8	98		2
97.0	1	87	11
1.6	62	23	16
1.0	77	5	19
28.1	67	3	30
5.9	54	15	31
0.8	29	43	28
94.4	88	1	10
333.6	94	1	5
0.8	43	1	56
		43	57
2.1	79	6	15
0.8	89	2	9
17.0	82	10	8
21.4	10	73	18
24.1	79	13	11
14.0	7	2	91
792.9	59	2	39

附录4-1　续表 3

国家或地区	Country or Area	淡水抽取量（亿立方米）Total Freshwater Withdrawals (100 million m^3)	人均可再生淡水资源（立方米）Renewable Internal Freshwater Resources per Capita (m^3)
罗马尼亚	Romania	6.9	2129
俄罗斯联邦	Russian Federation	66.2	29989
卢旺达	Rwanda	0.2	838
萨摩亚	Samoa		
圣马力诺	San Marino		
圣多美和普林西比	Sao Tome and Principe		11699
沙特阿拉伯	Saudi Arabia	23.7	78
塞内加尔	Senegal	2.2	1758
塞尔维亚	Serbia	4.1	1179
塞舌尔	Seychelles		
塞拉利昂	Sierra Leone	0.2	25334
新加坡	Singapore		110
圣马丁岛(荷兰部分)	Sint Maarten (Dutch part)		
斯洛伐克共和国	Slovak Republic	0.7	2325
斯洛文尼亚	Slovenia	0.9	9054
所罗门群岛	Solomon Islands		78123
索马里	Somalia	3.3	570
南非	South Africa	12.5	829
南苏丹	South Sudan	0.7	2183
西班牙	Spain	33.5	2392
斯里兰卡	Sri Lanka	13.0	2542
圣基茨岛和尼维斯	St. Kitts and Nevis		437
圣露西亚	St. Lucia		1634
圣马丁(法国部分)	St. Martin (French part)		
圣文森特和格林纳丁斯	St. Vincent and the Grenadines		914
苏丹	Sudan	26.9	102
苏里南	Suriname	0.6	183930
斯威士兰	Swaziland	1.0	2080
瑞典	Sweden	2.7	17636
瑞士	Switzerland	2.0	4934
叙利亚	Syrian Arab Republic	16.8	380
塔吉克斯坦	Tajikistan	11.5	7650
坦桑尼亚	Tanzania	5.2	1621
泰国	Thailand	57.3	3315
东帝汶	Timor-Leste	1.2	6777
多哥	Togo	0.2	1616
汤加	Tonga		
特立尼达和多巴哥	Trinidad and Tobago	0.4	2835
突尼斯	Tunisia	3.3	381
土耳其	Turkey	40.1	2928
土库曼斯坦	Turkmenistan	28.0	265
特克斯和凯科斯群岛	Turks and Caicos Islands		
图瓦卢	Tuvalu		
乌干达	Uganda	0.6	1032
乌克兰	Ukraine	14.9	1215
阿拉伯联合酋长国	United Arab Emirates	4.0	17
英国	United Kingdom	10.8	2244
美国	United States	478.4	8836
乌拉圭	Uruguay	3.7	26963
乌兹别克斯坦	Uzbekistan	56.0	531
瓦努阿图	Vanuatu		
委内瑞拉	Venezuela, RB	22.6	26227
越南	Vietnam	82.0	3961
维尔京群岛(美国)	Virgin Islands (U.S.)		
约旦河西岸和加沙	West Bank and Gaza	0.4	189
也门	Yemen, Rep.	3.6	80
赞比亚	Zambia	1.6	5101
津巴布韦	Zimbabwe	4.2	804

continued 3

年度淡水抽取量 Freshwater Withdrawals			
占水资源总量的比重 (%) % of Internal Resources	农业用水 % for Agriculture	工业用水 % for Industry	生活用水 % for Domestic
16.2	17	61	22
1.5	20	60	20
1.6	68	8	24
0.3			
986.3	88	3	9
8.6	93	3	4
49.0	2	82	17
	7	28	66
0.1	22	26	52
5.5	3	50	47
5.0		82	18
55.0	99		
27.9	63	6	31
2.5	36	34	29
30.2	64	21	16
24.5	87	6	6
65.0	1		99
14.3	71		29
8.5			100
673.3	96		4
0.6	70	22	8
39.5	97	1	2
1.6	4	63	34
4.9	10	54	36
235.0	88	4	9
18.1	91	4	6
6.2	89		10
25.5	90	5	5
14.3	91		8
1.5	45	2	53
10.0	4	34	62
78.8	80	5	15
17.7	74	11	15
1989.3	94	3	3
1.6	41	8	51
27.0	30	48	22
2665.3	83	2	15
7.5	9	32	58
17.0	40	46	14
4.0	87	2	11
342.7	90	3	7
2.8	74	4	23
22.8	95	4	1
51.5	45	7	48
169.8	91	2	7
2.0	73	8	18
34.3	79	7	14

附录4-2 供 水

国家或地区	Country or Area	最近年份 latest year available	淡水供应量（百万立方米） Net Freshwater Supplied by Water Supply Industry (mio m^3)
阿尔巴尼亚	Albania	2012	97
阿尔及利亚	Algeria	2012	6422
安道尔	Andorra	2012	6
安哥拉	Angola		
安提瓜和巴布达	Antigua and Barbuda	2012	5
亚美尼亚	Armenia	2012	104
澳大利亚	Australia	2004	11337
奥地利	Austria	2010	587
阿塞拜疆	Azerbaijan	2012	250
巴林	Bahrain		
白俄罗斯	Belarus	2012	652
比利时	Belgium	2011	292
伯利兹	Belize	2012	8
贝宁	Benin	2009	28
百慕大	Bermuda	2009	4
玻利维亚	Bolivia (Plurinational State of)	2012	149
波黑	Bosnia and Herzegovina	2012	150
博茨瓦纳	Botswana	2009	65
巴西	Brazil	2012	9601
英属维尔京群岛	British Virgin Islands		
文莱	Brunei Darussalam		
保加利亚	Bulgaria	2013	388
喀麦隆	Cameroon	2009	85
加拿大	Canada	1996	5201
中非共和国	Central African Republic		
智利	Chile	2008	970
中国香港	China, Hong Kong SAR	2008	956
中国澳门	China, Macao SAR	2009	68
哥伦比亚	Colombia	2010	2116
哥斯达黎加	Costa Rica	2012	283
克罗地亚	Croatia	2013	279
古巴	Cuba		
塞浦路斯	Cyprus	2013	78
捷克	Czech Republic	2013	478
丹麦	Denmark	2009	386

资料来源：联合国统计司/环境规划署环境统计问卷，水部分。
欧盟统计局环境统计数据。
经合组织统计资料，水部分。
联合国经济社会事务部人口司，世界人口展望2015。

Sources: UNSD/UNEP Questionnaires on Environment Statistics, Water section.
Eurostat environment statistics main tables and database.
OECD.Stat, Water section.
United Nations, Department of Economic and Social Affairs, Population Division (2015). World Population Prospects: The 2015 Revision, DVD Edition.

Water Supply Industry

人均淡水供应量（立方米/人）Net Freshwater Supplied by Water Supply Industry per capita (m^3/person)	最近年份 latest year available	供水受益率 (%) Total Population Supplied by Water Supply Industry (%)	受益人口人均淡水供应量（立方米/人）Net Freshwater Supplied by Water Supply Industry per capita Connected (m^3/person)
34	2012	80.0	42
172	2012	98.0	175
81	2012	100.0	81
	2011	15.3	
60	2011	82.0	
35	2012	96.6	36
567			
70	2008	95.1	
27	2009	44.6	
	2007	4.9	
69			
27	2009	100.0	
23	2012	57.6	39
3			
61	2009	10.0	613
15	2012	78.0	19
39	2012	54.5	72
32	2006	96.0	
47	2012	79.9	59
	2001	48.4	
	2009	99.9	
53	2013	99.3	54
4	2007	43.9	
176			
	2009	30.0	
58	2008	99.8	58
138	2008	99.9	138
131	1996	99.6	
46	2010	97.6	47
61	2012	92.7	65
65	2011	85.5	
	2012	93.5	
68	2013	100.0	68
45	2013	93.7	48
70	2002	97.0	

附录4-2　续表 1

国家或地区	Country or Area	最近年份 latest year available	淡水供应量（百万立方米） Net Freshwater Supplied by Water Supply Industry (mio m^3)
多米尼加	Dominican Republic	2002	9574
厄瓜多尔	Ecuador		
埃及	Egypt	2009	7400
爱沙尼亚	Estonia	2013	52
芬兰	Finland		
法国	France	2011	3872
法属圭亚那	French Guiana	2004	11
冈比亚	Gambia		
格鲁吉亚	Georgia	2012	605
德国	Germany	2004	4729
希腊	Greece	2007	626
瓜德卢普	Guadeloupe	2004	31
危地马拉	Guatemala		
几内亚	Guinea	2009	68
圭亚那	Guyana	2012	127
匈牙利	Hungary	2013	437
冰岛	Iceland	2014	
印度尼西亚	Indonesia	2012	2969
伊拉克	Iraq	2012	4116
爱尔兰	Ireland	2011	669
以色列	Israel	2008	2001
意大利	Italy	2012	5232
牙买加	Jamaica	2012	94
日本	Japan	2001	85968
约旦	Jordan	2012	197
肯尼亚	Kenya		
科威特	Kuwait	2013	620
吉尔吉斯斯坦	Kyrgyzstan	2012	10611
拉脱维亚	Latvia	2007	249
黎巴嫩	Lebanon	2008	326
立陶宛	Lithuania	2012	98
莱索托	Luxembourg		
马达加斯加	Madagascar	2007	101
马来西亚	Malaysia	2012	3479
马尔代夫	Maldives	2012	5
马里	Mali		
马耳他	Malta	2013	27
马绍尔群岛	Marshall Islands		
马提尼克	Martinique	2011	29

continued 1

人均淡水供应量（立方米/人） Net Freshwater Supplied by Water Supply Industry per capita (m^3/person)	最近年份 latest year available	供水受益率（%） Total Population Supplied by Water Supply Industry (%)	受益人口人均淡水供应量（立方米/人） Net Freshwater Supplied by Water Supply Industry per capita Connected (m^3/person)
1084			
	2012	74.5	
92	2009	98.0	94
39	2013	82.2	48
	2012	92.0	
61	2010	99.0	62
55			
	2005	50.0	
146	2012	75.0	195
58	2010	99.3	
56	2007	94.0	60
69			
	2011	74.9	
6			
167			
44	2013	100.0	44
	2014	95.0	
12			
125	2012	85.0	147
144	2007	85.0	
282			
88			
34	2005	70.0	
682			
28			
	2007	31.0	
173	2013	100.0	173
1879			
114			
79	2005	75.6	
33	2012	76.0	43
	2013	99.9	
5			
120	2012	94.7	127
14			
	2009	73.1	
64	2013	100.0	64
	2006	32.0	
74			

附录4-2　续表 2

国家或地区	Country or Area	最近年份 latest year available	淡水供应量（百万立方米） Net Freshwater Supplied by Water Supply Industry (mio m^3)
毛里求斯	Mauritius	2012	112
墨西哥	Mexico	2004	75430
摩纳哥	Monaco	2012	5
黑山	Montenegro	2011	50
摩洛哥	Morocco		
荷兰	Netherlands	2012	1070
尼日尔	Niger	2012	52
挪威	Norway		
巴拿马	Panama	2012	352
巴拉圭	Paraguay		
秘鲁	Peru	2012	49445
菲律宾	Philippines		
波兰	Poland	2013	1522
葡萄牙	Portugal	2009	718
卡塔尔	Qatar	2012	343
韩国	Republic of Korea	2003	22275
摩尔多瓦	Republic of Moldova	2012	81
留尼汪	Réunion	2004	83
罗马尼亚	Romania	2013	975
卢旺达	Rwanda	2012	20
塞尔维亚	Serbia	2013	451
新加坡	Singapore	2012	628
斯洛伐克	Slovakia	2014	286
斯洛文尼亚	Slovenia	2013	108
南非	South Africa	2012	14647
西班牙	Spain	2012	3621
巴勒斯坦	State of Palestine		
苏丹	Sudan		
苏里南	Suriname	2012	40
瑞典	Sweden	2005	737
瑞士	Switzerland	2013	792
泰国	Thailand	2007	2301
马其顿	The Former Yugoslav Rep. of Macedonia	2008	666
特立尼达和多巴哥	Trinidad and Tobago		
突尼斯	Tunisia	2010	1135
土耳其	Turkey	2012	3318
乌克兰	Ukraine	2009	1579
阿拉伯联合酋长国	United Arab Emirates	2012	1681
英国	United Kingdom of Great Britain and Northern Ireland	2011	3968
委内瑞拉	Venezuela (Bolivarian Republic of)	2009	28268
越南	Viet Nam		
也门	Yemen	2012	97

continued 2

人均淡水供应量（立方米/人）Net Freshwater Supplied by Water Supply Industry per capita (m^3/person)	最近年份 latest year available	供水受益率(%) Total Population Supplied by Water Supply Industry (%)	受益人口人均淡水供应量（立方米/人）Net Freshwater Supplied by Water Supply Industry per capita Connected (m^3/person)
89	2012	99.7	89
697			
131	2012	100.0	131
80			
	2012	80.2	
64	2012	100.0	64
3			
	2013	89.0	
94	2009	91.0	
	2012	76.9	
1640	2009	74.1	
	2004	80.2	
39	2013	88.0	45
68	2009	96.9	70
170			
474			
20	2012	42.1	47
106			
49	2013	61.9	80
2	2010	74.2	
50	2013	81.8	62
118	2012	100.0	118
53	2014	87.7	60
52			
277	2012	93.8	296
78	2010	100.0	
	2012	96.6	
	2011	60.5	
76	2012	67.8	113
82	2010	86.0	
98	2012	99.2	
35			
324	2008	95.0	341
	2002	76.4	
107	2012	83.0	
44	2012	98.3	45
34			
188			
63			
990	2009	95.0	1042
	2012	32.0	
4	2012	18.5	21

附录4-3 氮氧化物排放
NO_x Emissions

国家或地区	Country or Area	最近年份 Latest Year Available	氮氧化物排放量（千吨） NO_x Emissions (1000 tonnes)	比1990年增减（%） % Change since 1990 (%)	人均氮氧化物排放量（千克） NO_x Emissions per Capita (kg)
阿富汗	Afghanistan	2005	62.58		2.56
阿尔巴尼亚	Albania	1994	18.01		5.73
阿尔及利亚	Algeria	2000	283.21		9.08
安道尔	Andorra	1997	0.71		11.07
安哥拉	Angola	2005	154.00		8.60
安提瓜和巴布达	Antigua and Barbuda	2000	2.27		29.23
阿根廷	Argentina	2000	675.79	31.13	18.24
亚美尼亚	Armenia	2010	17.21	-77.53	5.81
澳大利亚	Australia	2012	2536.45	44.60	110.71
奥地利	Austria	2012	178.26	-8.46	21.08
阿塞拜疆	Azerbaijan	1994	113.00	-28.20	14.72
巴林	Bahrain	2000	52.00		77.98
孟加拉国	Bangladesh	2005	3.95		0.03
巴巴多斯	Barbados	1997	0.05	-97.90	0.19
白俄罗斯	Belarus	2012	189.92	-43.47	20.01
比利时	Belgium	2012	193.31	-47.94	17.45
伯利兹	Belize	1994	5.60		27.75
贝宁	Benin	2000	60.53		8.71
不丹	Bhutan	2000	1.77		3.14
玻利维亚	Bolivia (Plurinational State of)	2004	64.92	31.07	7.24
波黑	Bosnia and Herzegovina	2001	40.07	-51.76	10.55
巴西	Brazil	2005	3400.00	35.84	18.04
保加利亚	Bulgaria	2012	148.48	-43.94	20.33
布基纳法索	Burkina Faso	1994	9.36		0.95
布隆迪	Burundi	2005	11.23		1.42
佛得角	Cabo Verde	2000	2.03		4.62
柬埔寨	Cambodia	1994	38.02		3.67
喀麦隆	Cameroon	1994	252.22		18.62
中非共和国	Central African Republic	1994	51.25		15.75
乍得	Chad	1993	78.35		11.95
智利	Chile	2010	272.20		16.00
哥伦比亚	Colombia	2004	335.16	24.53	7.84
科摩罗	Comoros	1994	0.46		0.99
刚果	Congo	2000	17.65		5.68
哥斯达黎加	Costa Rica	2005	26.88	-19.71	6.33
科特迪瓦	Cote d'Ivoire	2000	290.49		17.59
克罗地亚	Croatia	2012	55.19	-40.85	12.87

资料来源：联合国气候变化框架公约秘书处。
联合国统计司/联合国环境规划署2004年环境统计问卷，大气部分。
联合国经济社会事务部人口司，世界人口展望2015修订版，纽约，2015。

Sources: UN Framework Convention on Climate Change (UNFCCC) Secretatiat.
UNSD/UNEP 2004 Questionnaire on Environment Statistics, Air section.
United Nations, Department of Economic and Social Affairs, Population Division, World Population Prospects: The 2015 Revision, New York, 2015.

附录4-3 续表 1 continued

国家或地区	Country or Area	最近年份 Latest Year Available	氮氧化物排放量（千吨） NO_x Emissions (1000 tonnes)	比1990年增减 (%) % Change since 1990 (%)	人均氮氧化物排放量（千克） NO_x Emissions per Capita (kg)
古巴	Cuba	1996	101.54	-28.35	9.27
塞浦路斯	Cyprus	2012	2124.00	13321.34	1880.81
捷克	Czech Republic	2012	210.77	-71.61	19.99
朝鲜	Democratic People's Republic of Korea	2002	159.00	-65.36	6.84
刚果民主共和国	Democratic Republic of the Congo	2003	784.69		14.92
丹麦	Denmark	2012	119.79	-57.28	21.39
吉布提	Djibouti	2000	1..89		2.62
多米尼加	Dominica	2005	0.63		8.93
多米尼加共和国	Dominican Republic	2000	93.12	68.33	10.88
厄瓜多尔	Ecuador	2006	231.77	47.71	16.59
萨尔瓦多	El Salvador	2005	40.42		6.80
厄立特里亚	Eritrea	2000	6.00		1.70
爱沙尼亚	Estonia	2012	3182.00	4021.81	2403.25
埃塞俄比亚	Ethiopia	1994	166.00	3.75	3.00
斐济	Fiji	2004	11.49		14.04
芬兰	Finland	2012	146.75	-50.31	27.05
法国	France	2012	1074.74	-44.59	16.91
加蓬	Gabon	2000	7.54		6.12
冈比亚	Gambia	2000	6.83		5.56
格鲁吉亚	Georgia	2006	27.67	-78.63	6.25
德国	Germany	2012	1269.26	-55.88	15.77
加纳	Ghana	2000	205.64		10.92
希腊	Greece	2012	258.91	-20.63	23.31
危地马拉	Guatemala	1990	43.79		4.78
几内亚	Guinea	1994	70.42		9.34
几内亚比绍	Guinea-Bissau	1994	4.88		4.22
圭亚那	Guyana	2004	17.00	1.80	22.91
海地	Haiti	2000	14.70		1.72
洪都拉斯	Honduras	2000	47.77		7.65
匈牙利	Hungary	2012	109.41	-53.02	10.99
冰岛	Iceland	2012	20.55	-24.70	63.54
印度尼西亚	Indonesia	2000	85.66	-28.91	0.40
伊朗	Iran (Islamic Republic of)	2000	600.84		9.12
爱尔兰	Ireland	2012	72.87	-40.17	15.61
以色列	Israel	2010	187.29		25.24
意大利	Italy	2012	881.52	-57.36	14.76
牙买加	Jamaica	1994	30.86		12.51
日本	Japan	2012	1626.95	-20.35	12.80
约旦	Jordan	2006	116.00		20.98
哈萨克斯坦	Kazakhstan	2012	500.26	-25.89	29.74
肯尼亚	Kenya	1994	49.98		1.88
基里巴斯	Kiribati	1994			0.00

附录4-3 续表 2 continued

国家或地区	Country or Area	最近年份 Latest Year Available	氮氧化物排放量（千吨） NO_x Emissions (1000 tonnes)	比1990年增减（%） % Change since 1990 (%)	人均氮氧化物排放量（千克） NO_x Emissions per Capita (kg)
科威特	Kuwait	1994	113.00		66.79
吉尔吉斯斯坦	Kyrgyzstan	2005	64.92	-44.53	12.69
老挝	Lao People's Dem. Rep.	2000	20.84	81.53	3.90
拉脱维亚	Latvia	2012	34.87	-58.24	17.12
黎巴嫩	Lebanon	2000	58.70		18.14
莱索托	Lesotho	1998	5.05		2.77
利比里亚	Liberia	2000	1.00		0.35
立陶宛	Lithuania	2012	59.53	-63.39	19.74
卢森堡	Luxembourg	2005	0.44	175.00	0.96
马达加斯加	Madagascar	2000	27.64		1.76
马拉维	Malawi	1994	26.31	-8.99	2.71
马里	Mali	2000	42.54		3.85
马耳他	Malta	2012	8.86	17.37	21.33
毛里塔尼亚	Mauritania	2000	10.31		3.80
毛里求斯	Mauritius	2006	15.15		12.34
墨西哥	Mexico	2002	1444.41	16.30	13.68
密克罗尼西亚	Micronesia (Federated States of)	1994	2.25		21.25
摩纳哥	Monaco	2012	0.33	-26.16	8.93
蒙古	Mongolia	1998	2.98	29.57	1.27
黑山	Montenegro	2003	10.94	5.80	17.81
摩洛哥	Morocco	2000	190.91		6.46
莫桑比克	Mozambique	1994	93.81	22.08	6.11
缅甸	Myanmar	2005	0.03		0.00
纳米比亚	Namibia	2000	41.20		21.71
荷兰	Netherlands	2012	230.22	-59.42	13.75
新西兰	New Zealand	2012	158.50	57.72	35.73
尼加拉瓜	Nicaragua	2000	90.62		18.03
尼日尔	Niger	2000	24.00		2.14
尼日利亚	Nigeria	2000	1008.00		8.20
纽埃岛	Niue	1994	26.30		11938.49
挪威	Norway	2012	166.23	-13.27	33.12
阿曼	Oman	1994	0.22		0.10
巴基斯坦	Pakistan	1994	410.26		3.43
巴拿马	Panama	2002	39.42		12.54
巴拉圭	Paraguay	2000	87.70	-20.33	16.54
秘鲁	Peru	1994	181.66		7.69
菲律宾	Philippines	1994	345.23		5.06
波兰	Poland	2012	817.30	-36.15	21.17
葡萄牙	Portugal	2012	172.14	-30.44	16.37
卡塔尔	Qatar	2007	175.69		149.02
摩尔多瓦	Republic of Moldova	2010	37.06	-72.99	9.07
罗马尼亚	Romania	2012	207.04	-54.69	10.38
俄罗斯联邦	Russian Federation	2012	5603.13	-40.94	39.10

附录4-3 续表 3 continued

国家或地区	Country or Area	最近年份 Latest Year Available	氮氧化物排放量（千吨） NO_x Emissions (1000 tonnes)	比1990年增减（%） % Change since 1990 (%)	人均氮氧化物排放量（千克） NO_x Emissions per Capita (kg)
卢旺达	Rwanda	2005	14.20		1.58
圣卢西亚	Saint Lucia	2000	2.00		12.74
圣文森特和格林纳丁斯	Saint Vincent and the Grenadines	1997	27.88	-3.21	258.10
萨摩亚	Samoa	1994	0.97		5.75
圣马力诺	San Marino	2007	1.54		51.62
圣多美和普林西比	Sao Tome and Principe	2005	0.77		5.03
塞内加尔	Senegal	2000	8.46		0.86
塞尔维亚	Serbia	1998	164.00	-20.88	16.96
塞舌尔	Seychelles	2000	1.15		14.17
斯洛伐克	Slovakia	2012	81.31	-64.10	15.01
斯洛文尼亚	Slovenia	2012	44.84	-26.09	21.74
西班牙	Spain	2012	929.61	-31.09	19.93
斯里兰卡	Sri Lanka	2000	83.69		4.46
苏丹	Sudan	2000	112.00		3.99
苏里南	Suriname	2003	10.00		20.51
斯威士兰	Swaziland	1994	19.93		21.11
瑞典	Sweden	2012	131.81	-51.19	13.81
瑞士	Switzerland	2012	73.71	-49.14	9.19
塔吉克斯坦	Tajikistan	2010	6.00	-91.89	0.79
泰国	Thailand	2000	907.10		14.47
马其顿	The Former Yugoslav Rep. of Macedonia	2009	34.11	-17.99	16.56
东帝汶	Timor-Leste	2010	1.82		1.72
多哥	Togo	2000	42.72		8.76
汤加	Tonga	2000	0.59		6.07
特立尼达和多巴哥	Trinidad and Tobago	1990	36.86		30.16
突尼斯	Tunisia	2000	94.87		9.78
土耳其	Turkey	2012	1283.74	99.43	17.15
土库曼斯坦	Turkmenistan	2004	90.24		19.21
图瓦卢	Tuvalu	1994			
乌干达	Uganda	2000	103.77		4.37
乌克兰	Ukraine	2012	1205.57	-48.22	26.60
阿拉伯联合酋长国	United Arab Emirates	2005	332.00		74.07
英国	United Kingdom	2012	1067.63	-63.10	16.79
坦桑尼亚	United Rep. of Tanzania	1994	979.07	524.88	33.73
美国	United States	2012	11882.02	-45.45	37.74
乌拉圭	Uruguay	2004	38.76	29.23	11.66
乌兹别克斯坦	Uzbekistan	2005	257.52	-37.48	9.93
瓦努阿图	Vanuatu	1994	0.08		0.51
委内瑞拉	Venezuela (Bolivarian Republic of)	1999	395.79		16.48
越南	Viet Nam	2000	312.63		3.89
也门	Yemen	2000	115.00		6.46
赞比亚	Zambia	2000	1276.67		120.61
津巴布韦	Zimbabwe	2000	148.83		11.91

附录4-4 二氧化硫排放
SO_2 Emissions

国家或地区	Country or Area	最近年份 Latest Year Available	二氧化硫排放量（千吨） SO_2 Emissions (1000 tonnes)	比1990年增减（%） % Change since 1990 (%)	人均二氧化硫排放量（千克） SO_2 Emissions per Capita (kg)
阿富汗	Afghanistan	2005	13.86		0.57
阿尔及利亚	Algeria	2000	45.64		1.46
安道尔	Andorra	1997	0.69		10.77
安提瓜和巴布达	Antigua and Barbuda	2000	2.75	-2.83	35.42
阿根廷	Argentina	2000	87.62	10.6	2.36
亚美尼亚	Armenia	2010	29.44	7448.7	9.93
澳大利亚	Australia	2012	797.76	-48.7	34.82
奥地利	Austria	2012	17.23	-76.8	2.04
阿塞拜疆	Azerbaijan	1994	48.00	-18.6	6.25
巴林	Bahrain	2000	27.00		40.49
巴巴多斯	Barbados	1997	0.05		0.19
白俄罗斯	Belarus	2012	146.86	-86.4	15.47
比利时	Belgium	2012	48.75	-86.4	4.40
伯利兹	Belize	1994	0.53		2.63
贝宁	Benin	2000	13.88		2.00
不丹	Bhutan	2000	1.06		1.88
玻利维亚	Bolivia (Plurinational State of)	2000	12.10	8.4	1.45
波黑	Bosnia and Herzegovina	2001	213.74	-52.8	56.25
保加利亚	Bulgaria	2012	1335.49	-15.6	182.85
智利	Chile	2010	271.40		15.95
哥伦比亚	Colombia	2004	142.81	0.7	3.34
哥斯达黎加	Costa Rica	2005	4.85		1.14
科特迪瓦	Cote d'Ivoire	2000	4079.55		246.98
克罗地亚	Croatia	2012	25.58	-85.3	5.97
古巴	Cuba	1996	432.38	-0.1	39.47
塞浦路斯	Cyprus	2012	16.10	-45.9	14.26
捷克	Czech Republic	2012	157.91	-91.6	14.97
朝鲜	Democratic People's Republic of Korea	2002	1384.00	-55.7	59.53
刚果民主共和国	Democratic Republic of the Congo	2000	0.02		0.00
丹麦	Denmark	2012	13.43	-92.5	2.40
多米尼加	Dominica	2005	0.22		3.12
多米尼加共和国	Dominican Republic	2000	110.15	42.9	12.86
厄瓜多尔	Ecuador	2006	8.87	37.7	0.64
爱沙尼亚	Estonia	2012	69.96	-62.0	52.84
埃塞俄比亚	Ethiopia	1995	13.20	18.9	0.23

资料来源：联合国气候变化框架公约秘书处。
联合国统计司/联合国环境规划署2004年环境统计问卷，大气部分。
联合国经济社会事务部人口司，世界人口展望：2015修订版，纽约，2015。

Sources:UN Framework Convention on Climate Change (UNFCCC) Secretatiat.
UNSD/UNEP 2004 Questionnaire on Environment Statistics, Air section.
United Nations, Department of Economic and Social Affairs, Population Division, World Population Prospects: The 2015 Revision, New York, 2015.

附录4-4 续表 1 continued 1

国家或地区	Country or Area	最近年份 Latest Year Available	二氧化硫排放量（千吨） SO_2 Emissions (1000 tonnes)	比1990年增减（%） % Change since 1990 (%)	人均二氧化硫排放量（千克） SO_2 Emissions per Capita (kg)
斐济	Fiji	1994	0.03		0.04
芬兰	Finland	2012	52.06	-79.1	9.60
法国	France	2012	274.29	-79.7	4.32
加蓬	Gabon	2000	7.67		6.23
冈比亚	Gambia	2000	3031.94		2467.27
格鲁吉亚	Georgia	2006	0.50	-99.8	0.11
德国	Germany	2012	427.07	-91.9	5.31
加纳	Ghana	2000	0.50		0.03
希腊	Greece	2012	244.90	-48.6	22.04
危地马拉	Guatemala	1990	74.50		8.13
几内亚	Guinea	1994	0.44		0.06
圭亚那	Guyana	2004	6.90	-8.0	9.30
海地	Haiti	2000	13.58		1.59
洪都拉斯	Honduras	2000	0.38		0.06
匈牙利	Hungary	2012	31.80	-96.2	3.19
冰岛	Iceland	2012	83.88	295.1	259.36
伊朗	Iran (Islamic Republic of)	2000	139.46		2.12
爱尔兰	Ireland	2012	23.12	-87.3	4.95
以色列	Israel	2010	164.46		22.16
意大利	Italy	2012	181.73	-89.9	3.04
牙买加	Jamaica	1994	99.70		40.42
日本	Japan	2012	936.84	-25.3	7.37
约旦	Jordan	2006	138.00		24.95
哈萨克斯坦	Kazakhstan	2012	649.61	-37.9	38.62
科威特	Kuwait	1994	319.00		188.55
吉尔吉斯斯坦	Kyrgyzstan	2005	26.90	-72.7	5.26
老挝	Lao People's Democratic Republic	2000	1.59		0.30
拉脱维亚	Latvia	2012	2.39	-97.7	1.17
黎巴嫩	Lebanon	2000	93.42		28.87
莱索托	Lesotho	1998			
立陶宛	Lithuania	2012	36.48	-82.8	12.09
卢森堡	Luxembourg	2005	0.21	31.3	0.46
马达加斯加	Madagascar	2000	39.82		2.53
马里	Mali	1995			
马耳他	Malta	2012	8.25	-47.7	19.85
毛利塔尼亚	Mauritania	2000	0.09		0.03
毛里求斯	Mauritius	2006	11.44		9.32
墨西哥	Mexico	2002	2612.91	-3.1	24.75
密克罗尼西亚	Micronesia (Federated States of)	1994	0.53		5.00
摩纳哥	Monaco	2012	0.04	-42.9	1.07
黑山	Montenegro	2003	45.43	6.3	73.95
摩洛哥	Morocco	2000	484.09		16.39
纳米比亚	Namibia	2000	10.90		5.74
荷兰	Netherlands	2012	33.91	-82.9	2.02
新西兰	New Zealand	2012	78.16	33.8	17.62
尼加拉瓜	Nicaragua	2000	0.19		0.04

附录4-4 续表 2 continued 2

国家或地区	Country or Area	最近年份 Latest Year Available	二氧化硫排放量（千吨） SO_2 Emissions (1000 tonnes)	比1990年增减（%） % Change since 1990 (%)	人均二氧化硫排放量（千克） SO_2 Emissions per Capita (kg)
尼日尔	Niger	2000	2140		190.65
尼日利亚	Nigeria	2000	190		1.55
纽埃	Niue	1994	2211.18		1003713.12
挪威	Norway	2012	16.66	-68.1	3.32
阿曼	Oman	1994	3.38		1.58
巴基斯坦	Pakistan	1994	775.46		6.49
巴拿马	Panama	2000	0.13		0.04
巴拉圭	Paraguay	2000	0.16	-46.7	0.03
秘鲁	Peru	1994	123.26		5.22
菲律宾	Philippines	1994	458.53		6.72
波兰	Poland	2012	853.30	-73.4	22.10
葡萄牙	Portugal	2012	59.22	-81.7	5.63
卡塔尔	Qatar	2007	143.92		122.07
摩尔多瓦	Republic of Moldova	2010	18.78	-93.6	4.60
罗马尼亚	Romania	2012	293.03	-66.3	14.69
俄罗斯联邦	Russian Federation	2012	681.95	-16.0	4.76
卢旺达	Rwanda	2005	18.00		2.00
圣卢西亚	Saint Lucia	2000	0.10		1.86
圣文森特和格林纳丁斯	Saint Vincent and the Grenadines	1997	0.32	28.0	2.96
塞内加尔	Senegal	2000	41.96		4.26
塞尔维亚	Serbia	1998	388.00	-21.0	40.13
斯洛伐克	Slovakia	2012	58.52	-88.8	10.81
斯洛文尼亚	Slovenia	2012	10.12	-94.9	4.91
西班牙	Spain	2012	407.94	-81.2	8.75
斯里兰卡	Sri Lanka	2000	105.87		5.64
苏丹	Sudan	2000	1.00		0.04
斯威士兰	Swaziland	1994	1.97		2.09
瑞典	Sweden	2012	27.79	-73.6	2.91
瑞士	Switzerland	2012	10.67	-73.7	1.33
塔吉克斯坦	Tajikistan	2010	9.00	-73.5	1.19
泰国	Thailand	2000	618.90		9.87
马其顿	The Former Yugoslav Rep. of Macedonia	2009	205.83	6807.0	99.97
东帝汶	Timor-Leste	2010	0.40		0.38
多哥	Togo	2000	8.35		1.71
汤加	Tonga	2000	0.10		1.02
特立尼达和多巴哥	Trinidad and Tobago	1996	8.60	-1.7	7.04
突尼斯	Tunisia	2000	111.29		11.47
土耳其	Turkey	2012	248.83	-70.2	3.32
土库曼斯坦	Turkmenistan	2004	2.43		0.52
乌干达	Uganda	2000	4.10		0.17
乌克兰	Ukraine	2012	1687.55	-68.2	37.24
阿拉伯联合酋长国	United Arab Emirates	2005	10354.00		2310.14
英国	United Kingdom of Great Britain and Northern Ireland	2012	429.44	-88.5	6.75
坦桑尼亚	United Rep. of Tanzania	1994	175.74	8.4	6.05
美国	United States of America	2012	4739.47	-77.4	15.06
乌拉圭	Uruguay	2004	51.50	25.1	15.49
乌兹别克斯坦	Uzbekistan	2005	170.85	-74.9	6.59
越南	Viet Nam	2000	9.86		0.12
也门	Yemen	2000	12.00		0.67
赞比亚	Zambia	2000	6.16		0.58
津巴布韦	Zimbabwe	2000	1.04		0.08

附录4-5 二氧化碳排放(2011年)
CO_2 Emissions (2011)

国家或地区	Country or Area	二氧化碳排放量(百万吨) CO_2 Emissions (mio. tonnes)	比1990年增减(%) % Change since 1990 (%)	人均二氧化碳排放量(吨/人) CO_2 Emissions per Capita (tonne / person)	每平方公里二氧化碳排放量(吨/平方公里) CO_2 Emissions per km^2 (tonne / km^2)
阿富汗	Afghanistan	12.25	357.7	0.43	18.77
阿尔巴尼亚	Albania	4.67	-37.7	1.62	162.38
阿尔及利亚	Algeria	121.76	54.3	3.32	51.12
安道尔	Andorra	0.49		5.97	1050.00
安哥拉	Angola	29.71	570.7	1.35	23.83
安圭拉	Anguilla	0.14		10.25	1571.43
安提瓜和巴布达	Antigua and Barbuda	0.51	70.7	5.82	1161.54
阿根廷	Argentina	190.03	68.7	4.56	68.35
亚美尼亚	Armenia	4.96		1.67	166.81
阿鲁巴	Aruba	2.44	32.5	23.92	13547.78
澳大利亚	Australia	398.16	44.2	17.66	51.76
奥地利	Austria	70.35	13.4	8.35	838.83
阿塞拜疆	Azerbaijan	33.46		3.63	386.35
巴哈马	Bahamas	1.91	-2.3	5.20	136.76
巴林	Bahrain	23.44	85.1	17.95	30943.23
孟加拉国	Bangladesh	57.07	267.4	0.37	386.73
巴巴多斯	Barbados	1.57	45.7	5.58	3641.40
白俄罗斯	Belarus	55.38	-46.7	5.84	266.77
比利时	Belgium	104.27	-12.4	9.47	3415.58
伯利兹	Belize	0.55	76.5	1.67	23.95
贝宁	Benin	4.99	597.4	0.51	43.46
百慕大	Bermuda	0.39	-34.3	6.17	7403.77
不丹	Bhutan	0.56	337.3	0.77	14.61
玻利维亚	Bolivia (Plurinational State of)	16.12	191.7	1.60	14.67
波黑	Bosnia and Herzegovina	23.75		6.20	463.74
博茨瓦纳	Botswana	4.86	122.9	2.32	8.34
巴西	Brazil	439.41	110.4	2.19	51.61
英属维尔京群岛	British Virgin Islands	0.18	166.7	6.31	1165.56
文莱	Brunei Darussalam	9.74	56.8	24.39	1690.06
保加利亚	Bulgaria	53.20	-33.7	7.23	479.78
布基纳法索	Burkina Faso	1.93	229.4	0.12	7.08

资料来源：联合国统计司千年发展目标数据库。
联合国经济社会事务部人口司，世界人口展望：2015年修订版，纽约，2015。
联合国统计司，人口统计年鉴2011。

Sources: UNSD Millennium Development Goals Indicators database.
United Nations, Department of Economic and Social Affairs, Population Division, World Population Prospects: World Population Prospects: The 2015 Revision, New York, 2015.
UNSD Demographic Yearbook 2011.

附录4-5 续表 1 continued 1

国家或地区	Country or Area	二氧化碳排放量(百万吨) CO_2 Emissions (mio. tonnes)	比1990年增减(%) % Change since 1990 (%)	人均二氧化碳排放量(吨/人) CO_2 Emissions per Capita (tonne / person)	每平方公里二氧化碳排放量(吨/平方公里) CO_2 Emissions per km^2 (tonne / km^2)
布隆迪	Burundi	0.21	-28.8	0.02	7.51
佛得角	Cabo Verde	0.43	383.4	0.86	105.48
柬埔寨	Cambodia	4.50	896.8	0.31	24.83
喀麦隆	Cameroon	5.66	225.7	0.27	11.90
加拿大	Canada	557.29	21.4	16.15	55.81
开曼群岛	Cayman Islands	0.58	130.5	10.31	2208.71
中非共和国	Central African Republic	0.29	44.4	0.06	0.46
乍得	Chad	0.54	267.4	0.04	0.42
智利	Chile	79.41	138.4	4.62	105.02
中国	China	9 019.52	266.5	6.69	939.83
中国香港	China, Hong Kong SAR	40.27	45.6	5.72	36480.71
中国澳门	China, Macao SAR	1.17	12.8	2.13	38870.00
哥伦比亚	Colombia	72.42	26.3	1.56	63.43
科摩罗	Comoros	0.16	104.8	0.22	70.56
刚果	Congo	2.25	89.2	0.54	6.57
库克群岛	Cook Islands	0.07	216.8	3.42	295.34
哥斯达黎加	Costa Rica	7.84	165.4	1.70	153.50
科特迪瓦	Cote d'Ivoire	6.45	11.2	0.31	19.99
克罗地亚	Croatia	20.92	-10.4	4.86	369.62
古巴	Cuba	35.92	7.2	3.17	326.91
塞浦路斯	Cyprus	7.57	63.5	6.78	817.88
捷克	Czech Republic	115.07	-30.1	10.92	1459.06
朝鲜	Democratic People's Republic of Korea	73.58	-69.9	2.99	610.42
刚果民主共和国	Dem. Rep. of the Congo	3.43	-15.9	0.05	1.46
丹麦	Denmark	45.48	-16.1	8.15	1055.26
吉布提	Djibouti	0.47	25.2	0.56	20.39
多米尼加	Dominica	0.12	112.4	1.75	166.05
多米尼加共和国	Dominican Republic	21.89	137.1	2.18	449.72
厄瓜多尔	Ecuador	35.73	112.2	2.35	139.36
埃及	Egypt	220.79	190.7	2.64	220.35
萨尔瓦多	El Salvador	6.68	155.3	1.10	317.71
赤道几内亚	Equatorial Guinea	6.69	5427.8	8.91	238.44
厄立特里亚	Eritrea	0.52		0.11	4.43
爱沙尼亚	Estonia	18.43	-49.8	13.88	407.44
埃塞俄比亚	Ethiopia	7.54	149.9	0.08	6.83
法罗群岛	Faeroe Islands	0.57	-8.8	11.72	408.04
福克兰群岛(马尔维纳斯群岛)	Falkland Islands (Malvinas)	0.06	49.9	19.26	4.52
斐济	Fiji	1.24	51.1	1.42	67.63

附录4-5 续表 2 continued 2

国家或地区	Country or Area	二氧化碳排放量(百万吨) CO_2 Emissions (mio. tonnes)	比1990年增减(%) % Change since 1990 (%)	人均二氧化碳排放量(吨/人) CO_2 Emissions per Capita (tonne / person)	每平方公里二氧化碳排放量(吨/平方公里) CO_2 Emissions per km^2 (tonne / km^2)
芬兰	Finland	56.40	-0.4	10.45	167.44
法国	France	364.82	-8.5	5.77	661.50
法属圭亚那	French Guiana	0.72	-11.7	2.99	8.60
法属波利尼西亚	French Polynesia	0.86	36.1	3.17	214.53
加蓬	Gabon	2.24	-53.8	1.42	8.36
冈比亚	Gambia	0.42	121.1	0.24	37.34
格鲁吉亚	Georgia	7.93		1.89	113.80
德国	Germany	810.44	-22.2	10.08	2269.37
加纳	Ghana	10.08	156.4	0.40	42.26
直布罗陀	Gibraltar	0.45	377.1	14.64	75783.33
希腊	Greece	94.25	13.6	8.45	714.25
格陵兰	Greenland	0.71	27.0	12.54	0.33
格林纳达	Grenada	0.25	130.0	2.41	735.47
瓜德鲁普	Guadeloupe	1.77	37.1	3.87	1040.94
危地马拉	Guatemala	11.26	121.3	0.75	103.39
几内亚	Guinea	2.60	145.8	0.23	10.56
几内亚比绍	Guinea-Bissau	0.25	-2.9	0.15	6.80
圭亚那	Guyana	1.78	56.3	2.36	8.29
海地	Haiti	2.21	122.5	0.22	79.68
洪都拉斯	Honduras	8.41	224.5	1.10	74.78
匈牙利	Hungary	49.86	-31.2	4.99	535.96
冰岛	Iceland	3.33	54.3	10.38	32.36
印度	India	2074.34	200.4	1.66	631.02
印度尼西亚	Indonesia	563.98	277.1	2.30	295.14
伊朗	Iran (Islamic Republic of)	586.60	177.8	7.80	360.15
伊拉克	Iraq	133.65	154.3	4.19	307.08
爱尔兰	Ireland	37.72	16.3	8.11	540.15
以色列	Israel	69.52	90.3	9.19	3149.81
意大利	Italy	413.38	-4.9	6.93	1371.82
牙买加	Jamaica	7.76	-2.6	2.82	705.67
日本	Japan	1240.63	8.7	9.75	3282.70
约旦	Jordan	22.26	114.0	3.29	249.18
哈萨克斯坦	Kazakhstan	261.76		15.81	96.06
肯尼亚	Kenya	13.57	133.0	0.33	23.34
基里巴斯	Kiribati	0.06	183.2	0.60	85.77
科威特	Kuwait	91.03	88.4	28.10	5108.86
吉尔吉斯斯坦	Kyrgyzstan	6.62		1.19	33.08

附录4-5 续表 3 continued 3

国家或地区	Country or Area	二氧化碳排放量(百万吨) CO_2 Emissions (mio. tonnes)	比1990年增减(%) % Change since 1990 (%)	人均二氧化碳排放量(吨/人) CO_2 Emissions per Capita (tonne / person)	每平方公里二氧化碳排放量(吨/平方公里) CO_2 Emissions per km^2 (tonne / km^2)
老挝	Lao People's Dem. Rep.	1.20	412.5	0.19	5.08
拉脱维亚	Latvia	7.75	-59.3	3.76	120.06
黎巴嫩	Lebanon	20.49	125.1	4.46	1960.15
莱索托	Lesotho	2.20		1.08	72.48
利比里亚	Liberia	0.89	84.1	0.22	8.00
利比亚	Libya	39.02	6.1	6.20	22.18
列支敦士登	Liechtenstein	0.18	-10.4	4.93	1125.00
立陶宛	Lithuania	14.03	-60.8	4.57	214.85
卢森堡	Luxembourg	11.14	-6.8	21.42	4307.15
马达加斯加	Madagascar	2.45	148.3	0.11	4.17
马拉维	Malawi	1.21	97.0	0.08	10.18
马来西亚	Malaysia	225.69	298.8	7.90	682.26
马尔代夫	Maldives	1.10	616.8	3.26	3679.33
马里	Mali	1.25	196.5	0.08	1.01
马耳他	Malta	2.67	42.9	6.44	8442.72
马绍尔群岛	Marshall Islands	0.10	115.3	1.95	567.40
马提尼克	Martinique	2.45	18.4	6.21	2171.63
毛里塔尼亚	Mauritania	2.31	-13.3	0.63	2.24
毛里求斯	Mauritius	3.92	167.7	3.13	1989.03
墨西哥	Mexico	466.55	48.4	3.88	237.50
密克罗尼西亚	Micronesia (Federated States of)	0.13		1.24	182.76
摩纳哥	Monaco	0.08	-24.9	2.13	39600.00
蒙古	Mongolia	19.08	90.0	6.92	12.20
黑山	Montenegro	2.57		4.13	186.11
蒙特塞拉特	Montserrat	0.08	100.2	16.16	791.18
摩洛哥	Morocco	56.54	140.2	1.74	126.61
莫桑比克	Mozambique	3.28	227.8	0.13	4.09
缅甸	Myanmar	10.44	144.2	0.20	15.43
纳米比亚	Namibia	2.78	10701.2	1.24	3.37
瑙鲁	Nauru	0.05	-67.5	5.11	2442.86
尼泊尔	Nepal	4.33	583.2	0.16	29.45
荷兰	Netherlands	168.06	5.5	10.07	4499.07
新喀里多尼亚	New Caledonia	3.85	137.2	15.43	207.48
新西兰	New Zealand	33.26	33.5	7.55	122.97
尼加拉瓜	Nicaragua	4.90	92.2	0.84	37.58
尼日尔	Niger	1.42	70.9	0.08	1.12
尼日利亚	Nigeria	88.03	94.0	0.54	95.29

附录4-5　续表 4　continued 4

国家或地区	Country or Area	二氧化碳排放量(百万吨) CO_2 Emissions (mio. tonnes)	比1990年增减(%) % Change since 1990 (%)	人均二氧化碳排放量(吨/人) CO_2 Emissions per Capita (tonne / person)	每平方公里二氧化碳排放量(吨/平方公里) CO_2 Emissions per km^2 (tonne / km^2)
纽埃	Niue	0.01	197.3	6.81	42.31
挪威	Norway	44.60	27.8	9.00	137.73
阿曼	Oman	64.85	469.6	20.20	209.55
巴基斯坦	Pakistan	163.45	138.4	0.94	205.32
帕劳	Palau	0.22		10.86	487.36
巴拿马	Panama	9.67	249.1	2.63	128.17
巴布亚新几内亚	Papua New Guinea	5.23	144.2	0.75	11.30
巴拉圭	Paraguay	5.30	134.2	0.84	13.03
秘鲁	Peru	53.07	150.7	1.78	41.29
菲律宾	Philippines	82.01	96.4	0.87	273.38
波兰	Poland	327.72	-12.6	8.49	1050.77
葡萄牙	Portugal	51.24	13.6	4.85	555.71
卡塔尔	Qatar	83.88	612.3	44.02	7226.27
韩国	Republic of Korea	589.43	138.7	11.94	5892.32
摩尔多瓦	Republic of Moldova	4.98		1.22	147.13
留尼汪	Réunion	4.51	210.6	5.39	1794.83
罗马尼亚	Romania	85.60	-51.9	4.26	359.09
俄罗斯联邦	Russian Federation	1650.27	-34.2	11.52	96.52
卢旺达	Rwanda	0.66	22.3	0.06	25.20
圣赫勒拿	Saint Helena	0.01	50.7	2.66	90.16
圣基茨和尼维斯	Saint Kitts and Nevis	0.27	305.6	5.05	1025.67
圣卢西亚	Saint Lucia	0.41	146.7	2.27	755.10
圣皮埃尔岛和密克隆	Saint Pierre and Miquelon	0.07	-24.0	11.11	288.02
圣文森特和格林纳丁斯	Saint Vincent and the Grenadines	0.24	195.4	2.18	612.85
萨摩亚	Samoa	0.23	88.2	1.25	82.59
圣多美和普林西比	Sao Tome and Principe	0.10	115.3	0.59	106.54
沙特阿拉伯	Saudi Arabia	520.28	138.7	18.07	242.02
塞内加尔	Senegal	7.86	146.9	0.59	39.95
塞尔维亚	Serbia	49.19		5.45	556.64
塞舌尔	Seychelles	0.60	425.7	6.37	1323.32
塞拉利昂	Sierra Leone	0.90	131.1	0.15	12.43
新加坡	Singapore	22.39	-52.3	4.31	31351.53
斯洛伐克	Slovakia	37.23	-39.8	6.88	759.30
斯洛文尼亚	Slovenia	16.18	9.4	7.86	798.00
所罗门群岛	Solomon Islands	0.20	22.8	0.37	6.85
索马里	Somalia	0.58	3045.9	0.06	0.90

附录4-5 续表 5 continued 5

国家或地区	Country or Area	二氧化碳排放量(百万吨) CO_2 Emissions (mio. tonnes)	比1990年增减(%) % Change since 1990 (%)	人均二氧化碳排放量(吨/人) CO_2 Emissions per Capita (tonne / person)	每平方公里二氧化碳排放量(吨/平方公里) CO_2 Emissions per km^2 (tonne / km^2)
南非	South Africa	477.24	49.2	9.14	390.85
西班牙	Spain	280.92	23.5	6.01	555.19
斯里兰卡	Sri Lanka	15.23	293.7	0.75	232.17
巴勒斯坦	State of Palestine	2.25		0.54	373.41
苏里南	Suriname	1.91	5.5	3.65	11.66
斯威士兰	Swaziland	1.05	146.5	0.87	60.40
瑞典	Sweden	48.48	-15.2	5.12	107.67
瑞士	Switzerland	41.85	-6.3	5.28	1013.63
叙利亚	Syrian Arab Republic	57.67	54.0	2.81	311.43
塔吉克斯坦	Tajikistan	2.78		0.36	19.45
泰国	Thailand	303.37	216.6	4.53	591.23
马其顿	The Former Yugoslav Rep. of Macedonia	9.34		4.52	363.09
东帝汶	Timor-Leste	0.18		0.17	12.29
多哥	Togo	2.10	171.1	0.32	36.94
汤加	Tonga	0.10	33.4	0.98	137.48
特立尼达和多巴哥	Trinidad and Tobago	49.57	192.3	37.14	9663.59
突尼斯	Tunisia	25.64	93.3	2.38	156.73
土耳其	Turkey	345.73	144.2	4.70	441.23
土库曼斯坦	Turkmenistan	62.22		12.18	127.47
特克斯和凯科斯群岛	Turks and Caicos Islands	0.19		6.01	201.11
乌干达	Uganda	3.80	373.0	0.11	15.73
乌克兰	Ukraine	306.53	-57.6	6.74	507.93
阿拉伯联合酋长国	United Arab Emirates	178.48	243.2	20.43	2134.98
英国	United Kingdom of Great Britain and Northern Ireland	464.04	-21.5	7.35	1913.59
坦桑尼亚	United Republic of Tanzania	7.30	207.7	0.15	7.73
美国	United States of America	5 583.38	9.5	17.87	579.84
乌拉圭	Uruguay	7.77	94.7	2.30	44.12
乌兹别克斯坦	Uzbekistan	114.86		4.08	256.73
瓦努阿图	Vanuatu	0.14	105.2	0.59	11.73
委内瑞拉	Venezuela (Bolivarian Republic of)	188.82	54.6	6.42	207.03
越南	Viet Nam	173.21	709.1	1.94	523.36
瓦利斯和富图纳群岛	Wallis and Futuna Islands	0.03		1.91	180.99
也门	Yemen	22.30	-843.3	0.92	42.23
赞比亚	Zambia	3.05	24.6	0.21	4.05
津巴布韦	Zimbabwe	9.86	-36.4	0.69	25.23

附录4-6 温室气体排放
Greenhouse Gas Emissions

国家或地区	Country or Area	最近年份 Latest Year Available	温室气体排放总量（百万吨二氧化碳当量） Total GHG Emissions (mio. tonnes of CO_2 equivalent)	比1990年增减(%) % Change since 1990 (%)	人均温室气体排放量（吨二氧化碳当量/人） GHG Emissions per Capita (tonnes of CO_2 equivalent/person)
阿富汗	Afghanistan	2005	19.33		0.79
阿尔巴尼亚	Albania	1994	5.53	-22.43	1.76
阿尔及利亚	Algeria	2000	111.02		3.56
安哥拉	Angola	2005	61.61		3.44
安提瓜和巴布达	Antigua and Barbuda	2000	0.60	53.81	7.70
阿根廷	Argentina	2000	282.00	22.05	7.61
亚美尼亚	Armenia	2010	7.20	-71.14	2.43
澳大利亚	Australia	2012	543.65	31.01	23.73
奥地利	Austria	2012	80.06	2.53	9.47
阿塞拜疆	Azerbaijan	1994	43.17	-28.97	5.62
巴哈马	Bahamas	1994	2.20	14.72	7.96
巴林	Bahrain	2000	22.37		33.55
孟加拉国	Bangladesh	2005	99.44		0.70
巴巴多斯	Barbados	1997	2.20	-32.90	8.24
白俄罗斯	Belarus	2012	89.28	-35.84	9.41
比利时	Belgium	2012	116.52	-18.49	10.52
伯利兹	Belize	1994	6.34		31.41
贝宁	Benin	2000	6.25		0.90
不丹	Bhutan	2000	1.56		2.76
玻利维亚	Bolivia (Plurinational State of)	2004	43.67	184.95	4.87
波黑	Bosnia and Herzegovina	2001	16.12	-52.65	4.24
博茨瓦纳	Botswana	1994	9.29		6.04
巴西	Brazil	2005	862.81	49.67	4.58
保加利亚	Bulgaria	2012	61.26	-44.22	8.39
布基纳法索	Burkina Faso	1994	5.97		0.61
布隆迪	Burundi	2005	26.47		3.34
佛得角	Cabo Verde	2000	0.45		1.02
柬埔寨	Cambodia	1994	12.76		1.23
喀麦隆	Cameroon	1994	165.73		12.23
加拿大	Canada	2012	698.63	18.23	20.25
中非共和国	Central African Republic	1994	37.74		11.60
乍得	Chad	1993	8.02		1.22

资料来源：联合国气候变化框架公约秘书处。
联合国经济社会事务部人口司，世界人口展望：2015年修订版。

Sources: UN Framework Convention on Climate Change (UNFCCC) Secretatiat.
United Nations, Department of Economic and Social Affairs, Population Division, World Population Prospects: The 2015 Revision.

附录4-6 续表 1 continued 1

国家或地区	Country or Area	最近年份 Latest Year Available	温室气体排放总量（百万吨二氧化碳当量） Total GHG Emissions (mio. tonnes of CO_2 equivalent)	比1990年增减(%) % Change since 1990 (%)	人均温室气体排放量（吨二氧化碳当量／人） GHG Emissions per Capita (tonnes of CO_2 equivalent/person)
智利	Chile	2006	78.96		4.85
中国	China	2005	7465.86		5.72
哥伦比亚	Colombia	2004	153.88	29.61	3.60
科摩罗	Comoros	1994	0.51		1.10
刚果	Congo	2000	2.07		0.66
库克群岛	Cook Islands	1994	0.08		4.40
哥斯达黎加	Costa Rica	2005	12.11	98.87	2.85
科特迪瓦	Cote d'Ivoire	2000	271.20		16.42
克罗地亚	Croatia	2012	26.45	-17.29	6.17
古巴	Cuba	1996	26.51	-58.28	2.42
塞浦路斯	Cyprus	2012	9.26	52.09	8.20
捷克	Czech Republic	2012	131.47	-32.98	12.47
朝鲜	Democratic People's Republic of Korea	2002	87.33	-57.92	3.76
刚果民主共和国	Democratic Republic of the Congo	2003	46.00		0.87
丹麦	Denmark	2012	53.12	-24.14	9.48
吉布提	Djibouti	2000	1.07		1.48
多米尼加	Dominica	2005	0.18		2.58
多米尼加共和国	Dominican Republic	2000	26.43	109.11	3.09
厄瓜多尔	Ecuador	2006	247.99	38.82	17.75
埃及	Egypt	2000	193.24	65.53	2.83
萨尔瓦多	El Salvador	2005	11.07		1.86
厄立特里亚	Eritrea	2000	3.93		1.11
爱沙尼亚	Estonia	2012	19.19	-52.77	14.49
埃塞俄比亚	Ethiopia	1995	47.75	10.99	0.86
斐济	Fiji	2004	2.71		3.31
芬兰	Finland	2012	60.97	-13.31	11.24
法国	France	2012	496.40	-11.42	7.81
加蓬	Gabon	2000	6.16		5.00
冈比亚	Gambia	2000	19.38		15.77
格鲁吉亚	Georgia	2006	12.22	-73.05	2.76
德国	Germany	2012	939.08	-24.76	11.67
加纳	Ghana	2006	18.23	97.52	0.97
希腊	Greece	2012	110.99	5.77	9.99
格林纳达	Grenada	1994	1.61		16.16
危地马拉	Guatemala	1990	14.74		1.61
几内亚	Guinea	1994	5.06		0.67
几内亚比绍	Guinea-Bissau	1994	1.69		1.47
圭亚那	Guyana	2004	3.07	13.17	4.14

附录4-6 续表 2 continued 2

国家或地区	Country or Area	最近年份 Latest Year Available	温室气体排放总量（百万吨二氧化碳当量） Total GHG Emissions (mio. tonnes of CO_2 equivalent)	比1990年增减(%) % Change since 1990 (%)	人均温室气体排放量（吨二氧化碳当量/人） GHG Emissions per Capita (tonnes of CO_2 equivalent/person)
海地	Haiti	2000	6.68		0.78
洪都拉斯	Honduras	2000	10.30		1.65
匈牙利	Hungary	2012	61.98	-36.50	6.22
冰岛	Iceland	2012	4.47	26.28	13.81
印度	India	2000	1523.77		1.45
印度尼西亚	Indonesia	2000	554.33	107.76	2.62
伊朗	Iran (Islamic Republic of)	2000	483.67		7.35
爱尔兰	Ireland	2012	58.53	5.95	12.54
以色列	Israel	2010	75.42		10.16
意大利	Italy	2012	461.19	-11.15	7.72
牙买加	Jamaica	1994	116.31		47.15
日本	Japan	2012	1343.14	8.81	10.56
约旦	Jordan	2006	27.75		5.02
哈萨克斯坦	Kazakhstan	2012	283.55	-20.71	16.86
肯尼亚	Kenya	1994	21.47		0.81
基里巴斯	Kiribati	1994	0.03		0.36
科威特	Kuwait	1994	32.37		19.13
吉尔吉斯斯坦	Kyrgyzstan	2005	12.02	-60.29	2.35
老挝	Lao People's Dem. Rep.	2000	8.90	29.59	1.67
拉脱维亚	Latvia	2012	10.98	-58.11	5.39
黎巴嫩	Lebanon	2000	18.45		5.70
莱索托	Lesotho	2000	3.51		1.93
利比里亚	Liberia	2000	8.02		2.77
列支敦士登	Liechtenstein	2012	0.23	-1.47	6.17
立陶宛	Lithuania	2012	21.62	-55.62	7.17
卢森堡	Luxembourg	2012	11.84	-8.25	22.77
马达加斯加	Madagascar	2000	29.34		1.86
马拉维	Malawi	1994	7.07	-12.11	0.73
马来西亚	Malaysia	2000	193.40		8.26
马尔代夫	Maldives	1994	0.15		0.62
马里	Mali	2000	12.30		1.11
马耳他	Malta	2012	3.14	57.65	7.56
毛里塔尼亚	Mauritania	2000	6.94		2.56
毛里求斯	Mauritius	2006	4.76		3.88
墨西哥	Mexico	2006	641.45	50.83	5.84
密克罗尼西亚	Micronesia (Federated States of)	1994	0.25		2.32

附录4-6 续表 3 continued 3

国家或地区	Country or Area	最近年份 Latest Year Available	温室气体排放总量（百万吨二氧化碳当量） Total GHG Emissions (mio. tonnes of CO_2 equivalent)	比1990年增减(%) % Change since 1990 (%)	人均温室气体排放量（吨二氧化碳当量／人） GHG Emissions per Capita (tonnes of CO_2 equivalent/person)
摩纳哥	Monaco	2012	0.09	-14.69	2.50
蒙古	Mongolia	2006	17.71	-8.32	7.52
黑山	Montenegro	2003	5.31	4.87	8.65
摩洛哥	Morocco	2000	59.70		2.02
莫桑比克	Mozambique	1994	8.22	21.24	0.54
缅甸	Myanmar	2005	38.37		0.77
纳米比亚	Namibia	2000	9.09		4.79
瑙鲁	Nauru	1994	0.04		3.64
尼泊尔	Nepal	1994	31.19		1.50
荷兰	Netherlands	2012	191.67	-9.53	11.44
新西兰	New Zealand	2012	76.05	25.41	17.14
尼加拉瓜	Nicaragua	2000	11.98		2.38
尼日尔	Niger	2000	13.63	180.83	1.21
尼日利亚	Nigeria	2000	212.44		1.73
纽埃	Niue	1994	4.42		2007.33
挪威	Norway	2012	52.76	4.53	10.51
阿曼	Oman	1994	20.88		9.76
巴基斯坦	Pakistan	1994	160.59		1.34
帕劳	Palau	2000	0.09		5.50
巴拿马	Panama	2000	9.71		3.09
巴布亚新几内亚	Papua New Guinea	1994	5.01		1.09
巴拉圭	Paraguay	2000	23.43	-58.31	4.42
秘鲁	Peru	2010	80.59		2.74
菲律宾	Philippines	2000	126.88		1.63
波兰	Poland	2012	399.27	-14.39	10.34
葡萄牙	Portugal	2012	68.85	13.13	6.55
卡塔尔	Qatar	2007	61.59		52.24
韩国	Republic of Korea	2012	688.43	133.70	13.95
摩尔多瓦	Republic of Moldova	2010	13.28	-69.31	3.25
罗马尼亚	Romania	2012	118.79	-52.04	5.96
俄罗斯联邦	Russian Federation	2012	2297.15	-31.79	16.03
卢旺达	Rwanda	2005	6.18		0.69
圣基茨和尼维斯	Saint Kitts and Nevis	1994	0.16		3.06
圣卢西亚	Saint Lucia	2000	0.55		3.51
圣文森特和格林纳丁斯	Saint Vincent and the Grenadines	1997	0.11	-72.76	0.99
萨摩亚	Samoa	1994	0.56		3.32
圣马力诺	San Marino	2007	0.24		7.95
圣多美和普林西比	Sao Tome and Principe	2005	0.10		0.65
沙特阿拉伯	Saudi Arabia	2000	296.06	79.14	13.84
塞内加尔	Senegal	2000	16.88		1.71
塞尔维亚	Serbia	1998	50.60	-37.37	5.23
塞舌尔	Seychelles	2000	0.33		4.07
新加坡	Singapore	2010	46.87		9.03
斯洛伐克	Slovakia	2012	43.12	-41.42	7.96

附录4-6 续表 4 continued 4

国家或地区	Country or Area	最近年份 Latest Year Available	温室气体排放总量（百万吨二氧化碳当量） Total GHG Emissions (mio. tonnes of CO_2 equivalent)	比1990年增减(%) % Change since 1990 (%)	人均温室气体排放量（吨二氧化碳当量/人） GHG Emissions per Capita (tonnes of CO_2 equivalent/person)
斯洛文尼亚	Slovenia	2012	18.91	2.53	9.17
所罗门群岛	Solomon Islands	1994	0.29		0.84
南非	South Africa	1994	379.84	9.35	9.37
西班牙	Spain	2012	340.81	20.11	7.31
斯里兰卡	Sri Lanka	2000	18.80		1.00
苏丹	Sudan	2000	67.84		2.42
苏里南	Suriname	2003	3.33		6.83
斯威士兰	Swaziland	1994	7.54		7.98
瑞典	Sweden	2012	57.61	-20.79	6.04
瑞士	Switzerland	2012	51.49	-2.84	6.42
塔吉克斯坦	Tajikistan	2010	8.18	-66.16	1.08
泰国	Thailand	2000	236.95		3.78
马其顿	The Former Yugoslav Rep. of Macedonia	2009	11.49	-13.32	5.58
东帝汶	Timor-Leste	2010	1.28		1.21
多哥	Togo	2000	4.92		1.01
汤加	Tonga	2000	0.25		2.50
特立尼达和多巴哥	Trinidad and Tobago	1990	16.01		13.10
突尼斯	Tunisia	2000	34.24		3.53
土耳其	Turkey	2012	439.87	133.44	5.88
土库曼斯坦	Turkmenistan	2004	75.41		16.06
图瓦卢	Tuvalu	1994	0.01		0.61
乌干达	Uganda	2000	27.56		1.16
乌克兰	Ukraine	2012	402.67	-57.36	8.88
阿拉伯联合酋长国	United Arab Emirates	2005	195.31		43.58
英国	United Kingdom of Great Britain and Northern Ireland	2012	586.36	-25.15	9.22
坦桑尼亚	United Republic of Tanzania	1994	39.24	0.64	1.35
美国	United States of America	2012	6487.85	4.31	20.61
乌拉圭	Uruguay	2004	36.28	13.00	10.91
乌兹别克斯坦	Uzbekistan	2005	199.84	9.26	7.71
瓦努阿图	Vanuatu	1994	0.30		1.82
委内瑞拉	Venezuela (Bolivarian Republic of)	1999	114.13		4.75
越南	Viet Nam	2010	266.05		3.31
也门	Yemen	2000	25.74		1.45
赞比亚	Zambia	2000	14.40		1.36
津巴布韦	Zimbabwe	2000	68.54		5.48

附录4-7 消耗臭氧层物质消费量

国家和地区	Country or Area	氟氯化碳消费量 Consumption of CFCs	
		基线水平 (吨) Baseline ODP tonnes	2013年消费量 (吨) 2013 ODP tonnes
阿富汗	Afghanistan	380.0	
阿尔巴尼亚	Albania	40.8	
阿尔及利亚	Algeria	2119.5	
安道尔	Andorra	67.5	
安哥拉	Angola	114.8	
安提瓜和巴布达	Antigua and Barbuda	10.7	
阿根廷	Argentina	4697.2	
亚美尼亚	Armenia	196.5	
澳大利亚	Australia	14290.4	-7.5
阿塞拜疆	Azerbaijan	480.6	
巴哈马	Bahamas	64.9	
巴林	Bahrain	135.4	
孟加拉国	Bangladesh	581.6	
巴巴多斯	Barbados	21.5	
白俄罗斯	Belarus	2510.9	
伯利兹	Belize	24.4	
贝宁	Benin	59.9	
不丹	Bhutan	0.2	
玻利维亚	Bolivia (Plurinational State of)	75.7	
波黑	Bosnia and Herzegovina	24.2	
博茨瓦纳	Botswana	6.9	
巴西	Brazil	10525.8	
文莱	Brunei Darussalam	78.2	
布基纳法索	Burkina Faso	36.3	
布隆迪	Burundi	59.0	
柬埔寨	Cambodia	94.2	
喀麦隆	Cameroon	256.9	
加拿大	Canada	19958.2	

资料来源：联合国统计司千年发展目标数据库。
Sources:UNSD Millennium Development Goals Database.

Consumption of Ozone-Depleting Substances(ODS)

	全部消耗臭氧层物质消费量 Consumption of All ODS		
比基线水平减少 (%) Reduction from Baseline (%)	2002年消费量 (吨) 2002 ODP tonnes	2013年消费量 (吨) 2013 ODP tonnes	比2002年减少 (%) Reduction from 2002 (%)
100.0	181.5	17.7	90.2
100.0	50.5	5.7	88.7
100.0	1966.1	52.0	97.4
100.0			
100.0	110.0	15.4	86.0
100.0	4.0	0.2	95.0
100.0	2386.0	497.7	79.1
100.0	174.4	4.5	97.4
100.1	389.7	48.3	87.6
100.0	12.1	1.8	85.1
100.0	58.4	2.7	95.4
100.0	138.1	49.6	64.1
100.0	350.1	64.9	81.5
100.0	12.1	2.3	81.0
100.0	2.7	7.0	-159.3
100.0	21.7	2.4	88.9
100.0	36.0	22.2	38.3
100.0	0.1	0.3	-200.0
100.0	67.4	0.4	99.4
100.0	259.2	5.1	98.0
100.0	10.2	10.8	-5.9
100.0	3589.4	1189.3	66.9
100.0	46.3	4.3	90.7
100.0	27.9	14.9	46.6
100.0	19.2	7.1	63.0
100.0	97.0	9.5	90.2
100.0	261.7	82.3	68.6
100.0	923.1	65.9	92.9

附录4-7 续表 1

国家和地区	Country or Area	氟氯化碳消费量 Consumption of CFCs 基线水平 (吨) Baseline ODP tonnes	2013年消费量 (吨) 2013 ODP tonnes
佛得角	Cape Verde	2.3	
中非共和国	Central African Republic	11.2	
乍得	Chad	34.6	
智利	Chile	828.7	
中国	China	57818.7	-386.6
哥伦比亚	Colombia	2208.2	
科摩罗	Comoros	2.5	
刚果	Congo	11.9	
库克群岛	Cook Islands	1.7	
哥斯达黎加	Costa Rica	250.2	
科特迪瓦	Cote d'Ivoire	294.2	
克罗地亚	Croatia	219.3	
古巴	Cuba	625.1	
朝鲜	Democratic People's Republic of Korea	441.7	
刚果民主共和国	Democratic Republic of the Congo	665.7	
吉布提	Djibouti	21.0	
多米尼加	Dominica	1.5	
多米尼加共和国	Dominican Republic	539.8	
厄瓜多尔	Ecuador	301.4	
埃及	Egypt	1668.0	
萨尔瓦多	El Salvador	306.5	
赤道几内亚	Equatorial Guinea	31.5	
厄立特里亚	Eritrea	41.1	
爱沙尼亚	Ethiopia	33.8	
欧盟	European Union (EU)	301930.2	-1042.9
斐济	Fiji	33.4	
加蓬	Gabon	10.3	
冈比亚	Gambia	23.8	
格鲁吉亚	Georgia	22.5	
加纳	Ghana	35.8	
格林纳达	Grenada	6.0	
危地马拉	Guatemala	224.6	
几内亚	Guinea	42.4	
几内亚比绍	Guinea-Bissau	26.3	
圭亚那	Guyana	53.2	

continued 1

	全部消耗臭氧层物质消费量 Consumption of All ODS		
比基线水平减少 (%) Reduction from Baseline (%)	2002年消费量 (吨) 2002 ODP tonnes	2013年消费量 (吨) 2013 ODP tonnes	比2002年减少 (%) Reduction from 2002 (%)
100.0	1.8	0.2	88.9
	4.6		100.0
100.0	27.3	15.2	44.3
100.0	591.9	241.9	59.1
100.7	47804.1	15690.6	67.2
100.0	1002.2	176.7	82.4
100.0	1.9	0.1	94.7
100.0	11.2	9.4	16.1
100.0			
100.0	425.4	12.6	97.0
100.0	121.2	54.2	55.3
	172.3		100.0
100.0	518.0	12.2	97.6
100.0	2326.3	90.6	96.1
100.0	1081.3	35.9	96.7
100.0	15.8	0.6	96.2
100.0	3.1	0.1	96.8
100.0	406.9	34.8	91.4
100.0	273.4	22.0	92.0
100.0	1944.1	352.2	81.9
100.0	108.1	8.1	92.5
100.0	27.9	5.1	81.7
100.0	32.2	1.0	96.9
100.0	86.6	5.5	93.6
100.3	-6754.6	-3249.4	51.9
100.0	5.3	7.7	-45.3
100.0	6.9	28.6	-314.5
100.0	4.9	0.9	81.6
100.0	64.3	1.4	97.8
100.0	24.0	25.4	-5.8
100.0	2.3	0.3	87.0
100.0	952.5	251.3	73.6
100.0	31.4	7.1	77.4
100.0	27.2	2.3	91.5
100.0	15.6	1.0	93.6

附录4-7 续表 2

国家和地区	Country or Area	氟氯化碳消费量 Consumption of CFCs 基线水平(吨) Baseline ODP tonnes	2013年消费量(吨) 2013 ODP tonnes
海地	Haiti	169.0	
洪都拉斯	Honduras	331.6	
冰岛	Iceland	195.1	
印度	India	6681.0	-19.8
印度尼西亚	Indonesia	8332.7	
伊朗	Iran (Islamic Republic of)	4571.7	
伊拉克	Iraq	1517.0	
以色列	Israel	4141.6	
牙买加	Jamaica	93.2	
日本	Japan	118134.0	-181.3
约旦	Jordan	673.3	
哈萨克斯坦	Kazakhstan	1206.2	
肯尼亚	Kenya	239.5	
基里巴斯	Kiribati	0.7	
科威特	Kuwait	480.4	
吉尔吉斯斯坦	Kyrgyzstan	72.8	
老挝	Lao People's Democratic Republic	43.3	
黎巴嫩	Lebanon	725.5	
莱索托	Lesotho	5.1	
利比里亚	Liberia	56.1	
利比亚	Libya	716.7	
列支敦士登	Liechtenstein	37.2	
马达加斯加	Madagascar	47.9	
马拉维	Malawi	57.7	
马来西亚	Malaysia	3271.1	
马尔代夫	Maldives	4.6	
马里	Mali	108.1	
马绍尔群岛	Marshall Islands	1.1	
毛里塔尼亚	Mauritania	15.7	
毛里求斯	Mauritius	29.1	
墨西哥	Mexico	4624.9	
密克罗尼西亚	Micronesia (Federated States of)	1.2	

continued 2

比基线水平减少 (%) Reduction from Baseline (%)	全部消耗臭氧层物质消费量 Consumption of All ODS 2002年消费量 (吨) 2002 ODP tonnes	2013年消费量 (吨) 2013 ODP tonnes	比2002年减少 (%) Reduction from 2002 (%)
100.0	197.7	2.0	99.0
100.0	555.7	18.9	96.6
100.0	2.6		100.0
100.3	15026.9	956.1	93.6
100.0	5787.4	310.5	94.6
100.0	8572.9	357.8	95.8
100.0	1580.6	101.8	93.6
100.0	1241.3	94.5	92.4
100.0	39.2	3.6	90.8
100.2	2466.8	39.6	98.4
100.0	267.0	63.0	76.4
100.0	146.9	104.6	28.8
100.0	322.0	29.1	91.0
100.0			
100.0	515.7	414.7	19.6
100.0	50.2	4.0	92.0
100.0	42.9	1.6	96.3
100.0	710.8	72.6	89.8
100.0	4.6	2.0	56.5
100.0	54.0	4.5	91.7
100.0	1596.5	144.0	91.0
100.0	0.1		100.0
100.0	8.8	16.0	-81.8
100.0	75.4	10.2	86.5
100.0	1966.3	449.9	77.1
100.0	4.0	3.2	20.0
100.0	28.3	10.3	63.6
100.0	0.3	0.1	66.7
100.0	16.5	20.4	-23.6
100.0	14.4	5.4	62.5
100.0	3954.7	1106.2	72.0
100.0	2.2		100.0

附录4-7 续表 3

国家和地区	Country or Area	氟氯化碳消费量 Consumption of CFCs 基线水平(吨) Baseline ODP tonnes	2013年消费量(吨) 2013 ODP tonnes
摩纳哥	Monaco	6.2	
蒙古	Mongolia	10.6	
黑山	Montenegro	104.9	
摩洛哥	Morocco	802.3	
莫桑比克	Mozambique	18.2	
缅甸	Myanmar	54.3	
纳米比亚	Namibia	21.9	
瑙鲁	Nauru	0.5	
尼泊尔	Nepal	27.0	
新西兰	New Zealand	2088.0	
尼加拉瓜	Nicaragua	82.8	
尼日尔	Niger	32.0	
尼日利亚	Nigeria	3650.0	
纽埃	Niue	0.1	
挪威	Norway	1313.0	
阿曼	Oman	248.4	
巴基斯坦	Pakistan	1679.4	
帕劳	Palau	1.6	
巴拿马	Panama	384.1	
巴布亚新几内亚	Papua New Guinea	36.3	
巴拉圭	Paraguay	210.6	
秘鲁	Peru	289.5	
菲律宾	Philippines	3055.8	
卡塔尔	Qatar	101.4	
韩国	Republic of Korea	9159.8	
摩尔多瓦	Republic of Moldova	73.3	
俄罗斯联邦	Russian Federation	100352.0	288.0
卢旺达	Rwanda	30.4	
圣基茨和尼维斯	Saint Kitts and Nevis	3.7	
圣卢西亚	Saint Lucia	8.3	
萨摩亚	Samoa	4.5	
圣多美和普林西比	Sao Tome and Principe	4.7	
沙特阿拉伯	Saudi Arabia	1798.5	
塞内加尔	Senegal	155.8	
塞尔维亚	Serbia	849.2	

continued 3

	全部消耗臭氧层物质消费量 Consumption of All ODS		
比基线水平减少 (%) Reduction from Baseline (%)	2002年消费量 (吨) 2002 ODP tonnes	2013年消费量 (吨) 2013 ODP tonnes	比2002年减少 (%) Reduction from 2002 (%)
100.0	0.1		100.0
100.0	7.3	0.9	87.7
100.0	15.4	0.8	94.8
100.0	1070.0	49.4	95.4
100.0	14.4	8.3	42.4
100.0	45.7	3.0	93.4
100.0	20.0	7.0	65.0
100.0			
100.0	2.6	0.7	73.1
100.0	42.8	8.2	80.8
100.0	64.9	3.6	94.5
100.0	27.6	14.6	47.1
100.0	3933.3	334.5	91.5
100.0			
100.0	-42.8		100.0
100.0	201.5	28.9	85.7
100.0	2347.2	247.0	89.5
100.0	0.2	0.1	50.0
100.0	204.7	21.4	89.5
100.0	39.7	3.0	92.4
100.0	105.5	16.5	84.4
100.0	203.6	25.8	87.3
100.0	1795.1	136.7	92.4
100.0	105.4	80.7	23.4
100.0	11745.9	1893.1	83.9
100.0	29.6	1.0	96.6
99.7	892.3	836.5	6.3
100.0	30.4	3.8	87.5
100.0	6.3	0.3	95.2
100.0	7.7	0.6	92.2
100.0	2.6	0.1	96.2
100.0	4.4	0.1	97.7
100.0	1926.4	1440.3	25.2
100.0	82.3	7.7	90.6
100.0	384.9	8.1	97.9

附录4-7 续表 4

国家和地区	Country or Area	氟氯化碳消费量 Consumption of CFCs 基线水平 (吨) Baseline ODP tonnes	2013年消费量 (吨) 2013 ODP tonnes
塞舌尔	Seychelles	2.9	
塞拉利昂	Sierra Leone	78.6	
新加坡	Singapore	2718.2	
所罗门群岛	Solomon Islands	2.1	
索马里	Somalia	241.4	
南非	South Africa	592.6	
斯里兰卡	Sri Lanka	445.6	
圣文森特和格林纳丁斯	Saint Vincent and the Grenadines	1.8	
苏丹	Sudan	456.8	
苏里南	Suriname	41.3	
斯威士兰	Swaziland	24.6	
瑞士	Switzerland	7960.0	
叙利亚	Syrian Arab Republic	2224.6	
塔吉克斯坦	Tajikistan	211.0	
泰国	Thailand	6082.1	
马其顿	The Former Yugoslav Rep. of Macedonia	519.7	
东帝汶	Timor-Leste	36.0	
多哥	Togo	39.8	
汤加	Tonga	1.3	
特立尼达和多巴哥	Trinidad and Tobago	120.0	
突尼斯	Tunisia	870.1	
土耳其	Turkey	3805.7	
土库曼斯坦	Turkmenistan	37.3	
图瓦卢	Tuvalu	0.3	
乌干达	Uganda	12.8	
乌克兰	Ukraine	4725.2	
阿拉伯联合酋长国	United Arab Emirates	529.3	
坦桑尼亚	United Republic of Tanzania	253.9	
美国	United States of America	305963.6	-498.6
乌拉圭	Uruguay	199.1	
乌兹别克斯坦	Uzbekistan	1779.2	
瓦努阿图	Vanuatu		
委内瑞拉	Venezuela (Bolivarian Republic of)	3322.4	
越南	Viet Nam	500.0	
也门	Yemen	1796.1	
赞比亚	Zambia	27.4	
津巴布韦	Zimbabwe	451.4	

continued 4

	全部消耗臭氧层物质消费量 Consumption of All ODS		
比基线水平减少 (%) Reduction from Baseline (%)	2002年消费量 (吨) 2002 ODP tonnes	2013年消费量 (吨) 2013 ODP tonnes	比2002年减少 (%) Reduction from 2002 (%)
100.0	166.1	0.6	99.6
100.0	84.4	0.8	99.1
100.0	146.7	116.7	20.4
100.0	5.7	0.2	96.5
100.0	124.1	16.5	86.7
100.0	848.8	426.4	49.8
100.0	227.4	13.4	94.1
100.0	6.4	0.2	96.9
100.0	258.2	51.9	79.9
100.0	51.0	1.2	97.6
100.0	2.4	1.2	50.0
100.0	26.2	1.4	94.7
100.0	1754.1	28.0	98.4
100.0	12.6	2.3	81.7
100.0	3612.5	863.3	76.1
100.0	44.6	0.7	98.4
100.0	2.7	0.3	88.9
100.0	35.3	19.0	46.2
100.0	1.0		100.0
100.0	93.9	39.5	57.9
100.0	552.5	38.7	93.0
100.0	1336.4	147.0	89.0
100.0	10.9	4.2	61.5
100.0			-100.0
100.0	44.9		100.0
100.0	145.5	59.4	59.2
100.0	624.2	539.4	13.6
100.0	71.5	1.6	97.8
100.2	16206.4	711.3	95.6
100.0	100.9	15.5	84.6
100.0	0.8	4.6	-475.0
		0.1	-100.0
100.0	1653.0	139.9	91.5
100.0	447.4	252.9	43.5
100.0	1135.8	127.2	88.8
100.0	24.0	5.0	79.2
100.0	345.8	15.8	95.4

附录4-8 能源供应与可再生电力生产(2015年)
Energy Supply and Renewable Electricity Production (2015)

国家或地区	Country or Area	能源供应量(10^{15}焦耳) Energy Supply (Petajoules)	人均能源供应量(10^{9}焦耳) Energy Supply per capita (Gigajoules)	可再生电力生产占比(%) Renewable Electricity Production (%)
阿富汗	Afghanistan	145	4	86.07
阿尔巴尼亚	Albania	92	32	100.00
阿尔及利亚	Algeria	2221	56	0.32
安道尔	Andorra	9	124	86.87
安哥拉	Angola	602	24	53.17
安圭拉	Anguilla	2	151	
安提瓜和巴布达岛	Antigua and Barbuda	8	85	
阿根廷	Argentina	3610	83	26.91
亚美尼亚	Armenia	129	43	28.34
阿鲁巴	Aruba	13	123	14.81
澳大利亚	Australia	5261	220	12.24
奥地利	Austria	1374	161	71.01
阿塞拜疆	Azerbaijan	603	62	6.67
巴哈马	Bahamas	34	87	
巴林	Bahrain	579	420	
孟加拉国	Bangladesh	1789	11	1.23
巴巴多斯	Barbados	17	58	
白俄罗斯	Belarus	1053	111	0.40
比利时	Belgium	2226	197	14.24
伯利兹	Belize	15	41	45.32
贝宁	Benin	190	17	5.56
百慕大	Bermuda	8	133	
不丹	Bhutan	63	82	99.99
玻利维亚	Bolivia (Plurinational State of)	337	31	29.15
博内尔岛，圣尤斯特歇斯和萨巴	Bonaire, Sint Eustatius and Saba	5	212	31.50
波黑	Bosnia and Herzegovina	331	87	35.52
博茨瓦纳	Botswana	80	35	0.03
巴西	Brazil	12350	59	65.62
英属维尔京群岛	British Virgin Islands	3	84	1.49
文莱	Brunei Darussalam	114	269	0.05
保加利亚	Bulgaria	775	108	18.25
布基纳法索	Burkina Faso	169	9	9.31

资料来源：联合国统计司，能源统计年鉴。
Sources:UNSD Energy Statistics Yearbook.

附录4-8 续表 1 continued 1

国家或地区	Country or Area	能源供应量(10^{15}焦耳) Energy Supply (Petajoules)	人均能源供应量(10^{9}焦耳) Energy Supply per capita (Gigajoules)	可再生电力生产占比(%) Renewable Electricity Production (%)
布隆迪	Burundi	59	5	82.53
佛得角	Cabo Verde	9	17	20.19
柬埔寨	Cambodia	295	19	45.55
喀麦隆	Cameroon	326	14	74.99
加拿大	Canada	11151	310	61.13
开曼群岛	Cayman Islands	8	132	
中非共和国	Central African Republic	23	5	99.42
乍得	Chad	80	6	
智利	Chile	1504	84	36.16
中国	China	119926	87	23.30
中国香港	China, Hong Kong Special Administrative Region	583	80	
中国澳门	China, Macao Special Administrative Region	40	68	
哥伦比亚	Colombia	1475	31	66.46
科摩罗	Comoros	5	7	
刚果	Congo	111	24	53.34
库克群岛	Cook Islands	1	41	6.90
哥斯达黎加	Costa Rica	207	43	84.63
科特迪瓦	Côte d'Ivoire	543	24	15.52
克罗地亚	Croatia	350	83	64.97
古巴	Cuba	480	42	0.24
库拉索岛	Curaçao	93	592	3.71
塞浦路斯	Cyprus	85	73	7.65
捷克	Czech Republic	1764	167	7.04
朝鲜	Democratic People's Republic of Korea	332	13	72.80
刚果民主共和国	Democratic Republic of the Congo	1209	16	99.71
丹麦	Denmark	668	118	50.97
吉布提	Djibouti	10	11	
多米尼加	Dominica	3	37	15.89
多米尼加共和国	Dominican Republic	328	31	6.83
厄瓜多尔	Ecuador	651	40	50.99
埃及	Egypt	3457	38	8.02
萨尔瓦多	El Salvador	180	29	22.59
赤道几内亚	Equatorial Guinea	71	84	57.83
厄立特里亚	Eritrea	36	7	0.49
爱沙尼亚	Estonia	230	176	7.12
埃塞俄比亚	Ethiopia	1471	15	99.96
法罗群岛	Faeroe Islands	9	188	60.19
福克兰群岛(马尔维纳斯群岛)	Falkland Islands (Malvinas)	1	257	33.33

附录4-8 续表 2 continued 2

国家或地区	Country or Area	能源供应量(10^15焦耳) Energy Supply (Petajoules)	人均能源供应量(10^9焦耳) Energy Supply per capita (Gigajoules)	可再生电力生产占比(%) Renewable Electricity Production (%)
斐济	Fiji	38	43	45.08
芬兰	Finland	1349	245	27.85
法国	France	10310	155	15.46
法属圭亚那	French Guiana	12	46	59.15
法属波利尼西亚	French Polynesia	12	41	32.03
加蓬	Gabon	106	62	43.27
冈比亚	Gambia	14	7	
佐治亚州	Georgia	197	49	78.04
德国	Germany	12882	160	22.08
加纳	Ghana	339	12	50.10
直布罗陀	Gibraltar	9	272	
希腊	Greece	985	90	28.28
格陵兰	Greenland	9	158	81.35
格林纳达	Grenada	4	38	
瓜德罗普	Guadeloupe	33	71	9.83
危地马拉	Guatemala	476	29	47.45
根西	Guernsey	1	13	
几内亚	Guinea	152	12	78.80
几内亚比绍	Guinea-Bissau	30	16	
圭亚那	Guyana	35	45	
海地	Haiti	179	17	8.00
洪都拉斯	Honduras	237	29	33.52
匈牙利	Hungary	1058	107	3.46
冰岛	Iceland	313	950	73.37
印度	India	36697	28	11.71
印度尼西亚	Indonesia	9452	37	6.69
伊朗	Iran (Islamic Republic of)	9989	126	5.10
伊拉克	Iraq	1997	55	3.74
爱尔兰	Ireland	555	118	27.02
马恩岛	Isle of Man		3	0.79
以色列	Israel	955	118	1.78
意大利	Italy	6402	107	29.95
牙买加	Jamaica	108	39	9.86
日本	Japan	17984	142	12.70
泽西	Jersey	3	29	
约旦	Jordan	362	48	0.94
哈萨克斯坦	Kazakhstan	3258	185	8.83

附录4-8　续表 3　continued 3

国家或地区	Country or Area	能源供应量 (10^{15}焦耳) Energy Supply (Petajoules)	人均能源供应量 (10^9焦耳) Energy Supply per capita (Gigajoules)	可再生电力生产占比 (%) Renewable Electricity Production (%)
肯尼亚	Kenya	949	21	37.12
基里巴斯	Kiribati	1	8	7.14
科威特	Kuwait	1458	375	
吉尔吉斯斯坦	Kyrgyzstan	167	28	85.19
老挝	Lao People's Democratic Republic	187	28	86.37
拉脱维亚	Latvia	179	91	36.27
黎巴嫩	Lebanon	312	53	2.60
莱索托	Lesotho	59	27	100.00
利比里亚	Liberia	92	20	
利比亚	Libya	1022	163	
列支敦士登	Liechtenstein	3	76	97.14
立陶宛	Lithuania	294	102	38.66
卢森堡	Luxembourg	157	278	62.85
马达加斯加	Madagascar	179	7	54.61
马拉维	Malawi	78	5	91.30
马来西亚	Malaysia	3424	113	9.46
马尔代夫	Maldives	19	52	1.28
马里	Mali	95	5	43.52
马耳他	Malta	27	65	7.14
马绍尔群岛	Marshall Islands	2	42	
马提尼克	Martinique	31	79	2.70
毛里塔尼亚	Mauritania	54	13	13.37
毛里求斯	Mauritius	67	52	5.04
墨西哥	Mexico	7883	62	12.79
密克罗尼西亚	Micronesia (Federated States of)	2	22	1.45
蒙古	Mongolia	272	92	
黑山	Montenegro	42	68	49.65
蒙特塞拉特岛	Montserrat	1	149	
摩洛哥	Morocco	796	23	15.40
莫桑比克	Mozambique	538	19	87.03
缅甸	Myanmar	846	16	59.53
纳米比亚	Namibia	76	31	97.79
瑙鲁	Nauru	1	65	
尼泊尔	Nepal	505	18	100.00
荷兰	Netherlands	3034	179	7.96
新喀里多尼亚	New Caledonia	63	240	14.09
新西兰	New Zealand	946	209	60.91
尼加拉瓜	Nicaragua	165	27	25.33

附录4-8 续表 4 continued 4

国家或地区	Country or Area	能源供应量 (10^{15}焦耳) Energy Supply (Petajoules)	人均能源供应量 (10^{9}焦耳) Energy Supply per capita (Gigajoules)	可再生电力生产占比 (%) Renewable Electricity Production (%)
尼日尔	Niger	95	5	
尼日利亚	Nigeria	5832	32	18.20
纽埃	Niue		64	
挪威	Norway	1219	234	97.59
阿曼	Oman	1280	285	
巴基斯坦	Pakistan	3360	18	30.82
帕劳	Palau	3	147	
巴拿马	Panama	171	44	65.00
巴布亚新几内亚	Papua New Guinea	159	21	24.43
巴拉圭	Paraguay	260	39	100.00
秘鲁	Peru	937	30	50.85
菲律宾	Philippines	2050	20	11.61
波兰	Poland	3999	104	8.09
葡萄牙	Portugal	907	88	42.36
波多黎各	Puerto Rico	60	16	1.84
卡塔尔	Qatar	1895	848	
韩国	Republic of Korea	11364	226	1.97
摩尔多瓦	Republic of Moldova	84	21	5.64
留尼旺	Réunion	59	69	26.15
罗马尼亚	Romania	1340	69	39.30
俄罗斯联邦	Russian Federation	29841	208	15.96
卢旺达	Rwanda	97	8	56.87
圣海伦娜	Saint Helena		37	20.00
圣基茨岛和尼维斯	Saint Kitts and Nevis	3	60	4.44
圣露西亚	Saint Lucia	6	33	
圣皮埃尔和密克隆	Saint Pierre and Miquelon	1	175	2.04
圣文森特和格林纳丁斯	Saint Vincent and the Grenadines	3	31	15.66
萨摩亚	Samoa	6	29	29.85
圣多美和普林西比	Sao Tome and Principe	3	14	10.00
沙特阿拉伯	Saudi Arabia	11172	354	
塞内加尔	Senegal	171	11	0.11
塞尔维亚	Serbia	612	69	28.18
塞舌尔	Seychelles	6	65	2.38
塞拉利昂	Sierra Leone	67	10	60.98
新加坡	Singapore	1233	220	
圣马丁岛(荷兰部分)	Sint Maarten (Dutch part)	12	305	
斯洛伐克	Slovakia	677	125	17.28
斯洛文尼亚	Slovenia	275	133	28.95
所罗门群岛	Solomon Islands	6	10	2.06

附录4-8 续表 5 continued 5

国家或地区	Country or Area	能源供应量(10^{15}焦耳) Energy Supply (Petajoules)	人均能源供应量(10^{9}焦耳) Energy Supply per capita (Gigajoules)	可再生电力生产占比(%) Renewable Electricity Production (%)
索马里	Somalia	137	13	
南非	South Africa	6367	117	3.27
南苏丹	South Sudan	23	2	0.61
西班牙	Spain	4905	106	33.65
斯里兰卡	Sri Lanka	433	21	48.18
巴勒斯坦	State of Palestine	72	16	
苏丹	Sudan	655	16	64.54
苏里南	Suriname	29	54	33.77
斯威士兰	Swaziland	49	38	46.57
瑞典	Sweden	1887	193	56.65
瑞士	Switzerland	1024	123	60.71
叙利亚	Syrian Arab Republic	419	23	2.31
塔吉克斯坦	Tajikistan	114	13	98.47
泰国	Thailand	5412	80	4.19
马其顿	The former Yugoslav Republic of Macedonia	118	57	35.58
东帝汶	Timor-Leste	8	7	
多哥	Togo	143	20	13.74
汤加	Tonga	2	16	5.45
特立尼达和多巴哥	Trinidad and Tobago	816	600	
突尼斯	Tunisia	452	40	2.84
土耳其	Turkey	5338	68	30.17
土库曼斯坦	Turkmenistan	1160	216	
特克斯和凯科斯群岛	Turks and Caicos Islands	3	84	
图瓦卢	Tuvalu		14	28.57
乌干达	Uganda	655	17	92.95
乌克兰	Ukraine	3753	84	5.21
阿拉伯联合酋长国	United Arab Emirates	3587	392	
英国	United Kingdom of Great Britain and Northern Ireland	7498	116	16.78
坦桑尼亚联合共和国	United Republic of Tanzania	1087	20	33.82
美国	United States of America	90691	282	11.58
美属维尔京群岛	United States Virgin Islands		1	3.89
乌拉圭	Uruguay	212	62	75.59
乌兹别克斯坦	Uzbekistan	1783	60	20.65
瓦努阿图	Vanuatu	3	11	21.88
委内瑞拉	Venezuela (Bolivarian Republic of)	2449	79	63.70
越南	Viet Nam	2994	32	36.41
沃利斯和富图纳群岛	Wallis and Futuna Islands		26	
也门	Yemen	145	5	
赞比亚	Zambia	430	27	96.99
津巴布韦	Zimbabwe	472	30	51.87

附录4-9 危险废物产生量
Hazardous Waste Generation

单位：千吨 (1000 tonnes)

国家或地区	Country or Area	1995	2000	2005	2010	2011	2012	2013	2014	2015
阿尔及利亚	Algeria	185.0								
安道尔	Andorra							1.0	2.1	1.8
亚美尼亚	Armenia		381.6	346.3	435.4	462.9	470.5	579.0	576.4	555.1
奥地利	Austria				1472.9		1065.9		1272.3	
阿塞拜疆	Azerbaijan	27.0	26.6	12.8	140.0	185.7	297.0	202.9	456.6	262.6
巴林	Bahrain	136.0	140.0	38.2						
孟加拉国	Bangladesh						28.9			
白俄罗斯	Belarus	90.3	73.0	192.0	918.2	943.2	1322.8	1415.4	1724.0	1207.8
比利时	Belgium				4767.3		2962.0		2946.2	
伯利兹	Belize		0.8							
贝宁	Benin									
百慕大群岛	Bermuda				0.6	0.6	0.6	0.6	0.6	0.6
波黑	Bosnia and Herzegovina				10.3		4.4		8.4	
保加利亚	Bulgaria				13553.5		13407.0		12206.2	
布基纳法索	Burkina Faso			0.4	0.0	0.0				
佛得角	Cabo Verde								3.5	
喀麦隆	Cameroon			9.4						
中国	China		8300.0	11620.0	15867.5	34312.2	34652.4	31568.9	36335.2	39761.1
中国香港	China, Hong Kong Special Administrative Region	97.1	91.6	47.1	40.8	36.2	33.9	32.7	31.8	33.7
中国澳门	China, Macao Special Administrative Region		4.2	5.9	12.4	17.6	17.7	17.3	20.2	23.7
克罗地亚	Croatia				72.6		121.4		130.2	
古巴	Cuba			941.4	660.8	500.7	565.2	496.6	412.1	302.9
塞浦路斯	Cyprus						31.3		173.4	
捷克	Czech Republic				1362.9		1481.3		1162.3	
丹麦	Denmark				1224.8		1216.9		1718.4	
多米尼加	Dominica									
厄瓜多尔	Ecuador		85.9	196.8						
爱沙尼亚	Estonia				8961.7		9159.1		10410.3	
芬兰	Finland				2559.4		1653.9		1998.7	
法国	France				11538.1		11303.1		10783.0	
法属圭亚那	French Guiana				0.6	0.7	0.9	0.7		
德国	Germany				19931.5		21983.9		21812.7	
希腊	Greece				291.8		297.4		221.0	

资料来源：联合国统计司/环境规划署两年度环境统计问卷，废物部分。
欧盟统计局环境统计数据库。
Sources: UNSD/UNEP biennial Questionnaires on Environment Statistics, Waste section.
Eurostat environment statistics main tables and database.

附录4-9　续表 1　continued 1

单位：千吨　　(1000 tonnes)

国家或地区	Country or Area	1995	2000	2005	2010	2011	2012	2013	2014	2015
瓜德罗普岛	Guadeloupe				7.5	2.0	9.1	11.9		
危地马拉	Guatemala			599.0	301.4	0.0	0.0			
匈牙利	Hungary				540.6		700.2		596.6	
冰岛	Iceland				8.3		16.3		39.0	
印度	India		7243.8			7903.6	7900.0		7423.0	7803.5
伊拉克	Iraq				15.5		119.4		7.1	20.6
爱尔兰	Ireland				1972.2		478.7		482.9	
意大利	Italy				8543.4		8987.0		8923.5	
牙买加	Jamaica		10.0	10.0						
约旦	Jordan			71.4	62.0	1230.4		47.4		
哈萨克斯坦	Kazakhstan			1684318.6	303116.6	420668.3	355952.4	382214.3	337414.8	251565.6
吉尔吉斯斯坦	Kyrgyzstan	472.3	6304.1	6206.2	5806.8	10152.9	4930.2	7957.3	10223.0	10498.9
拉脱维亚	Latvia				67.9		95.1		104.1	
黎巴嫩	Lebanon									
列支敦士登	Liechtenstein					17.5		14.3		7.8
立陶宛	Lithuania				105.3		136.8		165.5	
卢森堡	Luxembourg				380.1		315.1		237.2	
马达加斯加	Madagascar									
马来西亚	Malaysia		344.6	548.9	3087.5	3281.6	2854.5	2965.6	2354.7	2918.5
马耳他	Malta				24.9		38.0		36.7	
马提尼克	Martinique				15.0	1.5	4.7	3.5		
毛里求斯	Mauritius				7.8	8.0	8.2	8.5	8.8	9.0
摩纳哥	Monaco	0.3	0.3	0.5				0.3	0.3	0.3
摩洛哥	Morocco		119.0					289.3		
荷兰	Netherlands				4485.0		4859.9		4830.5	
尼日尔	Niger			554.0						
挪威	Norway				1763.0		1357.1		1368.0	
巴拿马	Panama	0.2	0.3	1.5	3.0	3.1				
菲律宾	Philippines		278.4	1670.2	1346.5	4979.3	678.8	8948.1	1712.5	2988.1
波兰	Poland				1491.8		1737.0		1681.0	
葡萄牙	Portugal				666.5		545.0		461.6	
摩尔多瓦	Republic of Moldova	2.9	2.9	1.7	0.9	3.1	3.9	4.2	1.3	7.3

附录4-9　续表 2　continued 2

单位：千吨　(1000 tonnes)

国家或地区	Country or Area	1995	2000	2005	2010	2011	2012	2013	2014	2015
留尼旺	Réunion		9.8		94.9	124.3	7.8	8.4		
罗马尼亚	Romania				695.7		689.3		590.3	
俄罗斯联邦	Russian Federation			142496.7	114366.6	120162.2	113665.0	116666.0		
圣卢西亚	Saint Lucia			0.0	0.1	0.1	0.1	1.7	2.6	2.7
圣文森特和格林纳丁斯	Saint Vincent and the Grenadines									
塞内加尔	Senegal									
塞尔维亚	Serbia				11161.2	12796.2	14446.6	16762.2	13466.0	16571.3
新加坡	Singapore	64.9	121.5	339.0	434.0	432.6	280.5	332.8	411.2	446.9
斯洛伐克	Slovakia				415.5		370.2		371.2	
斯洛文尼亚	Slovenia				117.2		133.3		155.2	
南非	South Africa					1319.1				
西班牙	Spain				2991.2		3113.9		2984.5	
斯里兰卡	Sri Lanka									
巴勒斯坦	State of Palestine		5.0	5.7	4.1		4.5		4.6	
苏里南	Suriname				0.0	0.0	0.0	0.0	0.0	0.0
瑞典	Sweden				2527.8		2696.7		2568.2	
叙利亚	Syrian Arab Republic									
泰国	Thailand		1650.0	1814.0					2065.0	2800.0
马其顿	The former Yugoslav Republic of Macedonia				726.2		666.5		0.1	
多哥	Togo									
特立尼达和多巴哥	Trinidad and Tobago			31.9				124.5	123.7	123.9
突尼斯	Tunisia									
土耳其	Turkey				3225.8		3988.2		3432.4	
乌克兰	Ukraine								739.7	587.3
阿拉伯联合酋长国	United Arab Emirates				324.6	344.0	341.4	304.7	358.9	309.0
英国	United Kingdom of Great Britain and Northern Ireland				7004.5		6411.5		5755.3	
坦桑尼亚	United Republic of Tanzania	0.0	0.0	0.0	0.1	0.1	0.1	0.1	0.1	0.1
也门	Yemen	38.2								
赞比亚	Zambia		50.0	80.0						
津巴布韦	Zimbabwe		21.6	23.2	45.5	47.0	37.4	0.0	14.3	0.1

附录4-10 城市垃圾处理
Municipal Waste Treatment

国家或地区	Country or Area	最近年份 Latest Year Available	城市垃圾收集量（千吨） Municipal Waste Collected (1000 tonnes)	填埋 Municipal Waste Landfilled (%)	焚烧 Municipal Waste Incinerated (%)	回收利用 Municipal Waste Recycled (%)	堆肥 Municipal Waste Composted (%)
阿尔巴尼亚	Albania	2012	1469				
阿尔及利亚	Algeria	2008	8700				
安道尔	Andorra	2012	43		52.1		
安哥拉	Angola	2006	5840				
安圭拉	Anguilla	2008	15	100.0			
安提瓜和巴布达	Antigua and Barbuda	2012	123	100.0			
阿根廷	Argentina	2012	5692				
亚美尼亚	Armenia	2012	408	100.0			
澳大利亚	Australia	2011	14037	48.5		45.2	
奥地利	Austria	2014	4833	4.0	36.3	25.5	30.9
阿塞拜疆	Azerbaijan	2012	1647				
巴哈马	Bahamas	2006	227				
白俄罗斯	Belarus	2012	3640	100.0			
比利时	Belgium	2014	4886	1.0	44.9	34.0	21.0
伯利兹	Belize	2000	69	100.0			
贝宁	Benin	2002	986				
百慕大	Bermuda	2012	82	12.2	67.6	2.0	18.3
不丹	Bhutan	2012	50	60.0	15.0	15.0	1.0
玻利维亚	Bolivia (Plurinational State of)	2012	1100				
波黑	Bosnia and Herzegovina	2012	964	96.0			
巴西	Brazil	2012	57900	52.0			
英属维尔京群岛	British Virgin Islands	2005	37		80.3		
文莱	Brunei Darussalam	2002	196				
保加利亚	Bulgaria	2014	3192	69.5	1.6	21.2	1.8
布基纳法索	Burkina Faso	2009	666	92.0			
布隆迪	Burundi	2011	39				
柬埔寨	Cambodia	2012	461				
喀麦隆	Cameroon	2009	7249	99.6		0.4	
智利	Chile	2011	6142	100.0			
中国	China	2012	170809	61.5	21.0		
中国香港	China, Hong Kong Special Administrative Region	2009	6450	50.7		49.3	

资料来源：联合国统计司/环境规划署两年度环境统计问卷，废物部分。
欧盟统计局环境数据中心废物数据。
经合组织统计资料，废物部分。

Sources: UNSD/UNEP biennial Questionnaires on Environment Statistics, Waste section.
Eurostat Environmental Data Centre on Waste.
OECD.Stat, Waste section.

附录4-10　续表 1　continued 1

国家或地区	Country or Area	最近年份 Latest Year Available	城市垃圾收集量（千吨） Municipal Waste Collected (1 000 tonnes)	填埋 Municipal Waste Landfilled (%)	焚烧 Municipal Waste Incinerated (%)	回收利用 Municipal Waste Recycled (%)	堆肥 Municipal Waste Composted (%)
中国澳门	China, Macao Special Administrative Region	2009	325	22.6	99.8	0.1	
哥伦比亚	Colombia	2011	8996	99.2	0.0	0.9	
哥斯达黎加	Costa Rica	2002	1280				
克罗地亚	Croatia	2014	1637	80.0	0.2	14.4	2.1
古巴	Cuba	2012	5331	90.9		3.7	5.5
塞浦路斯	Cyprus	2014	526	75.7	0.8	13.5	4.2
捷克	Czech Republic	2014	3261	56.0	18.5	22.6	2.9
丹麦	Denmark	2014	4279	1.3	54.4	26.9	17.4
多米尼克	Dominica	2005	21	100.0			
厄瓜多尔	Ecuador	2012	2756	6.7	0.0	1.8	2.7
埃及	Egypt	2012	21000	90.5		9.5	
爱沙尼亚	Estonia	2014	470	6.5	47.2	26.5	4.6
芬兰	Finland	2014	2630	17.4	50.0	18.0	14.5
法国	France	2014	33703	25.8	35.0	22.1	17.2
法属圭亚那	French Guiana	2007	79				
格鲁吉亚	Georgia	2009	880				
德国	Germany	2014	50064	0.3	33.7	46.6	17.2
希腊	Greece	2012	5585	80.7		15.6	3.7
瓜德罗普岛	Guadeloupe	2007	274				
匈牙利	Hungary	2014	3795	57.5	9.8	24.3	6.2
冰岛	Iceland	2013	112	49.2	5.9	37.4	7.5
印度	India	2001	17569				
印度尼西亚	Indonesia	2012	7650				
伊拉克	Iraq	2012	13113				
爱尔兰	Ireland	2012	2693	38.2	15.9	30.8	5.8
以色列	Israel	2014	5034	82.0			
意大利	Italy	2014	29655	31.5	19.3	26.1	16.4
牙买加	Jamaica	2006	1464	100.0			
日本	Japan	2013	44874	1.3	77.6	20.3	0.3
约旦	Jordan	2012	2243	98.5	0.7		0.3

附录4-10 续表 2 continued 2

国家或地区	Country or Area	最近年份 Latest Year Available	城市垃圾收集量（千吨） Municipal Waste Collected (1 000 tonnes)	填埋 Municipal Waste Landfilled (%)	焚烧 Municipal Waste Incinerated (%)	回收利用 Municipal Waste Recycled (%)	堆肥 Municipal Waste Composted (%)
哈萨克斯坦	Kazakhstan	2009	3928				
科威特	Kuwait	2012	10422	75.4		24.6	
吉尔吉斯斯坦	Kyrgyzstan	2012	980	100.0			
拉脱维亚	Latvia	2014	648	79.5		16.5	4.0
黎巴嫩	Lebanon	2012	1940	81.0		8.0	11.0
列支敦士登	Liechtenstein	2012	28				22.8
立陶宛	Lithuania	2014	1270	58.9	8.9	21.1	9.4
卢森堡	Luxembourg	2014	343	17.9	35.3	28.3	18.5
马达加斯加	Madagascar	2007	419	96.7			3.5
马尔代夫	Maldives	2012	211				
马耳他	Malta	2014	256	79.7	0.4	7.4	3.5
马绍尔群岛	Marshall Islands	2007	26			30.8	6.0
马提尼克	Martinique	2009	181				
毛里求斯	Mauritius	2012	388	91.0			9.0
新墨西哥州	Mexico	2012	42103	95.0		5.0	
慕尼黑	Monaco	2012	46		121.7	5.4	
黑山	Montenegro	2012	280				
摩洛哥	Morocco	2000	6500	98.0		2.0	
尼泊尔	Nepal	2002	418				
荷兰	Netherlands	2014	8890	1.4	47.7	23.7	27.1
新西兰	New Zealand	2014	2931	100.0			
尼日尔	Niger	2005	9750	64.0	12.0	4.0	
挪威	Norway	2014	2175	2.8	52.8	26.1	16.1
巴拿马	Panama	2012	670	100.0			
秘鲁	Peru	2001	4740	65.7		14.7	
菲律宾	Philippines	2009	9104				
波兰	Poland	2014	10330	52.6	15.1	21.1	11.2
葡萄牙	Portugal	2014	4710	49.0	20.7	16.2	14.1
卡塔尔	Qatar	2012	2517				
韩国	Republic of Korea	2013	17786	15.6	25.3	58.7	0.4

附录4-10 续表 3 continued 3

国家或地区	Country or Area	最近年份 Latest Year Available	城市垃圾收集量(千吨) Municipal Waste Collected (1 000 tonnes)	填埋 Municipal Waste Landfilled (%)	焚烧 Municipal Waste Incinerated (%)	回收利用 Municipal Waste Recycled (%)	堆肥 Municipal Waste Composted (%)
摩尔多瓦	Republic of Moldova	2012	2469	100.0			
留尼汪	Réunion	2007	559				
罗马尼亚	Romania	2014	4953	71.8	2.7	5.1	7.9
俄罗斯联邦	Russian Federation	2012	10071			66.7	
圣卢西亚	Saint Lucia	2012	45	100.0			
圣文森特和格林纳丁斯	Saint Vincent and the Grenadines	2002	38	84.9		15.1	
塞内加尔	Senegal	2005	465				
塞尔维亚	Serbia	2012	1830	100.0			
新加坡	Singapore	2012	7630	2.6	35.9	56.2	0.6
斯洛伐克	Slovakia	2014	1742	66.5	10.9	5.1	5.2
斯洛文尼亚	Slovenia	2014	892	23.3	0.2	29.0	6.9
西班牙	Spain	2014	20217	55.1	12.3	15.5	17.0
斯里兰卡	Sri Lanka	2004	1036				
巴勒斯坦	State of Palestine	2012	1513	29.0	69.0	1.0	
苏里南	Suriname	2012	77				
瑞典	Sweden	2014	4246	0.6	49.5	33.4	16.5
瑞士	Switzerland	2014	6006		46.5	32.6	20.9
叙利亚	Syrian Arab Republic	2003	7500	93.9	5.3	1.1	
马其顿	The former Yugoslav Republic of Macedonia	2012	558	100.0			
多哥	Togo	2012	197			2.0	1.8
特立尼达和多巴哥	Trinidad and Tobago	2002	425				
突尼斯	Tunisia	2004	1316	99.9			0.1
土耳其	Turkey	2014	31230	89.2			0.4
乌干达	Uganda	2006	224	100.0			
乌克兰	Ukraine	2009	4445				
阿拉伯联合酋长国	United Arab Emirates	2012	5325	66.3		14.3	5.2
英国	United Kingdom of Great Britain and Northern Ireland	2014	31131	27.8	26.5	27.3	16.4
美国	United States of America	2012	227604	53.8	11.7	26.0	8.5
乌拉圭	Uruguay	2000	910				
也门	Yemen	2012	1535	100.0			
赞比亚	Zambia	2005	389				

附录4-11 森林面积
Forest Area

国家或地区	Country or Area	1990年森林面积(平方公里) Forest Area in 1990 (km^2)	2015年森林面积(平方公里) Forest Area in 2015 (km^2)	比1990年增减(%) % Change since 1990 (%)	2015年森林覆盖率(%) % of Land Area Covered by Forest in 2015 (%)
阿富汗	Afghanistan	13500	13500		2.1
阿尔巴尼亚	Albania	7888	7715	-2.2	28.2
阿尔及利亚	Algeria	16670	19560	17.3	0.8
美属萨摩亚	American Samoa	184	175	-4.6	87.7
安道尔	Andorra	160	160		34.0
安哥拉	Angola	609760	578560	-5.1	46.4
安圭拉	Anguilla	55	55		61.1
安提瓜和巴布达	Antigua and Barbuda	103	98	-4.9	22.3
阿根廷	Argentina	347930	271120	-22.1	9.9
亚美尼亚	Armenia	3350	3320	-0.9	11.8
阿鲁巴	Aruba	4	4		2.3
澳大利亚	Australia	1285410	1247510	-2.9	16.2
奥地利	Austria	37760	38690	2.5	46.9
阿塞拜疆	Azerbaijan	8518	11394	33.8	13.8
巴哈马	Bahamas	5150	5150		51.4
巴林	Bahrain	2	6	179.6	0.8
孟加拉国	Bangladesh	14940	14290	-4.4	11.0
巴巴多斯	Barbados	63	63		14.7
白俄罗斯	Belarus	77800	86335	11.0	41.6
比利时	Belgium	6774	6834	0.9	22.6
伯利兹	Belize	16160	13663	-15.5	59.9
贝宁	Benin	57610	43110	-25.2	39.0
百慕大	Bermuda	10	10		20.0
不丹	Bhutan	25067	27549	9.9	72.3
玻利维亚	Bolivia	627950	547640	-12.8	50.6
波黑	Bosnia and Herzegovina	22100	21850	-1.1	42.8
博茨瓦纳	Botswana	137180	108400	-21.0	19.1
巴西	Brazil	5467050	4935380	-9.7	59.0
英属维尔京群岛	British Virgin Islands	37	36	-2.4	24.1
文莱	Brunei Darussalam	4130	3800	-8.0	72.1
保加利亚	Bulgaria	33270	38230	14.9	35.2
布基纳法索	Burkina Faso	68470	53500	-21.9	19.6
布隆迪	Burundi	2890	2760	-4.5	10.7

资料来源：联合国粮农组织。
Sources: Food and Agriculture Organization of the United Nations (FAO).

附录4-11 续表 1 continued 1

国家或地区	Country or Area	1990年森林面积(平方公里) Forest Area in 1990 (km^2)	2015年森林面积(平方公里) Forest Area in 2015 (km^2)	比1990年增减(%) % Change since 1990 (%)	2015年森林覆盖率(%) % of Land Area Covered by Forest in 2015 (%)
佛得角	Cabo Verde	578	899	55.7	22.3
柬埔寨	Cambodia	129440	94570	-26.9	53.6
喀麦隆	Cameroon	243160	188160	-22.6	39.8
加拿大	Canada	3482730	3470690	-0.3	38.2
开曼群岛	Cayman Islands	127	127		52.9
中非共和国	Central African Republic	225600	221700	-1.7	35.6
乍得	Chad	67050	48750	-27.3	3.9
智利	Chile	152630	177350	16.2	23.9
中国	China	1571406	2083213	32.6	22.1
哥伦比亚	Colombia	644170	585017	-9.2	52.7
科摩罗	Comoros	490	370	-24.5	19.9
刚果	Congo	227260	223340	-1.7	65.4
库克群岛	Cook Islands	144	151	4.9	64.0
哥斯达黎加	Costa Rica	25640	27560	7.5	54.0
科特迪瓦	Côte d'Ivoire	102220	104010	1.8	32.7
克罗地亚	Croatia	18500	19220	3.9	34.3
古巴	Cuba	20580	32000	55.5	30.1
塞浦路斯	Cyprus	1611	1727	7.2	18.7
捷克	Czech Republic	26290	26670	1.4	34.5
朝鲜	Democratic People's Republic of Korea	82010	50310	-38.7	41.8
刚果民主共和国	Democratic Republic of the Congo	1603630	1525780	-4.9	67.3
丹麦	Denmark	5432	6122	12.7	14.4
吉布提	Djibouti	56	56		0.2
多米尼加	Dominica	500	433	-13.3	57.8
多米尼加共和国	Dominican Republic	11050	19830	79.5	41.0
厄瓜多尔	Ecuador	146309	125479	-14.2	50.5
埃及	Egypt	440	730	65.9	0.1
萨尔瓦多	El Salvador	3770	2650	-29.7	12.8
赤道几内亚	Equatorial Guinea	18600	15680	-15.7	55.9
厄立特里亚	Eritrea	16210	15100	-6.8	15.0
爱沙尼亚	Estonia	22060	22320	1.2	52.7
埃塞俄比亚	Ethiopia	151140	124990	-17.3	11.4
法罗群岛	Faeroe Islands	1	1		0.1
福克兰群岛	Falkland Islands (Malvinas)				

附录4-11 续表 2 continued 2

国家或地区	Country or Area	1990年森林面积（平方公里）Forest Area in 1990 (km²)	2015年森林面积（平方公里）Forest Area in 2015 (km²)	比1990年增减 (%) % Change since 1990 (%)	2015年森林覆盖率 (%) % of Land Area Covered by Forest in 2015 (%)
斐济	Fiji	9529	10172	6.7	55.7
芬兰	Finland	218750	222180	1.6	73.1
法国	France	144360	169890	17.7	31.0
法属圭亚那	French Guiana	82180	81300	-1.1	98.6
法属波利尼西亚	French Polynesia	550	1550	181.8	42.3
加蓬	Gabon	220000	230000	4.5	89.3
冈比亚	Gambia	4420	4880	10.4	48.8
格鲁吉亚	Georgia	27523	28224	2.5	40.6
德国	Germany	113000	114190	1.1	32.8
加纳	Ghana	86270	93370	8.2	41.0
直布罗陀	Gibraltar				
希腊	Greece	32990	40540	22.9	31.5
格陵兰	Greenland	2	2		
格林纳达	Grenada	170	170		50.0
瓜德鲁普	Guadeloupe	732	715	-2.4	42.5
关岛	Guam	250	250		46.3
危地马拉	Guatemala	47480	35400	-25.4	33.0
根西	Guernsey	2	2		2.6
几内亚	Guinea	72640	63640	-12.4	25.9
几内亚比绍	Guinea-Bissau	22160	19720	-11.0	70.1
圭亚那	Guyana	166600	165260	-0.8	84.0
海地	Haiti	1160	970	-16.4	3.5
梵蒂冈	Holy See				
洪都拉斯	Honduras	81360	45920	-43.6	41.0
匈牙利	Hungary	18010	20690	14.9	22.7
冰岛	Iceland	161	492	205.6	0.5
印度	India	639390	706820	10.5	23.8
印度尼西亚	Indonesia	1185450	910100	-23.2	53.0
伊朗	Iran (Islamic Republic of)	90761	106920	17.8	5.8
伊拉克	Iraq	8040	8250	2.6	1.9
爱尔兰	Ireland	4650	7540	62.2	10.9
马恩岛	Isle of Man	35	35		6.1
以色列	Israel	1320	1650	25.0	7.6
意大利	Italy	75900	92970	22.5	31.6

附录4-11 续表 3 continued 3

国家或地区	Country or Area	1990年森林面积(平方公里) Forest Area in 1990 (km²)	2015年森林面积(平方公里) Forest Area in 2015 (km²)	比1990年增减(%) % Change since 1990 (%)	2015年森林覆盖率(%) % of Land Area Covered by Forest in 2015 (%)
牙买加	Jamaica	3446	3352	-2.7	31.0
日本	Japan	249500	249580		68.5
泽西	Jersey	6	6		5.2
约旦	Jordan	975	975		1.1
哈萨克斯坦	Kazakhstan	34220	33090	-3.3	1.2
肯尼亚	Kenya	47240	44130	-6.6	7.8
基里巴斯	Kiribati	122	122		15.0
科威特	Kuwait	35	63	81.2	0.4
吉尔吉斯斯坦	Kyrgyzstan	8364	6370	-23.8	3.3
老挝	Lao People's Democratic Republic	176449	187614	6.3	81.3
拉脱维亚	Latvia	31730	33560	5.8	54.0
黎巴嫩	Lebanon	1310	1373	4.8	13.4
莱索托	Lesotho	400	490	22.5	1.6
利比里亚	Liberia	49290	41790	-15.2	43.4
利比亚	Libya	2170	2170		0.1
列支敦士登	Liechtenstein	65	69	6.2	43.1
立陶宛	Lithuania	19450	21800	12.1	34.8
卢森堡	Luxembourg	858	867	1.0	33.5
马达加斯加	Madagascar	136920	124730	-8.9	21.4
马拉维	Malawi	38960	31470	-19.2	33.4
马来西亚	Malaysia	223760	221950	-0.8	67.6
马尔代夫	Maldives	10	10		3.3
马里	Mali	66900	47150	-29.5	3.9
马耳他	Malta	3	3		1.1
马绍尔群岛	Marshall Islands	126	126		70.2
马提尼克	Martinique	485	485		45.8
毛里塔尼亚	Mauritania	4150	2245	-45.9	0.2
毛里求斯	Mauritius	411	386	-6.1	19.2
马约特岛	Mayotte	107	58	-45.5	15.5
墨西哥	Mexico	697600	660400	-5.3	34.0
密克罗尼西亚	Micronesia (Federated States of)	636	643	1.1	91.9
摩纳哥	Monaco				
蒙古	Mongolia	125360	125528	0.1	8.1

附录4-11 续表 4 continued 4

国家或地区	Country or Area	1990年森林面积(平方公里) Forest Area in 1990 (km^2)	2015年森林面积(平方公里) Forest Area in 2015 (km^2)	比1990年增减(%) % Change since 1990 (%)	2015年森林覆盖率(%) % of Land Area Covered by Forest in 2015 (%)
黑山	Montenegro	6260	8270	32.1	61.5
蒙特塞拉特	Montserrat	35	25	-28.6	25.0
摩洛哥	Morocco	49540	56320	13.7	12.6
莫桑比克	Mozambique	433780	379400	-12.5	48.2
缅甸	Myanmar	392180	290410	-25.9	44.2
纳米比亚	Namibia	87620	69190	-21.0	8.4
瑙鲁	Nauru				
尼泊尔	Nepal	48170	36360	-24.5	25.4
荷兰	Netherlands	3450	3760	9.0	11.1
新喀里多尼亚	New Caledonia	8390	8390		45.9
新西兰	New Zealand	96580	101520	5.1	38.6
尼加拉瓜	Nicaragua	45140	31140	-31.0	25.9
尼日尔	Niger	19450	11420	-41.3	0.9
尼日利亚	Nigeria	172340	69930	-59.4	7.7
纽埃	Niue	206	181	-12.1	69.6
诺福克岛	Norfolk Island	5	5		11.5
北马里亚纳群岛	Northern Mariana Islands	336	295	-12.2	64.1
挪威	Norway	121320	121120	-0.2	39.8
阿曼	Oman	20	20		
巴基斯坦	Pakistan	25270	14720	-41.7	1.9
帕劳	Palau	382	403	5.6	87.6
巴拿马	Panama	50400	46170	-8.4	62.1
巴布亚新几内亚	Papua New Guinea	336270	335590	-0.2	72.5
巴拉圭	Paraguay	211570	153230	-27.6	38.6
秘鲁	Peru	779210	739730	-5.1	57.8
菲律宾	Philippines	65550	80400	22.7	27.0
皮特凯恩	Pitcairn	35	35		74.5
波兰	Poland	88810	94350	6.2	30.8
葡萄牙	Portugal	34360	31820	-7.4	35.3
波多黎各	Puerto Rico	2870	4960	72.8	57.9
卡塔尔	Qatar				
韩国	Republic of Korea	63700	61840	-2.9	63.7
摩尔多瓦	Republic of Moldova	3190	4090	28.2	12.4

附录4-11　续表 5　continued 5

国家或地区	Country or Area	1990年森林面积(平方公里) Forest Area in 1990 (km^2)	2015年森林面积(平方公里) Forest Area in 2015 (km^2)	比1990年增减(%) % Change since 1990 (%)	2015年森林覆盖率(%) % of Land Area Covered by Forest in 2015 (%)
留尼旺	Réunion	870	880	1.1	35.2
罗马尼亚	Romania	63710	68610	7.7	29.8
俄罗斯联邦	Russian Federation	8089499	8149305	0.7	49.8
卢旺达	Rwanda	3180	4800	50.9	19.5
圣巴特岛	Saint Barthélemy				
圣海伦娜	Saint Helena	20	20		5.1
圣基茨和尼维斯	Saint Kitts and Nevis	110	110		42.3
圣卢西亚	Saint Lucia	218	203	-6.9	33.3
圣马丁(法国部分)	Saint Martin (French part)	11	11		21.2
圣皮埃尔和密克隆	Saint Pierre and Miquelon	34	28	-17.6	12.2
圣文森特和格林纳丁斯	Saint Vincent and the Grenadines	250	270	8.0	69.2
萨摩亚	Samoa	1300	1710	31.5	60.4
圣马力诺	San Marino				
圣多美和普林西比	Sao Tome and Principe	560	536	-4.3	55.8
沙特阿拉伯	Saudi Arabia	9770	9770		0.5
塞内加尔	Senegal	93480	82730	-11.5	43.0
塞尔维亚	Serbia	23130	27200	17.6	31.1
塞舌尔	Seychelles	407	407		88.4
塞拉利昂	Sierra Leone	31180	30440	-2.4	42.5
新加坡	Singapore	164	164		23.4
斯洛伐克	Slovakia	19220	19400	0.9	40.3
斯洛文尼亚	Slovenia	11880	12480	5.1	62.0
所罗门群岛	Solomon Islands	23240	21850	-6.0	78.1
索马里	Somalia	82820	63630	-23.2	10.1
南非	South Africa	92410	92410		7.6
南苏丹	South Sudan	71570	71570		11.3
西班牙	Spain	138095	184179	33.4	36.9
斯里兰卡	Sri Lanka	22840	20700	-9.4	33.0
巴勒斯坦	State of Palestine	91	92	1.0	1.5
苏丹	Sudan	235703	192099	-18.5	10.3
苏里南	Suriname	154300	153320	-0.6	95.4
斯瓦尔巴群岛	Svalbard and Jan Mayen Islands				
斯威士兰	Swaziland	4720	5860	24.2	34.1

附录4-11　续表 6　continued 6

国家或地区	Country or Area	1990年森林面积（平方公里）Forest Area in 1990 (km²)	2015年森林面积（平方公里）Forest Area in 2015 (km²)	比1990年增减(%) % Change since 1990 (%)	2015年森林覆盖率(%) % of Land Area Covered by Forest in 2015 (%)
瑞典	Sweden	280630	280730		68.4
瑞士	Switzerland	11510	12540	8.9	31.4
叙利亚	Syrian Arab Republic	3720	4910	32.0	2.7
塔吉克斯坦	Tajikistan	4080	4120	1.0	3.0
泰国	Thailand	140050	163990	17.1	32.1
马其顿	The former Yugoslav Republic of Macedonia	9120	9980	9.4	39.6
东帝汶	Timor-Leste	9660	6860	-29.0	46.1
多哥	Togo	6850	1880	-72.6	3.5
托克劳	Tokelau				
汤加	Tonga	90	90		12.5
特立尼达和多巴哥	Trinidad and Tobago	2407	2345	-2.6	45.7
突尼斯	Tunisia	6430	10410	61.9	6.7
土耳其	Turkey	96220	117150	21.8	15.2
土库曼斯坦	Turkmenistan	41270	41270		8.8
特克斯和凯科斯群岛	Turks and Caicos Islands	344	344		80.0
图瓦卢	Tuvalu	10	10		33.3
乌干达	Uganda	47510	20770	-56.3	10.4
乌克兰	Ukraine	92740	96570	4.1	16.7
阿拉伯联合酋长国	United Arab Emirates	2450	3226	31.7	3.9
英国	United Kingdom of Great Britain and Northern Ireland	27780	31440	13.2	13.0
坦桑尼亚	United Republic of Tanzania	559200	460600	-17.6	52.0
美国	United States of America	3024500	3100950	2.5	33.8
美属维尔京群岛	United States Virgin Islands	236	176	-25.4	50.3
乌拉圭	Uruguay	7978	18450	131.3	10.5
乌兹别克斯坦	Uzbekistan	30450	32199	5.7	7.3
瓦努阿图	Vanuatu	4400	4400		36.1
委内瑞拉	Venezuela (Bolivarian Republic of)	520260	466830	-10.3	52.9
越南	Viet Nam	93630	147730	57.8	47.6
沃利斯和富图纳群岛	Wallis and Futuna Islands	58	58	0.5	41.7
西撒哈拉	Western Sahara	7070	7070		2.7
也门	Yemen	5490	5490		1.0
赞比亚	Zambia	528000	486350	-7.9	65.4
津巴布韦	Zimbabwe	221640	140620	-36.6	36.4

附录4-12 海洋保护区
Marine Areas Protected

国家或地区	Country or Area	1990年 保护区面积 占比 (%) Proportion 1990 (%)	2000年 保护区面积 占比 (%) Proportion 2000 (%)	2014年 保护区面积 占比 (%) Proportion 2014 (%)	2014年 保护区面积 (平方公里) Protected areas 2014 (km^2)
阿富汗	Afghanistan				
阿尔巴尼亚	Albania		0.7	1.5	91
阿尔及利亚	Algeria	0.1	0.1	1.2	339
美属萨摩亚	American Samoa	2.3	2.3	17.3	35056
安道尔	Andorra				
安哥拉	Angola	0.1	0.1	0.1	24
安圭拉	Anguilla				65
安提瓜和巴布达	Antigua and Barbuda	0.2	0.2	1.4	140
阿根廷	Argentina	2.7	5.1	8.9	18437
亚美尼亚	Armenia				
阿鲁巴	Aruba				
澳大利亚	Australia	26.6	29.9	48.5	3270908
奥地利	Austria				
阿塞拜疆	Azerbaijan				
巴哈马	Bahamas	0.2	0.2	0.4	1434
巴林	Bahrain		0.8	7.6	346
孟加拉国	Bangladesh	0.1	2.1	2.5	1000
巴巴多斯	Barbados	0.1	0.1	0.1	3
白俄罗斯	Belarus				
比利时	Belgium	3.7	44.4	56.1	1266
伯利兹	Belize	0.5	13.7	14.2	2680
贝宁	Benin				
百慕大	Bermuda	4.8	5.1	5.1	149
不丹	Bhutan				
玻利维亚	Bolivia				
波黑	Bosnia and Herzegovina	7.1	7.1	8.3	1
博茨瓦纳	Botswana				
巴西	Brazil	2.5	13.5	20.5	58309
英属维尔京群岛	British Virgin Islands	1.8	2.1	2.1	46
文莱	Brunei Darussalam	1.5	1.5	1.5	47
保加利亚	Bulgaria	0.1	0.2	15.3	1009
布基纳法索	Burkina Faso				
布隆迪	Burundi				
佛得角	Cabo Verde				

资料来源：联合国统计司千年发展目标数据库。
Sources: UNSD Millennium Development Goals Database.

附录4-12 续表 1 continued 1

国家或地区	Country or Area	1990年保护区面积占比(%) Proportion 1990 (%)	2000年保护区面积占比(%) Proportion 2000 (%)	2014年保护区面积占比(%) Proportion 2014 (%)	2014年保护区面积(平方公里) Protected areas 2014 (km^2)
柬埔寨	Cambodia		0.4	0.5	89
喀麦隆	Cameroon	0.6	0.6	6.8	568
加拿大	Canada	0.7	0.8	1.4	46327
开曼群岛	Cayman Islands	1.1	1.1	1.2	89
中非共和国	Central African Republic				
乍得	Chad				
智利	Chile	3.3	3.3	3.9	159975
中国	China	0.4	1.1	2.3	8668
中国香港	China, Hong Kong Special Administrative Region				
中国澳门	China, Macao Special Administrative Region				
哥伦比亚	Colombia	2.4	5.8	16.9	74471
科摩罗	Comoros			0.3	3808
刚果	Congo		32.8	33.6	1173
库克群岛	Cook Islands				15
哥斯达黎加	Costa Rica	11.9	15.4	15.8	4987
科特迪瓦	Cote d'Ivoire	0.1	0.1	2.1	243
克罗地亚	Croatia	1.4	1.4	16.3	5113
古巴	Cuba	1.3	1.3	7.6	9345
塞浦路斯	Cyprus		0.2	0.9	121
捷克	Czech Republic				
朝鲜	Democratic People's Republic of Korea	0.1	0.1	0.1	26
刚果民主共和国	Democratic Republic of the Congo	3.8	4.4	4.3	31
丹麦	Denmark	19.7	26.8	29.2	17890
吉布提	Djibouti			0.2	12
多米尼加	Dominica	0.1	0.1	0.1	5
多米尼加共和国	Dominican Republic	11.9	30.4	31.4	24588
厄瓜多尔	Ecuador	74.7	75.0	75.7	139951
埃及	Egypt	1.6	6.5	13.2	7920
萨尔瓦多	El Salvador			9.5	622
赤道几内亚	Equatorial Guinea		2.6	2.7	329
厄立特里亚	Eritrea				
爱沙尼亚	Estonia	0.2	2.4	27.5	6773
埃塞俄比亚	Ethiopia				
法罗群岛	Faeroe Islands				62
福克兰群岛	Falkland Islands (Malvinas)	0.2	0.2	0.3	22371
斐济	Fiji	0.2	0.4	6.2	11924

附录4-12 续表 2 continued 2

国家或地区	Country or Area	1990年保护区面积占比(%) Proportion 1990 (%)	2000年保护区面积占比(%) Proportion 2000 (%)	2014年保护区面积占比(%) Proportion 2014 (%)	2014年保护区面积(平方公里) Protected areas 2014 (km^2)
芬兰	Finland	3.3	13.9	16.7	8722
法国	France	2.0	21.5	62.9	88225
法属圭亚那	French Guiana		11.7	14.7	1321
法属波利尼西亚	French Polynesia		0.1	0.1	207
加蓬	Gabon	0.4	0.7	9.3	1896
冈比亚	Gambia	0.5	0.7	1.2	27
格鲁吉亚	Georgia		2.4	2.4	153
德国	Germany	40.2	51.1	64.8	25437
加纳	Ghana		1.7	1.7	210
希腊	Greece	0.4	4.8	6.0	7213
格陵兰	Greenland	36.5	36.5	36.7	102318
格林纳达	Grenada			0.1	5
瓜德鲁普	Guadeloupe	11.0	11.4	11.4	1391
关岛	Guam	0.5	2.5	2.5	115
危地马拉	Guatemala	0.3	12.7	13.0	944
几内亚	Guinea		4.2	4.2	577
几内亚比绍	Guinea-Bissau	2.7	45.9	45.9	9021
圭亚那	Guyana			0.2	17
海地	Haiti				6
洪都拉斯	Honduras	2.2	2.9	3.3	1468
匈牙利	Hungary				
冰岛	Iceland		3.7	3.9	2768
印度	India	1.5	1.7	2.1	4049
印度尼西亚	Indonesia	0.4	1.0	5.8	195766
伊朗	Iran (Islamic Republic of)	1.5	1.9	2.2	1444
伊拉克	Iraq				
爱尔兰	Ireland	0.5	6.0	10.4	6597
以色列	Israel	0.1	0.2	0.3	12
意大利	Italy	0.6	3.5	20.1	47330
牙买加	Jamaica		4.5	4.6	1860
日本	Japan	5.0	5.0	5.1	19949
约旦	Jordan		30.2	30.1	29
哈萨克斯坦	Kazakhstan				
肯尼亚	Kenya	3.7	9.2	10.0	1335
基里巴斯	Kiribati	0.3	0.8	20.2	408408
科威特	Kuwait			0.2	13
吉尔吉斯斯坦	Kyrgyzstan				
老挝	Lao People's Democratic Republic				
拉脱维亚	Latvia		2.5	44.3	4851

附录4-12 续表 3 continued 3

国家或地区	Country or Area	1990年保护区面积占比(%) Proportion 1990 (%)	2000年保护区面积占比(%) Proportion 2000 (%)	2014年保护区面积占比(%) Proportion 2014 (%)	2014年保护区面积(平方公里) Protected areas 2014 (km^2)
黎巴嫩	Lebanon				1
莱索托	Lesotho				
利比里亚	Liberia			2.0	252
利比亚	Libya		4.3	4.3	2287
列支敦士登	Liechtenstein				
立陶宛	Lithuania	0.2	10.3	30.6	682
卢森堡	Luxembourg				
马达加斯加	Madagascar		0.1	3.4	6094
马拉维	Malawi				
马来西亚	Malaysia	1.5	2.0	2.3	3512
马尔代夫	Maldives		0.2	0.4	608
马里	Mali				
马耳他	Malta	0.3	0.3	4.7	187
马绍尔群岛	Marshall Islands		0.7	3.4	3830
马提尼克	Martinique	0.7	0.7	0.7	40
毛里塔尼亚	Mauritania	32.2	32.3	32.3	6488
毛里求斯	Mauritius		0.3	0.3	50
马约特岛	Mayotte				63278
墨西哥	Mexico	1.6	12.2	19.0	62226
密克罗尼西亚	Micronesia, Federated States of		0.1	0.1	60
摩纳哥	Monaco	0.1	0.4	100.3	284
蒙古	Mongolia				
黑山	Montenegro				
蒙特塞拉特	Montserrat				
摩洛哥	Morocco		0.3	1.3	502
莫桑比克	Mozambique	1.8	1.8	18.0	12672
缅甸	Myanmar	0.2	0.2	0.2	324
纳米比亚	Namibia	0.5	0.5	28.1	9637
瑙鲁	Nauru				
尼泊尔	Nepal				
荷兰	Netherlands	21.2	54.7	57.7	13894
新喀里多尼亚	New Caledonia	0.6	1.7	56.6	1301248
新西兰	New Zealand	4.7	12.4	12.5	1221395
尼加拉瓜	Nicaragua	0.6	15.7	37.7	15245
尼日尔	Niger				
尼日利亚	Nigeria	0.2	0.2	0.2	33
纽埃	Niue		1.2	1.2	35
北马里亚纳群岛	Northern Mariana Islands	0.1	0.1	20.4	256085

附录4-12　续表 4　continued 4

国家或地区	Country or Area	1990年保护区面积占比(%) Proportion 1990 (%)	2000年保护区面积占比(%) Proportion 2000 (%)	2014年保护区面积占比(%) Proportion 2014 (%)	2014年保护区面积(平方公里) Protected areas 2014 (km2)
挪威	Norway	50.6	50.8	60.7	87120
阿曼	Oman		1.3	1.3	686
巴基斯坦	Pakistan	1.8	2.0	5.6	1768
帕劳	Palau	0.5	20.0	31.4	1392
巴拿马	Panama	3.8	4.7	7.4	5530
巴布亚新几内亚	Papua New Guinea	0.3	0.4	0.4	4274
巴拉圭	Paraguay				
秘鲁	Peru	2.8	2.8	6.8	4935
菲律宾	Philippines	0.3	2.4	2.5	19104
波兰	Poland	1.4	1.5	52.7	7225
葡萄牙	Portugal	4.1	4.5	5.5	13973
波多黎各	Puerto Rico	1.7	1.7	1.8	342
卡塔尔	Qatar		0.4	1.6	172
韩国	Republic of Korea	3.3	3.4	4.3	3411
摩尔多瓦	Republic of Moldova				
留尼旺	Réunion			0.8	50
罗马尼亚	Romania	1.5	35.1	42.8	2502
俄罗斯联邦	Russian Federation	2.3	11.1	11.5	222231
卢旺达	Rwanda				
圣基茨岛和尼维斯	Saint Kitts and Nevis	0.6	0.6	0.5	17
圣露西亚	Saint Lucia	0.1	0.1	0.2	6
圣文森特和格林纳丁斯	Saint Vincent and the Grenadines	1.3	1.3	1.2	79
萨摩亚	Samoa	0.5	1.1	1.1	113
圣马力诺	San Marino				
圣多美和普林西比	Sao Tome and Principe				
沙特阿拉伯	Saudi Arabia	0.6	3.4	3.4	3510
塞内加尔	Senegal	8.1	8.1	14.4	1736
塞尔维亚	Serbia				
塞舌尔	Seychelles	0.7	0.7	1.0	484
塞拉利昂	Sierra Leone		5.5	7.8	863
新加坡	Singapore		1.4	1.5	9
斯洛伐克	Slovakia				
斯洛文尼亚	Slovenia		0.4	98.5	162
所罗门群岛	Solomon Islands		0.4	0.9	1901
索马里	Somalia				
南非	South Africa	1.4	3.4	13.4	174954
南苏丹	South Sudan				
西班牙	Spain	0.8	6.6	7.5	12120
斯里兰卡	Sri Lanka	0.1	1.1	1.3	416

附录4-12 续表 5 continued 5

国家或地区	Country or Area	1990年保护区面积占比(%) Proportion 1990 (%)	2000年保护区面积占比(%) Proportion 2000 (%)	2014年保护区面积占比(%) Proportion 2014 (%)	2014年保护区面积(平方公里) Protected areas 2014 (km^2)
巴勒斯坦	State of Palestine				
苏丹	Sudan				12
苏里南	Suriname	22.9	22.9	22.9	1981
斯威士兰	Swaziland				
瑞典	Sweden	4.1	7.9	10.5	12335
瑞士	Switzerland				
叙利亚	Syrian Arab Republic		0.6	0.6	25
塔吉克斯坦	Tajikistan				
泰国	Thailand	3.9	4.2	5.2	5685
马其顿	The former Yugoslav Republic of Macedonia				
东帝汶	Timor-Leste			3.8	573
多哥	Togo			2.8	31
托克劳群岛	Tokelau				64
汤加	Tonga		9.6	9.6	10055
特立尼达和多巴哥	Trinidad and Tobago	0.2	2.8	3.0	496
突尼斯	Tunisia	1.1	1.2	2.7	998
土耳其	Turkey		0.3	0.4	280
土库曼斯坦	Turkmenistan				
特克斯和凯科斯群岛	Turks and Caicos Islands	0.7	1.0	1.0	150
图瓦卢	Tuvalu	0.1	0.3	0.3	62
乌干达	Uganda				
乌克兰	Ukraine	5.9	10.7	10.7	4614
阿拉伯联合酋长国	United Arab Emirates	0.3	0.3	21.0	6796
英国	United Kingdom of Great Britain and Northern Ireland	5.0	11.0	17.2	70541
坦桑尼亚	United Republic of Tanzania	3.7	10.0	18.2	6713
美国	United States of America	22.6	28.3	31.7	1599955
美属维尔京群岛	United States Virgin Islands	1.6	2.0	2.0	121
乌拉圭	Uruguay	0.3	0.3	1.8	416
乌兹别克斯坦	Uzbekistan				
瓦努阿图	Vanuatu				14591
委内瑞拉	Venezuela (Bolivarian Republic of)	7.7	16.8	16.8	16066
越南	Viet Nam	0.3	0.5	1.8	3686
西撒哈拉	Western Sahara				
也门	Yemen		2.1	3.6	2562
赞比亚	Zambia				
津巴布韦	Zimbabwe				

附录4-13 农业用地

国家或地区	Country or Area	2016年 农业用地 (平方公里) Agricultural Area in 2016 (km²)	比1990年 农业用地增减 (%) % Change of Agricultural Area since 1990 (%)
阿富汗	Afghanistan	379100	-0.3
阿尔巴尼亚	Albania	11817	5.4
阿尔及利亚	Algeria	413602	6.9
美属萨摩亚	American Samoa	49	63.3
安道尔	Andorra	188	-18.3
安哥拉	Angola	591900	3.1
安提瓜和巴布达	Antigua and Barbuda	90	
阿根廷	Argentina	1487000	16.6
亚美尼亚	Armenia	16768	
阿鲁巴	Aruba	20	
澳大利亚	Australia	3710780	-20.1
奥地利	Austria	26702	-11.7
阿塞拜疆	Azerbaijan	47730	
巴哈马	Bahamas	140	16.7
巴林	Bahrain	86	7.5
孟加拉国	Bangladesh	91942	-11.5
巴巴多斯	Barbados	100	-47.4
白俄罗斯	Belarus	85327	
比利时	Belgium	13508	
伯利兹	Belize	1600	27.0
贝宁	Benin	37500	65.2
百慕大	Bermuda	3	
不丹	Bhutan	5190	14.3
玻利维亚	Bolivia	376850	6.3
波黑	Bosnia and Herzegovina	22090	
博茨瓦纳	Botswana	258616	-0.6
巴西	Brazil	2835460	17.4
英属维尔京群岛	British Virgin Islands	70	-12.5
文莱	Brunei Darussalam	144	30.9
保加利亚	Bulgaria	50210	-18.5
布基纳法索	Burkina Faso	121000	26.4
布隆迪	Burundi	20330	-3.6
佛得角	Cabo Verde	790	16.2
柬埔寨	Cambodia	54550	22.4
喀麦隆	Cameroon	97500	6.3
加拿大	Canada	626710	-7.5
开曼群岛	Cayman Islands	27	

资料来源：联合国粮农组织。
Sources: Food and Agriculture Organization of the United Nations (FAO).

Agricultural Land

2016年 耕地面积 (平方公里) Arable Land in 2016 (km²)	2016年 永久性作物面积 (平方公里) Permanent Crops in 2016 (km²)	2016年 牧草地面积 (平方公里) Permanent Meadows and Pastures in 2016 (km²)	2016年 农业灌溉面积 (平方公里) Agricultural Area Actually Irrigated in 2016 (km²)
77290	1810	300000	24570
6203	832	4782	2313
74042	10134	329426	
30	19		
8		180	
49000	2900	540000	
40	10	40	
392000	10000	1085000	
4464	580	11724	1548
20			
460480	3300	3247000	21470
13445	669	12588	382
19990	2410	25330	14229
80	40	20	
16	30	40	
77642	8300	6000	54900
70	10	20	
56838	1113	27376	303
8494	230	4784	
780	320	500	
27000	5000	5500	
3			
1000	60	4130	
44530	2320	330000	
10260	1040	10790	
2596	20	256000	
809760	65700	1960000	
10	10	50	
50	60	34	
34960	1410	13840	
60000	1000	60000	
12000	3500	4830	
500	40	250	
38000	1550	15000	
62000	15500	20000	
437660	46440	142610	
2	5	20	

附录4-13 续表 1

国家或地区	Country or Area	2016年 农业用地 (平方公里) Agricultural Area in 2016 (km²)	比1990年 农业用地增减 (%) % Change of Agricultural Area since 1990 (%)
中非共和国	Central African Republic	50800	1.5
乍得	Chad	499350	3.4
海峡群岛	Channel Islands	92	8.2
智利	Chile	157418	-1.0
中国	China	5277330	4.4
中国香港	China, Hong Kong Special Administrative Region	50	-37.5
哥伦比亚	Colombia	446656	-0.9
科摩罗	Comoros	1330	16.7
刚果	Congo	106270	1.0
库克群岛	Cook Islands	15	-75.0
哥斯达黎加	Costa Rica	17595	-23.7
科特迪瓦	Côte d'Ivoire	206000	8.8
克罗地亚	Croatia	15440	
古巴	Cuba	62267	-7.6
塞浦路斯	Cyprus	1123	-30.1
捷克	Czech Republic	34890	
朝鲜	Democratic People's Republic of Korea	26300	4.4
刚果民主共和国	Democratic Republic of the Congo	262000	0.9
丹麦	Denmark	26040	-6.6
吉布提	Djibouti	17020	31.0
多米尼加	Dominica	250	38.9
多米尼加共和国	Dominican Republic	23520	-7.6
厄瓜多尔	Ecuador	55160	-29.7
埃及	Egypt	37338	41.0
萨尔瓦多	El Salvador	15840	12.3
赤道几内亚	Equatorial Guinea	2840	-15.0
厄立特里亚	Eritrea	75920	
爱沙尼亚	Estonia	10030	
埃塞俄比亚	Ethiopia	362590	
福克兰群岛	Falkland Islands (Malvinas)	11234	-5.6
法罗群岛	Faeroe Islands	30	
斐济	Fiji	4250	3.7
芬兰	Finland	22750	-4.9
法国	France	287180	-6.1
法属圭亚那	French Guiana	321	52.9
法属波利尼西亚	French Polynesia	455	5.8
加蓬	Gabon	51600	0.1

continued 1

2016年 耕地面积 (平方公里) Arable Land in 2016 (km^2)	2016年 永久性作物面积 (平方公里) Permanent Crops in 2016 (km^2)	2016年 牧草地面积 (平方公里) Permanent Meadows and Pastures in 2016 (km^2)	2016年 农业灌溉面积 (平方公里) Agricultural Area Actually Irrigated in 2016 (km^2)
18000	800	32000	
49000	350	450000	
39		53	3
12698	4570	140150	
1189000	160000	3928330	
30	10	10	
16886	19060	410710	
650	530	150	
5500	770	100000	
10	5		
2475	3120	12000	
29000	45000	132000	
8720	720	6000	157
29894	4828	27545	
846	263	14	250
24940	460	9490	
23500	2300	500	
71000	9000	182000	
23750	30	2260	1260
20		17000	
60	170	20	
8000	3550	11970	
9760	14390	31010	8900
27868	9470		
7370	2100	6370	227
1200	600	1040	
6900	20	69000	
6960	30	3040	20
151190	11400	200000	
		11234	
30			
1650	850	1750	
22460	30	260	
183559	9921	93700	
132	54	135	
25	230	200	
3250	1700	46650	

附录4-13　续表 2

国家或地区	Country or Area	2016年 农业用地 (平方公里) Agricultural Area in 2016 (km²)	比1990年 农业用地增减 (%) % Change of Agricultural Area since 1990 (%)
冈比亚	Gambia	6050	3.2
格鲁吉亚	Georgia	23940	
德国	Germany	166570	-7.6
加纳	Ghana	157000	24.6
希腊	Greece	61360	-33.5
格陵兰	Greenland	2431	2.7
格林纳达	Grenada	80	-38.5
瓜德罗普	Guadeloupe	521	-1.7
关岛	Guam	180	-10.0
危地马拉	Guatemala	38560	-10.0
几内亚	Guinea	145000	2.5
几内亚比绍	Guinea-Bissau	16300	12.6
圭亚那	Guyana	17000	-1.8
海地	Haiti	18400	15.2
洪都拉斯	Honduras	32350	-2.6
匈牙利	Hungary	52830	-18.4
冰岛	Iceland	18720	-1.5
印度	India	1797210	-0.9
印度尼西亚	Indonesia	570000	26.4
伊朗	Iran (Islamic Republic of)	459540	-25.3
伊拉克	Iraq	93000	0.8
爱尔兰	Ireland	44460	-21.3
马恩岛	Isle of Man	398	0.5
以色列	Israel	5320	-8.1
意大利	Italy	127170	-24.5
牙买加	Jamaica	4440	-6.7
日本	Japan	44710	-21.5
约旦	Jordan	10660	2.5
哈萨克斯坦	Kazakhstan	2169920	
肯尼亚	Kenya	276300	3.2
基里巴斯	Kiribati	340	-12.8
科威特	Kuwait	1500	6.4
吉尔吉斯斯坦	Kyrgyzstan	105410	
老挝	Lao People's Democratic Republic	23690	42.7
拉脱维亚	Latvia	19310	
黎巴嫩	Lebanon	6580	8.8
莱索托	Lesotho	23570	1.6
利比里亚	Liberia	27000	8.3

continued 2

2016年 耕地面积 (平方公里) Arable Land in 2016 (km²)	2016年 永久性作物面积 (平方公里) Permanent Crops in 2016 (km²)	2016年 牧草地面积 (平方公里) Permanent Meadows and Pastures in 2016 (km²)	2016年 农业灌溉面积 (平方公里) Agricultural Area Actually Irrigated in 2016 (km²)
4400	50	1600	
3440	1100	19400	
117630	2000	46940	4518
47000	27000	83000	
21400	11140	28820	12080
		2431	
30	40	10	
232	29	260	
10	90	80	
8620	11830	18110	
31000	7000	107000	
3000	2500	10800	
4200	500	12300	
10700	2800	4900	
10200	4550	17600	
43240	1760	7830	977
1210		17510	
1564630	130000	102580	
235000	225000	110000	
146870	17900	294770	76194
50000	3000	40000	
4460	10	39990	
235		163	
2950	970	1400	1747
66020	24520	36630	
1200	950	2290	
41840	2870		
2373	867	7420	1066
293950	1320	1874650	
58000	5300	213000	
20	320		
80	60	1360	
12880	760	91770	10036
15250	1690	6750	
12880	80	6350	6
1320	1260	4000	
3520	50	20000	
5000	2000	20000	

附录4-13　续表 3

国家或地区	Country or Area	2016年 农业用地 (平方公里) Agricultural Area in 2016 (km^2)	比1990年 农业用地增减 (%) % Change of Agricultural Area since 1990 (%)
利比亚	Libya	153500	-0.7
列支敦士登	Liechtenstein	52	-26.3
立陶宛	Lithuania	29539	
卢森堡	Luxembourg	1305	
马达加斯加	Madagascar	414150	14.0
马拉维	Malawi	57900	37.3
马来西亚	Malaysia	86270	27.7
马尔代夫	Maldives	79	-1.3
马里	Mali	412010	28.2
马耳他	Malta	104	-20.2
马绍尔群岛	Marshall Islands	115	
马提尼克	Martinique	309	-20.8
毛里塔尼亚	Mauritania	397110	0.1
毛里求斯	Mauritius	860	-22.5
马约特岛	Mayotte	200	11.1
墨西哥	Mexico	1062360	1.0
密克罗尼西亚	Micronesia (Federated States of)	220	
蒙古	Mongolia	1110622	-11.6
黑山	Montenegro	2550	
蒙特塞拉特	Montserrat	30	
摩洛哥	Morocco	305915	0.8
莫桑比克	Mozambique	499500	4.8
缅甸	Myanmar	127600	22.4
纳米比亚	Namibia	388090	0.4
瑙鲁	Nauru	4	
尼泊尔	Nepal	41210	-0.6
荷兰	Netherlands	17960	-10.5
新喀里多尼亚	New Caledonia	1842	-20.6
新西兰	New Zealand	106510	-34.2
尼加拉瓜	Nicaragua	50650	25.8
尼日尔	Niger	456820	38.2
尼日利亚	Nigeria	708000	15.0
纽埃	Niue	50	4.2
诺福克岛	Norfolk Island	10	
北马里亚纳群岛	Northern Mariana Islands	30	
挪威	Norway	9837	0.8
阿曼	Oman	14360	33.0
巴基斯坦	Pakistan	368440	4.7

continued 3

2016年 耕地面积 (平方公里) Arable Land in 2016 (km^2)	2016年 永久性作物面积 (平方公里) Permanent Crops in 2016 (km^2)	2016年 牧草地面积 (平方公里) Permanent Meadows and Pastures in 2016 (km^2)	2016年 农业灌溉面积 (平方公里) Agricultural Area Actually Irrigated in 2016 (km^2)
17200	3300	133000	
22		30	
21426	347	7766	21
619	15	671	
35000	6200	372950	
38000	1400	18500	
8820	74600	2850	
39	30	10	
64110	1500	346400	
91	13		35
20	65	30	
109	65	135	
4500	110	392500	
750	40	70	168
173	27	0	
225620	26250	810490	
20	170	30	
5672	50	1104900	
90	50	2410	
20		10	
81300	14615	210000	
56500	3000	440000	
109080	15500	3020	
8000	90	380000	
	4		
21137	2120	17953	
10280	380	7300	2010
62	40	1740	
5700	750	100060	
15040	2860	32750	
168000	1000	287820	
340000	65000	303000	
10	30	10	
		10	
10	10	10	
8051	30	1755	324
561	289	13510	845
310400	8040	50000	186100

附录4-13　续表 4

国家或地区	Country or Area	2016年 农业用地 (平方公里) Agricultural Area in 2016 (km^2)	比1990年 农业用地增减 (%) % Change of Agricultural Area since 1990 (%)
帕劳	Palau	50	
巴拿马	Panama	22570	6.3
巴布亚新几内亚	Papua New Guinea	11900	35.7
巴拉圭	Paraguay	218850	27.5
秘鲁	Peru	236870	8.5
菲律宾	Philippines	124400	11.7
波兰	Poland	143740	-23.5
葡萄牙	Portugal	36141	-8.8
波多黎各	Puerto Rico	1977	-54.6
卡塔尔	Qatar	670	9.8
韩国	Republic of Korea	17008	-21.9
摩尔多瓦	Republic of Moldova	24410	
留尼汪	Réunion	483	-24.5
罗马尼亚	Romania	135210	-8.5
俄罗斯联邦	Russian Federation	2177218	
卢旺达	Rwanda	18117	-3.6
圣赫勒拿	Saint Helena	120	20.0
圣基茨和尼维斯	Saint Kitts and Nevis	60	-50.0
圣卢西亚	Saint Lucia	106	-49.3
圣皮埃尔和密克隆	Saint Pierre and Miquelon	20	-33.3
圣文森特和格林纳丁斯	Saint Vincent and the Grenadines	100	-16.7
萨摩亚	Samoa	350	-35.2
圣马力诺	San Marino	10	
圣多美和普林西比	Sao Tome and Principe	487	16.0
沙特阿拉伯	Saudi Arabia	1736190	40.6
塞内加尔	Senegal	88680	0.0
塞尔维亚	Serbia	34400	
塞舌尔	Seychelles	16	-61.3
塞拉利昂	Sierra Leone	39490	39.8
新加坡	Singapore	7	-67.0
斯洛伐克	Slovakia	18860	
斯洛文尼亚	Slovenia	6175	
所罗门群岛	Solomon Islands	1080	58.8
索马里	Somalia	441250	0.2
南非	South Africa	968410	1.3
南苏丹	South Sudan	285332	
西班牙	Spain	262657	-13.8

continued 4

2016年 耕地面积 (平方公里) Arable Land in 2016 (km²)	2016年 永久性作物面积 (平方公里) Permanent Crops in 2016 (km²)	2016年 牧草地面积 (平方公里) Permanent Meadows and Pastures in 2016 (km²)	2016年 农业灌溉面积 (平方公里) Agricultural Area Actually Irrigated in 2016 (km²)
10	20	20	
5630	1850	15090	
3000	7000	1900	
48000	850	170000	
35080	13790	188000	
55900	53500	15000	
108060	3930	31750	1327
9787	7596	18759	4741
610	500	867	
143	27	500	
14210	2230	568	
18273	2688	3449	
346	29	108	
85820	4180	45210	1530
1231218	16000	930000	
11517	2500	4100	
40		80	
50	1	9	
30	70	6	
20			
50	30	20	
80	220	50	
10			
87	390	10	
34770	1420	1700000	
32000	680	56000	
25980	1880	6540	430
2	14		
15840	1650	22000	
6	1		
13470	180	5210	226
1839	538	3798	31
200	800	80	
11000	250	430000	
125000	4130	839280	
		257732	
123372	46958	92327	36141

附录4-13 续表 5

国家或地区	Country or Area	2016年农业用地(平方公里) Agricultural Area in 2016 (km^2)	比1990年农业用地增减(%) % Change of Agricultural Area since 1990 (%)
斯里兰卡	Sri Lanka	27400	17.1
苏丹	Sudan	681862	
苏里南	Suriname	870	-1.1
瑞典	Sweden	30315	-11.2
瑞士	Switzerland	15160	-5.6
叙利亚	Syrian Arab Republic	139210	3.2
塔吉克斯坦	Tajikistan	47380	
泰国	Thailand	221100	3.4
马其顿	The former Yugoslav Republic of Macedonia	12650	
东帝汶	Timor-Leste	3800	19.5
多哥	Togo	38200	19.7
托克劳群岛	Tokelau	6	20.0
汤加	Tonga	330	3.1
特立尼达和多巴哥	Trinidad and Tobago	540	-29.9
突尼斯	Tunisia	100730	16.5
土耳其	Turkey	383270	-3.4
土库曼斯坦	Turkmenistan	338380	
特克斯和凯科斯群岛	Turks and Caicos Islands	10	
图瓦卢	Tuvalu	18	-10.0
乌干达	Uganda	144150	20.5
乌克兰	Ukraine	415150	
阿拉伯联合酋长国	United Arab Emirates	3888	36.4
英国	United Kingdom of Great Britain and Northern Ireland	173500	-4.7
坦桑尼亚	United Republic of Tanzania	396500	23.9
美国	United States of America	4058625	-4.9
美属维尔京群岛	United States Virgin Islands	40	-60.0
乌拉圭	Uruguay	144496	-3.1
乌兹别克斯坦	Uzbekistan	267700	
瓦努阿图	Vanuatu	1870	23.0
委内瑞拉	Venezuela (Bolivarian Republic of)	216000	-1.2
越南	Viet Nam	121780	81.1
瓦利斯和富图纳群岛	Wallis and Futuna Islands	60	
西撒哈拉	Western Sahara	50040	
也门	Yemen	235460	-0.3
赞比亚	Zambia	238360	14.5
津巴布韦	Zimbabwe	162000	24.5

continued 5

2016年 耕地面积 (平方公里) Arable Land in 2016 (km²)	2016年 永久性作物面积 (平方公里) Permanent Crops in 2016 (km²)	2016年 牧草地面积 (平方公里) Permanent Meadows and Pastures in 2016 (km²)	2016年 农业灌溉面积 (平方公里) Agricultural Area Actually Irrigated in 2016 (km²)
13000	10000	4400	
198232	1680	481950	
650	60	160	
25746	50	4519	
3987	251	10922	328
46620	10710	81880	
7300	1330	38750	
168100	45000	8000	
4160	400	8090	
1550	750	1500	
26500	1700	10000	
	6		
180	110	40	
250	220	70	
29000	23320	48410	
203810	33290	146170	
19400	600	318380	
10			
	18		
69000	22000	53150	
327760	8970	78420	3290
445	393	3050	838
60260	466	112773	
135000	21500	240000	
1522625	26000	2510000	
10	10	20	
24106	390	120000	2230
44000	3700	220000	
200	1250	420	
27000	7000	182000	
69980	45380	6420	
10	50		
40		50000	
12480	2980	220000	
38000	360	200000	
40000	1000	121000	

附录五、主要统计指标解释

APPENDIX V. Explanatory Notes on Main Statistical Indicators

主要统计指标解释

一、自然状况

平均气温 气温指空气的温度，我国一般以摄氏度为单位表示。气象观测的温度表是放在离地面约 1.5 米处通风良好的百叶箱里测量的，因此，通常说的气温指的是离地面 1.5 米处百叶箱中的温度。计算方法：月平均气温是将全月各日的平均气温相加，除以该月的天数而得。年平均气温是将 12 个月的月平均气温累加后除以 12 而得。

年平均相对湿度 相对湿度指空气中实际水气压与当时气温下的饱和水气压之比，通常以(%)为单位表示。其统计方法与气温相同。

全年日照时数 日照时数指太阳实际照射地面的时数，通常以小时为单位表示。其统计方法与降水量相同。

全年降水量 降水量指从天空降落到地面的液态或固态(经融化后)水，未经蒸发、渗透、流失而在地面上积聚的深度，通常以毫米为单位表示。计算方法：月降水量是将该全月各日的降水量累加而得。年降水量是将该年 12 个月的月降水量累加而得。

二、水环境

水资源总量 一定区域内的水资源总量指当地降水形成的地表和地下产水量，即地表径流量与降水入渗补给量之和，不包括过境水量。

地表水资源量 指河流、湖泊、冰川等地表水体中由当地降水形成的、可以逐年更新的动态水量，即天然河川径流量。

地下水资源量 指当地降水和地表水对饱水岩土层的补给量。

地表水与地下水资源重复计算量 指地表水和地下水相互转化的部分，即在河川径流量中包括一部分地下水排泄量，地下水补给量中包括一部分来源于地表水的入渗量。

供水总量 指各种水源工程为用户提供的包括输水损失在内的毛供水量。

地表水源供水量 指地表水体工程的取水量，按蓄、引、提、调四种形式统计。从水库、塘坝中引水或提水，均属蓄水工程供水量；从河道或湖泊中自流引水的，无论有闸或无闸，均属引水工程供水量；利用扬水站从河道或湖泊中直接取水的，属提水工程供水量；跨流域调水指水资源一级区或独立流域之间的跨流域调配水量，不包括在蓄、引、提水量中。

地下水源供水量 指水井工程的开采量，按浅层淡水、深层承压水和微咸水分别统计。城市地下水源供水量包括自来水厂的开采量和工矿企业自备井的开采量。

其他水源供水量 包括污水处理再利用、集雨工程、海水淡化等水源工程的供水量。

用水总量 指各类用水户取用的包括输水损失在内的毛水量。

农业用水 包括农田灌溉用水、林果地灌溉用水、草地灌溉用水、鱼塘补水和畜禽用水。

工业用水 指工矿企业在生产过程中用于制造、加工、冷却、空调、净化、洗涤等方面的用水，按新水取用量计，不包括企业内部的重复利用水量。

生活用水 包括城镇生活用水和农村生活用水。城镇生活用水由居民用水和公共用水（含第三产业及建筑业等用水）组成；农村生活用水指居民生活用水。

生态环境补水 仅包括人为措施供给的城镇环境用水和部分河湖、湿地补水，而不包括降水、径流自然满足的水量。

工业废水排放量 指报告期内经过企业厂区所有排放口排到企业外部的工业废水量。包括生产废水、外排的直接冷却水、超标排放的矿井地下水和与工业废水混排的厂区生活污水，不包括外排的间接冷却水(清污不分流的间接冷却水应计算在废水排放量内)。

化学需氧量(COD) 测量有机和无机物质化学分解所消耗氧的质量浓度的水污染指数。

工业废水治理设施数 指报告期内企业用于防治水污染和经处理后综合利用水资源的实有设施（包括构筑物）数，以一个废水治理系统为单位统计。附属于设施内的水治理设备和配套设备不单独计算。已经报废的设施不统计在内。

工业废水治理设施处理能力 指报告期内企业内部的所有废水治理设施实际具有的废水处理能力。

工业废水治理设施运行费用 指报告期内企业维持废水治理设施运行所发生的费用。包括能源消耗、设备维修、人员工资、管理费、药剂费及与设施运行有关的其他费用等。

三、海洋环境

第二类水质海域面积 符合国家海水水质标准中二类海水水质的海域，适用于水产养殖区、海水浴场、人体直接接触海水的海上运动或娱乐区、以及与人类食用直接有关的工业用水区。

第三类水质海域面积 符合国家海水水质标准中三类海水水质的海域，适用于一般工业用水区。

第四类水质海域面积 符合国家海水水质标准中四类海水水质的海域，仅适用于海洋港口水域和海洋开发作业区。

劣于第四类水质海域面积 劣于国家海水水质标准中四类海水水质的海域。

四、大气环境

工业二氧化硫排放量 指报告期内企业在燃料燃烧和生产工艺过程中排入大气的二氧化硫总质量。工业中二氧化硫主要来源于化石燃料（煤、石油等）的燃烧，还包括含硫矿石的冶炼或含硫酸、磷肥等生产的工业废气排放。

工业氮氧化物排放量 指报告期内企业在燃料燃烧和生产工艺过程中排入大气的氮氧化物总质量。

工业烟（粉）尘排放量 指报告期内企业在燃料燃烧和生产工艺过程中排入大气的烟尘及工业粉尘的总质量之和。

工业废气排放量 指报告期内企业厂区内燃料燃烧和生产工艺过程中产生的各种排入空气中含有污染物的气体的总量，以标准状态（273K，101325Pa）计。

工业废气治理设施数 指报告期末企业用于减少在燃料燃烧过程与生产工艺过程中排向大气的污染物或对污染物加以回收利用的废气治理设施总数，以一个废气治理系统为单位统计。包括除尘、脱硫、脱硝及其它的污染物的烟气治理设施。已报废的设施不统计在内。锅炉中的除尘装置属于"三同时"设备，应统计在内。

工业废气治理设施处理能力 指报告期末企业实有的废气治理设施的实际废气处理能力。

工业废气治理设施运行费用 指报告期内维持废气治理设施运行所发生的费用。包括能源消耗、设备折旧、设备维修、人员工资、管理费、药剂费及与设施运行有关的其他费用等。

五、固体废物

一般工业固体废物产生量 系指未被列入《国家危险废物名录》或者根据国家规定的危险废物鉴别标准（GB5085）、固体废物浸出毒性浸出方法（GB5086）及固体废物浸出毒性测定方法（GB / T 15555）鉴别方法判定不具有危险特性的工业固体废物。计算公式是：

一般工业固体废物产生量=（一般工业固体废物综合利用量-其中：综合利用往年贮存量）+一般工业固体废物贮存量+（一般工业固体废物处置量-其中：处置往年贮存量）+一般工业固体废物倾倒丢弃量

一般工业固体废物综合利用量 指报告期内企业通过回收、加工、循环、交换等方式，从固体废物中提取或者使其转化为可以利用的资源、能源和其他原材料的固体废物量（包括当年利用的往年工业固体废物累计贮存量）。如用作农业肥料、生产建筑材料、筑路等。综合利用量由原产生固体废物的单位统计。

一般工业固体废物处置量 指报告期内企业将工业固体废物焚烧和用其他改变工业固体废物的物理、化学、生物特性的方法，达到减少或者消除其危险成分的活动，或者将工业固体废物最终置于符合环境保护规定要求的填埋场的活动中，所消纳固体废物的量。

一般工业固体废物贮存量 指报告期内企业以综合利用或处置为目的，将固体废物暂时贮存或堆存在专设的贮存设施或专设的集中堆存场所内的量。专设的固体废物贮存场所或贮存设施必须有防扩散、防流失、防渗漏、防止污染大气、水体的措施。

一般工业固体废物倾倒丢弃量 指报告期内企业将所产生的固体废物倾倒或者丢弃到固体废物污染防治设施、场所以外的量。

危险废物产生量 指当年全年调查对象实际产生的危险废物的量。危险废物指列入国家危险废物名录或者根据国家规定的危险废物鉴别标准和鉴别方法认定的，具有爆炸性、易燃性、易氧化性、毒性、腐蚀性、易传染性疾病等危险特性之一的废物。按《国家危险废物名录》（环境保护部、国家发展和改革委员会2008 部令第 1 号）填报。

危险废物综合利用量 指当年全年调查对象从危险废物中提取物质作为原材料或者燃料的活动中消纳危险废物的量。包括本单位利用或委托、提供给外单位利用的量。

危险废物处置量 指报告期内企业将危险废物焚烧和用其他改变工业固体废物的物理、化学、生物特性的方法，达到减少或者消除其危险成分的活动，或者将危险废物最终置于符合环境保护规定要求的填埋场的活动中，所消纳危险废物的量。处置量包括处置本单位或委托给外单位处置的量。

危险废物贮存量 指将危险废物以一定包装方式暂时存放在专设的贮存设施内的量。专设的贮存设施指对危险废物的包装、选址、设计、安全防护、监测和关闭等符合《危险废物贮存污染控制标准》（GB18597-2001）等相关环保法律法规要求，具有防扩散、防流失、防渗漏、防止污染大气和水体措施的设施。

六、自然生态

自然保护区 指对有代表性的自然生态系统、珍稀濒危野生动植物物种的天然分布区、水源涵养区、有特殊意义的自然历史遗迹等保护对象所在的陆地、陆地水体或海域，依法划出一定面积进行特殊保护和管理的区域。以县及县以上各级人民政府正式批准建立的自然保护区为准。风景名胜区、文物保护区不计在内。

湿地 指天然或人工、长久或暂时性的沼泽地、泥炭地或水域地带，包括静止或流动、淡水、半咸水、咸水体，低潮时水深不超过 6 米的水域以及海岸地带地区的珊瑚滩和海草床、滩涂、红树林、河口、河流、淡水沼泽、沼泽森林、湖泊、盐沼及盐湖。

七、土地利用

耕地面积 指经过开垦用以种植农作物并经常进行耕耘的土地面积。包括种有作物的土地面积、休闲地、新开荒地和抛荒未满三年的土地面积。

林业用地面积 指用来发展林业的土地，包括郁闭度 0.20 以上的乔木林地以及竹林地、灌木林地、疏林地、采伐迹地、火烧迹地、未成林造林地、苗圃地和县级以上人民政府规划的宜林地面积。

草地面积 指牧区和农区用于放牧牲畜或割草，植被盖度在 5%以上的草原、草坡、草山等面积。包括天然的和人工种植或改良的草地面积。

八、林业

森林面积 包括郁闭度 0.2 以上的乔木林地面积和竹林面积，国家特别规定的灌木林地面积、农田林网以及村旁、路旁、水旁、宅旁林木的覆盖面积。

人工林面积 指由人工播种、植苗或扦插造林形成的生长稳定，(一般造林 3-5 年后或飞机播种 5-7 年后)每公顷保存株数大于或等于造林设计植树株数 80%或郁闭度 0.20 以上(含 02.0)的林分面积。

森林覆盖率 指以行政区域为单位森林面积占区域土地总面积的百分比。计算公式：

$$\text{森林覆盖率}=\frac{\text{森林面积}}{\text{土地总面积}}\times 100\%$$

活立木总蓄积量 指一定范围土地上全部树木蓄积的总量，包括森林蓄积、疏林蓄积、散生木蓄积和四旁树蓄积。

森林蓄积量 指一定森林面积上存在着的林木树干部分的总材积，以立方米为计算单位。它是反映一个国家或地区森林资源总规模和水平的基本指标之一。它说明一个国家或地区林业生产发展情况，反映森林资源的丰富程度，也是衡量森林生态环境优劣的重要依据。

造林面积 指在宜林荒山荒地、宜林沙荒地、无立木林地、疏林地和退耕地等其它宜林地上通过人工措施形成或恢复森林、林木、灌木林的过程。

人工造林 指在宜林荒山荒地、宜林沙荒地、无立木林地、疏林地和退耕地等其他宜林地上通过播种、植苗和分殖来提高森林植被覆被率的技术措施。

飞播造林 通过飞机播种，并辅以适当的人工措施，在自然力的作用下使其形成森林或灌草植被，提高森林植被覆被率或提高森林植被质量的技术措施。包括荒山飞播造林和飞播营林。

新封山育林 对宜林地、无立木林地、疏林地或低质低效有林地、灌木林地实施封禁并辅以人工促进手段，使其形成森林或灌草植被或提高林分质量的一项技术措施。包括无林地和疏林地封育以及有林地和灌木林地封育。

退化林修复 为改善林分的活力和结构，有效遏制防护林退化，提高林分质量和恢复森林功能，对结构失调和稳定性降低、功能退化甚至丧失且自然更新能力弱的林分采取的结构调整、树种替换、补植补播、嫁接复壮等森林经营措施。

更新造林 指在采伐迹地、火烧迹地、林中空地上通过人工造林重新形成森林的过程。包括通过松土除草、平茬或断根复壮、补植补播、除蘖间苗等措施促进目的树种幼苗幼树生长发育的人工促进天然更新。

天然林保护工程 是我国林业的“天”字号工程、一号工程,也是投资最大的生态工程。具体包括三个层次:全面停止长江上游、黄河上中游地区天然林采伐；大幅度调减东北、内蒙古等重点国有林区的木材产量；同时保护好其他地区的天然林资源。主要解决这些区域天然林资源的休养生息和恢复发展问题。

退耕还林还草工程 是我国林业建设上涉及面最广、政策性最强、工序最复杂、群众参与度最高的生态建设工程。主要解决重点地区的水土流失问题。

三北和长江流域等重点防护林体系建设工程 三北和长江中下游地区等重点防护林体系建设工程,是我国涵盖面最大、内容最丰富的防护林体系建设工程。具体包括三北防护林四期工程、长江中下游及淮河太湖流域防护林二期工程、沿海防护林二期工程、珠江防护林二期工程、太行山绿化二期工程和平原绿化二期工程。主要解决三北地区的防沙治沙问题和其他区域各不相同的生态问题。

京津风沙源治理工程 环北京地区防沙治沙工程,是首都乃至中国的“形象工程”,也是环京津生态圈建设的主体工程。虽然规模不大,但是意义特殊。主要解决首都周围地区的风沙危害问题。

野生动植物保护及自然保护区建设工程 野生动植物保护及自然保护区建设工程,是一个面向未来,着眼长远,具有多项战略意义的生态保护工程,也是呼应国际大气候、树立中国良好国际形象的“外交工程”。主要解决基因保存、生物多样性保护、自然保护、湿地保护等问题。

九、自然灾害及突发事件

滑坡 指斜坡上不稳定的岩土体在重力作用下沿一定软面(或滑动带)整体向下滑动的物理地质现象。地表水和地下水的作用以及人为的不合理工程活动对斜坡岩、土体稳定性的破坏，经常是促使滑坡发生的主要因素。在露天采矿、水利、铁路、公路等工程中，滑坡往往造成严重危害。

崩塌 指陡坡上大块的岩土体在重力作用下突然脱离母体崩落的物理地质现象。它可因多裂隙的岩体经强烈的物理风化、雨水渗入或地震而造成，往往毁坏建筑物，堵塞河道或交通路线。

泥石流 指山地突然爆发的包含大量泥沙、石块的特殊洪流称为泥石流，多见于半干旱山地高原地区。

其形成条件是地形陡峻，松散堆积物丰富，有特大暴雨或大量冰融水的流出。

地面塌陷 指地表岩、土体在自然或人为因素作用下向下陷落，并在地面形成塌陷坑(洞)的一种动力地质现象。由于其发育的地质条件和作用因素的不同，地面塌陷可分为：岩溶塌陷、非岩溶塌陷。

突发环境事件 指突然发生，造成或可能造成重大人员伤亡、重大财产损失和对全国或者某一地区的经济社会稳定、政治安定构成重大威胁和损害，有重大社会影响的涉及公共安全的环境事件。

十、环境投资

环境污染治理投资 指在工业污染源治理和城镇环境基础设施建设的资金投入中，用于形成固定资产的资金。包括工业新老污染源治理工程投资、当年完成环保验收项目环保投资，以及城镇环境基础设施建设所投入的资金。

十一、城市环境

年末道路长度 指年末道路长度和与道路相通的广场、桥梁、隧道的长度，按车行道中心线计算。在统计时只统计路面宽度在 3.5 米(含 3.5 米)以上的各种铺装道路，包括开放型工业区和住宅区道路在内。

城市桥梁 指为跨越天然或人工障碍物而修建的构筑物。包括跨河桥、立交桥、人行天桥以及人行地下通道等。包括永久性桥和半永久性桥。

城市排水管道长度 指所有排水总管、干管、支管、检查井及连接井进出口等长度之和。

全年供水总量 指报告期供水企业(单位)供出的全部水量。包括有效供水量和漏损水量。

用水普及率 指城市用水人口数与城市人口总数的比率。计算公式：

用水普及率=城市用水人口数/城市人口总数×100%

城市污水日处理能力 指污水处理厂(或处理装置)每昼夜处理污水量的设计能力。

供气管道长度 指报告期末从气源厂压缩机的出口或门站出口至各类用户引入管之间的全部已经通气投入使用的管道长度。不包括煤气生产厂、输配站、液化气储存站、灌瓶站、储配站、气化站、混气站、供应站等厂(站)内的管道。

全年供气总量 指全年燃气企业(单位)向用户供应的燃气数量。包括销售量和损失量。

燃气普及率 指报告期末使用燃气的城市人口数与城市人口总数的比率。计算公式为：

燃气普及率=城市用气人口数/城市人口总数×100%

城市供热能力 指供热企业(单位)向城市热用户输送热能的设计能力。

城市供热总量 指在报告期供热企业(单位)向城市热用户输送全部蒸汽和热水的总热量。

城市供热管道长度 指从各类热源到热用户建筑物接入口之间的全部蒸汽和热水的管道长度。不包括各类热源厂内部的管道长度。

生活垃圾清运量 指报告期内收集和运送到垃圾处理厂(场)的生活垃圾数量。生活垃圾指城市日常生活或为城市日常生活提供服务的活动中产生的固体废物以及法律行政规定的视为城市生活垃圾的固体废物。包括：居民生活垃圾、商业垃圾、集市贸易市场垃圾、街道清扫垃圾、公共场所垃圾和机关、学校、厂矿等单位的生活垃圾。

生活垃圾无害化处理率 指报告期生活垃圾无害化处理量与生活垃圾产生量比率。在统计上，由于生活垃圾产生量不易取得，可用清运量代替。计算公式为：

$$生活垃圾无害化处理率=\frac{生活垃圾无害化处理量}{生活垃圾产生量}\times 100\%$$

年末运营车数 指年末公交企业(单位)用于运营业务的全部车辆数。以企业(单位)固定资产台账中已投入运营的车辆数为准。

城市绿地面积 指报告期末用作园林和绿化的各种绿地面积。包括公园绿地、防护绿地、生产绿地、附属绿地和其他绿地面积。

公园绿地 指向公众开放的,以游憩为主要功能,有一定的游憩设施和服务设施,同时兼有健全生态,美化景观,防灾减灾等综合作用的绿化用地。

十二、农村环境

卫生厕所 指有完整下水道系统的水冲式、三格化粪池式、净化沼气池式、多翁漏斗式公厕以及粪便及时清理并进行高温堆肥无害化处理的非水冲式公厕。

累计使用卫生公厕户数 指农民因某种原因没有兴建自己的卫生厕所，而使用村内卫生公厕户数。

Explanatory Notes on Main Statistical Indicators

I. Natural Conditions

Average Temperature Temperature refers to the air temperature, generally expressed in centigrade in China. Thermometers used for meteorological observation are placed in sun-blinded boxes 1.5 meters above the ground with good ventilation. Therefore, temperatures cited in general are the temperatures in sun-blinded boxes 1.5 meters above the ground. The monthly average temperature is obtained by the sum of daily temperatures of the month, then divided by the number of days in the months, and the sum of the monthly average temperatures of the 12 months in the year divided by 12 represents the annual average temperature.

Annual Average Relative Humidity Humidity is the ratio between the actual hydrosphere pressure in the air and the saturated hydrosphere pressure at the present temperature, usually expressed in percentage terms. The average humidity is calculated in the same way as the average temperature.

Annual Sunshine Hours Sunshine refer to the duration when the sunshine falls on earth, usually expressed in hours. It is calculated with the same approach as the calculation of precipitation.

Annual Precipitation Precipitation refers to the volume of water, in liquid or solid (then melted) form, falling from the sky onto earth, without being evaporated, leaked or eroded, express normally in millimeters. The monthly precipitation is obtained by the sum of daily precipitation of the month, and the annual precipitation is the sum of monthly precipitation of the 12 months of the year.

Ⅱ. Freshwater Environment

Total Water Resources refers to total volume of water resources measured as run-off for surface water from rainfall and recharge for groundwater in a given area, excluding transit water.

Surface Water Resources refers to total renewable resources which exist in rivers, lakes, glaciers and other collectors from rainfall and are measured as run-off of rivers.

Groundwater Resources refers to replenishment of aquifers with rainfall and surface water.

Duplicated Measurement of Surface Water and Groundwater refers to mutual exchange between surface water and groundwater, i.e. run-off of rivers includes some depletion with groundwater while groundwater includes some replenishment with surface water.

Water Supply refers to gross water supply by supply systems from sources to consumers, including losses during distribution.

Surface Water Supply refers to withdrawals by surface water supply system, broken down with storage, flow, pumping and transfer. Supply from storage projects includes withdrawals from reservoirs; supply from flow includes withdrawals from rivers and lakes with natural flows no matter if there are locks or not; supply from pumping projects includes withdrawals from rivers or lakes with pumping stations; and supply from transfer refers to water supplies transferred from first-level regions of water resources or independent river drainage areas to others, and should not be covered under supplies of storage, flow and pumping.

Groundwater Supply refers to withdrawals from supplying wells, broken down with shallow layer freshwater, deep layer freshwater and slightly brackish water. Groundwater supply for urban areas includes water mining by both waterworks and own wells of enterprises.

Other Water Supply includes supplies by waste-water treatment, rain collection, seawater desalinization and other water projects.

Total Water Use refers to water use by all kinds of user, including water loss during transportation. including water loss during transportation.

Water Use by Agriculture including water use for irrigation of farming fields, forestry fields, grassland, replenishment of fishing pools, and livestock & poultry.

Water Use by Industry refers to water use by industrial and mining enterprises in the production process of manufacturing, processing, cooling, air conditioning, cleansing, washing and so on. Only including new withdrawals of water, excluding reuse of water within enterprise.

Water Use by Households and Service including water use for living consumption in both urban and rural areas. Urban water use by living consumption is composed of household use and public use (including service sector and construction). Rural water use by living consumption refers to households.

Water Use by Biological Protection Only including the replenishment of some rivers and lakes and use for urban environment, excluding the natural precipitation and runoff meet.

Water Use refers to gross water use distributed to users, including loss during transportation, broken down with use by agriculture, industry, living consumption and biological protection.

Water Use by Agriculture includes uses of water by irrigation of farming fields and by forestry, animal husbandry and fishing. Water use by forestry, animal husbandry and fishing includes irrigation of forestry and orchards, irrigation of grassland and replenishment of fishing pools.

Water Use by Industry refers to new withdrawals of water, excluding reuse of water within enterprises.

Water Use by Households and Service includes use of water for living consumption in both urban and rural areas. Urban water use by living consumption is composed of household use and public use (including services, commerce, restaurants, cargo transportation, posts, telecommunication and construction). Rural water use by living consumption includes both households and animals.

Water Use by Biological Protection includes replenishment of rivers and lakes and use for urban environment.

Waste Water Discharged by Industry refers to the volume of waste water discharged by industrial enterprises through all their outlets, including waste water from production process, directly cooled water, groundwater from mining wells which does not meet discharge standards and sewage from households mixed with waste water produced by industrial activities, but excluding indirectly cooled water discharged (It should be included if the discharge is not separated with waste water).

Chemical Oxygen Demand (COD) refers to index of water pollution measuring the mass concentration of oxygen consumed by the chemical breakdown of organic and inorganic matter.

Number of Industrial Wastewater Treatment Facilities refers to the number of existing facilities (including constructions) for the prevention and control of water pollution and the comprehensive utilization of treated water resources in enterprises in the reporting period, a wastewater treatment system as a unit. The subsidiary water treatment equipments and ancillary equipments are not calculated separately. It excludes scrapped facilities.

Treatment Capacity of Industrial Wastewater Treatment Facilities refers to the actual capacity of the wastewater treatment of internal wastewater treatment facilities in enterprises in the reporting period.

Expenditure of Industrial Wastewater Treatment Facilities refers to the costs of maintaining wastewater treatment facilities in enterprises in the reporting period. It includes energy consumption, equipment maintenance, staff wages, management fees, pharmacy fees and other expenses associated with the operation of the facility.

Ⅲ. Marine Environment

Sea Area with Water Quality at Grade Ⅱ refers to marine area meeting the national quality standards for Grade II marine water, suitable for marine cultivation, bathing, marine sport or recreation activities involving direct human touch of marine water, and for sources of industrial use of water related to human consumption.

Sea Area with Water Quality at Grade Ⅲ refers to marine area meeting the national quality standards for Grade III marine water, suitable for water sources of general industrial use.

Sea Area with Water Quality at Grade Ⅳ refers to marine area meeting the national quality standards for Grade IV marine water, only suitable for harbors and ocean development activities.

Sea Area with Water Quality below Grade Ⅳ refers to marine area where the quality of water is worse than the national quality standards for Grade IV marine water.

Ⅳ. Atmospheric Environment

Industrial Sulphur Dioxide Emission refers to the total volume of sulphur dioxide emitted into the atmosphere in the fuel combustion and production processes of enterprises in the reporting period. Industrial sulfur dioxide comes mainly from the combustion of fossil fuels (coal, oil, etc.), but also includes industrial emissions in sulphide of smelting and in sulfate or phosphate fertilizer producing.

Industrial Nitrogen Oxide Emission refers to the total volume of nitrogen oxide emitted into the atmosphere in the fuel combustion and production processes of enterprises in the reporting period.

Industrial Soot (Dust) Emission refers to the total volume of soot and industrial dust emitted into the atmosphere in the fuel combustion and production processes of enterprises in the reporting period.

Industrial Waste Gas Emission refers to the total volume of pollutant-containing gas emitted into the atmosphere in the fuel combustion and production processes within the area of the factory in the reporting period in standard conditions (273K, 101325Pa).

Number of Industrial Waste Gas Treatment Facilities refers to the total number of waste gas treatment facilities for reducing or recycling pollutants of the fuel combustion and production process in enterprises in the reporting period, a waste gas treatment system as a unit. The subsidiary water treatment equipments and ancillary equipments are not calculated separately. It includes flue gas treatment facilities of dust removal, desulfurization, denitration and other pollutants. It excludes scrapped facilities. Dust removal device in boiler should be included as a "three simultaneities" equipment.

Treatment Capacity of Industrial Waste Gas Treatment Facilities refers to actual waste gas processing capacity of emission control facilities at the end of the reporting period.

Expenditure of Industrial Waste Gas Treatment Facilities refers to the running costs of the waste gas treatment facilities to maintain in the reporting period. Including energy consumption, equipment depreciation, equipment maintenance, staff wages, management fees, pharmacy fees associated with the operation of the facility other expenses.

Ⅴ. Solid Waste

Common Industrial Solid Wastes Generated refer to the industrial solid wastes that are not listed in the *National Catalogue of Hazardous Wastes*, or not regarded as hazardous according to the national hazardous waste identification standards (GB5085) , solid waste-Extraction procedure for leaching toxicity (GB5086) and solid waste-Extraction procedure for leaching toxicity (GB/T 15555). The calculation formula is as followed:

Common Industrial Solid Wastes Produced = (common industrial solid wastes utilized – the proportion of utilized stock of previous years) + common industrial solid waste stock + (common industrial solid wastes disposed – the proportion of disposed stock of previous years) + common industrial solid wastes discharged

Common Industrial Solid Wastes Comprehensively Utilized refer to volume of solid wastes from which useful materials can be extracted or which can be converted into usable resources, energy or other materials by means of reclamation, processing, recycling and exchange (including utilizing in the year the stocks of industrial solid wastes of the previous year) during the report period, e.g. being used as agricultural fertilizers, building materials or as material for paving road. Examples of such utilizations include fertilizers, building materials and road material. The information shall be collected by the producing units of the wastes.

Common Industrial Solid Wastes Disposed refers to the quantity of industrial solid wastes which are burnt or specially disposed using other methods to alter the physical, chemical and biological properties and thus to reduce or eliminate the hazard, or placed ultimately in the sites meeting the requirements for environmental protection during the report period.

Stock of Common Industrial Solid Wastes refers to the volume of solid wastes placed in special facilities or special sites by enterprises for purposes of utilization or disposal during the report period. The sites or facilities should take measures against dispersion, loss, seepage, and air and water contamination.

Common Industrial Solid Wastes Discharged refers to the volume of industrial solid wastes dumped or discharged by producing enterprises to disposal facilities or to other sites.

Hazardous Wastes Generated refers to the volume of actual hazardous wastes produced by surveyed samples throughout the year of the survey. Hazardous waste refers to those included in the national hazardous wastes catalogue or specified as any one of the following properties in light of the national hazardous wastes identification standards and methods: explosive, ignitable, oxidizable, toxic, corrosive or liable to cause infectious diseases or lead to other dangers. The report of this indicator should follow the *National Catalogue of Hazardous Wastes* (the NO.1 Ministry Order in 2008 by the Ministry of Environment Protection and National Development and Reform Commission).

Hazardous Wastes Utilized refers to the volume of hazardous wastes that are used to extract materials for raw materials or fuel throughout the year of the survey, including those utilized by the producing enterprise and those provided to other enterprises for utilization.

Hazardous Wastes Disposed refers to the quantity of hazardous wastes which are burnt or specially disposed using other methods to alter the physical, chemical and biological properties and thus to reduce or eliminate the hazard, or placed ultimately in the sites meeting the requirements for environmental protection during the report period.

Stock of Hazardous Wastes refers to the volume of hazardous wastes specially packaged and placed in special facilities or special sites by enterprises. The special stock facilities should meet the requirements set in relevant environment protection laws and regulations such as "Pollution Control Standards for Hazardous Waste Stock"(GB18597-2001) in regard to package of hazardous waste, location, design, safety, monitoring and shutdown, and take measures against dispersion, loss, seepage, and air and water contamination.

Ⅵ. Natural Ecology

Nature Reserves refers to the areas with special protection and management according to law, including representative natural ecosystems, natural areas the endangered wildlife live in, water conservation areas, land, ground water or sea with the protective objects like natural or historical remains those have special significance. It must be established by the county government or above levels. It doesn't include the scenic areas and cultural relic protective areas.

Wetlands refer to marshland and peat bog, whether natural or man-made, permanent or temporary; water covered areas, whether stagnant or flowing, with fresh or semi-fresh or salty water that is less than 6 meters deep at low tide; as well as coral beach, weed beach, mud beach, mangrove, river outlet, rivers, fresh-water marshland, marshland forests, lakes, salty bog and salt lakes along the coastal areas.

Ⅶ. Land Use

Area of Cultivated Land refers to area of land reclaimed for the regular cultivation of various farm crops, including crop-cover land, fallow, newly reclaimed land and land laid idle for less than 3 years.

Area of Afforested Land refers to area for afforestation development, including arbor forest lands with a canopy density of 0.2 degrees or more as well as bamboo forest lands, bush shrub forest lands, sparse forest lands, stump lands, burned areas, non-mature forestation lands, nursery land, and land appropriate to the forestation planned by the people's government at or above the county level.

Area of Grassland refers to area of grassland, grass-slopes and grass-covered hills with a vegetation-covering rate of over 5% that are used for animal husbandry or harvesting of grass. It includes natural, cultivated and improved grassland areas.

Ⅷ. Forestry

Forest Area refers to the area of trees and bamboos grow with canopy density above 0.2, the area of shrubby tree according to regulations of the government, the area of forest land inside farm land and the area of trees planted by the side of villages, farm houses and along roads and rivers.

Area of Artifical Forests refer to the area of stable growing forests, planted manually or by airplanes, with a survival rate of 80% or higher of the designed number of trees per hectare, or with a canopy density of or above 0.20 after 3-5 years of manual planting or 5-7 years of airplane planting.

Forest Coverage Rate refers to the ratio of area of forested land to area of total land by administrative areas. Its calculation formula is:

Forest Coverage Rate = area of forested land / area of total land×100%

Total Standing Stock Volume refers to the total stock volume of trees growing in land, including trees in forest, tress in sparse forest, scattered trees and trees planted by the side of villages, farm houses and along roads and rivers.

Stock Volume of Forest refers to total stock volume of wood growing in forest area, which shows the total size and level of forest resources of a country or a region. It is also an important indicator illustrating the richness of forest resource and the status of forest ecological environment.

Area of Afforestation refers to the total area of land suitable for afforestation, including barren hills, idle land, sand dunes, non-timber forest land, woodland and "grain for green" land, on which acres of forests, trees and shrubs are planted through manual planting.

Manual Planting refers to technical measures of sowing, planting seedlings and divided transplanting on land suitable for afforestation, including barren hills, idle land, sand dunes, non-timber forest land, woodland and "grain for green" land to increase vegetation coverage rate of forests.

Airplane Planting refers to technical measures of airplane planting with of appropriate artificial help taken under the influence of natural power to restore certain amount of seedlings on land suitable for afforestation, with an aim of increasing vegetation coverage rate of forests or improving forest quality. It includes barren afforestation and aerial seeding forest afforestation.

New Closing Hillsides to Facilitate Afforestation is a technical measure by banning and artificial means to form forest or shrub and grass or improve forest quality land, to suitable for forest, forest land without stumpage, sparse forest land, or low quality forest, shrub forest.

Restoration of Degraded Forest in order to improve the vitality and structure of forest, effectively curb forest degradation, improve forest quality and restore forest function, management measures are taken to the forest of structural imbalance and stability reduction, function reduction or even loss and natural regeneration ability is weak, which include structural adjustment, species replacement, replanting sowing, grafting rejuvenation, etc.

Artificial Regeneration refer to forest reforming process in logging slash, slash burning, the glade through afforestation. Including artificially promoting natural regeneration of promoting the growth and development of target tree species seedlings by weeding, root pruning or stubble rejuvenation, sowing and replanting, removing tillering and thinning, etc.

Project on Preservation of Natural Forests is the Number One ecological project in China's forest industry that involves the largest investment. It consists of 3 components: 1) Complete halt of all cutting and logging activities in the natural forests at the upper stream of Yangtze River and the upper and middle streams of the Yellow River. 2) Significant reduction of timber production of key state forest zones in northeast provinces and in Inner Mongolia. 3) Better protection of natural forests in other regions through rehabilitation programs.

Projects on Converting Cultivated Land to Forests and Grassland (Grain for Green Projects) aiming at preventing soil erosion in key regions, these projects are ecological construction projects in the development of forest industry that have the widest coverage and most sophisticated procedures, with strong policy implications and most active participation of the people.

Projects on Protection Forests in North China and Yangtze River Basin covering the widest areas in China with a rich variety of contents, these projects aim at solving the problem of sand and dust in northeastern China, northern China and northwestern China and the ecological issues in other areas. More specifically, they include phase IV of project on North China protection forests, phase II of project on protection forests at the middle and lower streams of Yangtze River and at the Huihe River and Taihu Lake valley, phase II of project on coastal protection forests, phase II of project on Pearl River protection forests, phase II project on greenery of Taihang

Mountain and phase II projects on greenery of plains.

Projects on Harnessing Source of Sand and Dust in Beijing and Tianjin these Beijing-ring projects aim at harnessing the sand and dust weather around Beijing and its vicinities. As the key to the development of Beijing-Tianjin ecological zone, these projects are of particular importance as it concerns the image of China's capital city and the whole country.

Projects on Preserving Wild Animals and Plants and on Construction of Nature Reserves aiming at gene preservation and protection of bio-diversity, nature and wetlands, these projects look into the future with strategic perspective and are integrated with international trends.

Ⅸ. Natural Disasters & Environmental Accidents

Landslides refer to the geological phenomenon of unstable rocks and earth on slopes sliding down along certain soft surface as a result of gravitational force. Role of surface water and underground water, and destruction of the stability of slopes by irrational construction work are usually main factors triggering the landslides. Several damages are often caused by landslides in open mining, in water conservancy projects, and in the construction of railways and highways.

Collapse refers to the geological phenomenon of large mass of rocks or earth suddenly collapsing from the mountain or cliff as a result of gravitational force. Usually caused by weathering of rocks, penetration of rain or earthquakes, collapse often destructs buildings and blocks river course or transport routes.

Mud-rock Flow refers to the sudden rush of flood torrents containing large amount of mud and rocks in mountainous areas. It is found mostly in semi-arid hills or plateaus. High and precipitous topographic features, loose soil mass, heavy rains or melting water contribute to the mud-rock flow.

Land Subside refers to the geological phenomenon of surface rocks or earth subsiding into holes or pits as a result of natural or human factors. Land subside can be classified as karst subside and non-karst subside.

Environmental Accident refer to environmental events that suddenly, causing or maybe cause heavy casualties, major property losses, major threat and damage to the nation or a region's economic, social and political stability, and the events have a significant social impact and related to public safety.

Ⅹ. Environmental Investment

Investment in Treatment of Environment Pollution refers to the fixed assets investment in the treatment of industrial pollution and in the construction of environment infrastructure facilities in cities and towns. It includes investment in treatment of industrial pollution, environment protection investment in environment protection acceptance project in this year, and investment in the construction of environment infrastructure facilities in cities and towns.

Ⅺ. Urban Environment

Length of Paved Roads at the Year-end refers to the length of roads with paved surface including squares bridges and tunnels connected with roads by the end of the year. Length of the roads is measured by the central lines for vehicles for paved roads with a width of 3.5 meters and over, including roads in open-ended factory compounds and residential quarters.

Urban Bridges refer to bridges built to cross over natural or man-made barriers, including bridges over rivers, overpasses for traffic and for pedestrian, underpasses for pedestrian, etc. Both permanent and semi-permanent bridges are included.

Length of Urban Sewage Pipes refers to the total length of general drainage, trunks. branch and inspection wells, connection wells, inlets and outlets, etc.

Annual Volume of Water Supply refers to the total volume of water supplied by water-works (units) during the reference period, including both the effective water supply and loss during the water supply.

Percentage of Urban Population with Access to Tap Water refers to the ratio of the urban population with access to tap water to the total urban population. The formula is:

Percentage of Population with Access to Tap Water= Urban Population with Access to Tap Water /Urban Population ×100%

Daily Disposal Capacity of Urban Sewage refers to the designed 24-hour capacity of sewage disposal by the sewage treatment works or facilities.

Length of Gas Pipelines refers to the total length of pipelines in use between the outlet of the compressor of gas-work or outlet of gas stations and the leading pipe of users, excluding pipelines within gasworks, delivery stations, LPG storage stations, refilling stations, gas-mixing stations and supply stations.

Volume of Gas Supply refers to the total volume of gas provided to users by gas-producing enterprises (units) in a year, including the volume sold and the volume lost.

Percentage of Urban Population with Access to Gas refers to the ratio of the urban population with access to gas to the total urban population at the end of the reference period. The formula is:

Percentage of Population with Access to Gas = (Urban Population with Access to Gas / Urban Population) × 100%

Heating Capacity in Urban Area refers to the designed capacity of heating enterprises (units) in supplying heating energy to urban users during the reference period.

Quantity of Heat Supplied in Urban Area refers to the total quantity of heat from steam and hot water supplied to urban users by heating enterprises (units) during the reference period.

Length of Heating Pipelines refers to the total length of steam or hot water pipelines for sources of heat to the leading pipelines of the buildings of the users, excluding internal pipelines in heat generating enterprises.

Consumption Wastes Transported refers to volume of consumption wastes collected and transported to disposal factories or sites. Consumption wastes are solid wastes produced from urban households or from service activities for urban households, and solid wastes regarded by laws and regulations as urban consumption wastes, including those from households, commercial activities, markets, cleaning of streets, public sites, offices, schools, factories, mining units and other sources.

Ratio of Consumption Wastes Treated refers to consumption wastes treated over that produced. In practical statistics, as it is difficult to estimate, the volume of consumption wastes produced is replaced with that transported. Its calculation formulae is:

Ratio= Consumption Wastes Treated / Consumption Wastes Produced×100%

Number of Vehicles under Operation at the Year-end refers to the total number of vehicles under operation by public transport enterprises (units) at the end of the year, based on the records of operational vehicles by the enterprises (units).

Area of Urban Green Areas refers to the total area occupied for green projects at the end of the reference period, including Park green land, protection green land, green land attached to institutions and other green land.

Park Green Land refers to the greening land, which having the main function of public visit and recreation, both having recreation facilities and service facilities, meanwhile having the comprehensive function of ecological improvement, landscaping disaster prevention and mitigation and other.

Ⅻ. Rural Environment

Sanitary Lavatories refer to lavatories with complete flushing and sewage systems in different forms, and lavatories without flushing and sewage system where ordure is properly disposed of through high-temperature deposit process for making organic manure.

Households Using Public Lavatories refer to the number of households using public sanitary lavatories in the village without building their private sanitary lavatories.